高职高专规划教材

钢筋翻样与算量

闫玉红　冯占红　主编
陈达飞　田恒久　主审

中国建筑工业出版社

图书在版编目（CIP）数据

钢筋翻样与算量/闫玉红等主编. —北京：中国建筑工业出版社，2011.7
高职高专规划教材
ISBN 978-7-112-13470-0

Ⅰ.①钢… Ⅱ.①闫… Ⅲ.①建筑工程-钢筋-工程施工-教材 ②建筑工程-钢筋混凝土结构-结构计算-教材 Ⅳ.①TU755.3 ②TU375.01

中国版本图书馆CIP数据核字（2011）第159327号

高职高专规划教材
钢筋翻样与算量
闫玉红　冯占红　主编
陈达飞　田恒久　主审

*

中国建筑工业出版社出版、发行（北京西郊百万庄）
各地新华书店、建筑书店经销
北京红光制版公司制版
北京市铁成印刷厂印刷

*

开本：787×1092毫米　1/16　印张：16　插页：9　字数：420千字
2011年9月第一版　2012年10月第三次印刷
定价：**33.00元**
ISBN 978-7-112-13470-0
(21217)

版权所有　翻印必究
如有印装质量问题，可寄本社退换
（邮政编码 100037）

本书主要介绍了现行国家标准图集的制图规划、相关的标准构造详图以及各种构件的钢筋量计算方法。

本教材以培养技术应用型人才为主线，重点培养学生的在实际工程中的识图和算量能力；严格按现行国家规范、规程和标准编写教材；体系完整，内容精炼，附图直观，集可读性、实用性于一体。既适合初学者平法识图的学习，结构施工图识读能力的培养，也值得工程技术人员深入研读；突出混凝土结构中各类构件的钢筋量计算方法介绍和典型工程实例分析，并通过工程实例将理论方法和工程实践有机结合。

本教材适用于工程造价等建筑经济管理专业《钢筋翻样与算量》课程教学，也适用于建筑工程技术等专业钢筋算量相关课程的学习。此外，也可作为工程技术人员学习平法制图规则和标准构造详图，进行钢筋工程量计算的参考用书。

责任编辑：张　晶
责任设计：陈　旭
责任校对：刘梦然　关　健

前　言

　　《钢筋翻样与算量》作为工程造价专业课程之一，针对高职高专类工程造价专业人才培养目标的定位，主要介绍了现行国家标准图集的制图规则、相关的标准构造详图以及各种构件的钢筋量计算方法。

　　本教材的编写依据为国家颁布的《混凝土结构设计规范》GB 50010—2010、《建筑地基基础设计规范》GB 50007—2002、《建筑抗震设计规范》GB 50011—2010、《混凝土结构施工图平面整体表示方法》G101 以及《混凝土结构施工钢筋排布规则与构造详图》G901 系列图集。本教材力求突出以下特色：

　　1. 以培养技术应用型人才为主线，重点培养学生在实际工程中的识图和算量能力；
　　2. 严格按现行国家规范、规程和标准编写教材；
　　3. 体系完整，内容精练，附图直观，集可读性、实用性于一体。既适合初学者平法识图的学习，结构施工图识读能力的培养，也值得工程技术人员深入研读；
　　4. 突出混凝土结构中各类构件的钢筋量计算方法介绍和典型工程实例分析，并通过工程实例将理论方法和工程实践有机结合。

　　本教材适用于工程造价等建筑经济管理专业《钢筋翻样与算量》课程教学，也适用于建筑工程技术等专业钢筋算量相关课程的学习。使用本教材有助于全面把握平法设计思路与理念，掌握钢筋量计算方法；此外，也可作为工程技术人员学习平法制图规则和标准构造详图，进行钢筋工程量计算的参考用书。

　　本书由闫玉红、冯占红担任主编，参加本书编写和材料收集工作的有：闫玉红（第1、4、6章）、冯占红（第3、7章）、李文华（第2章）、李彦君（第8章）、刘艳芬（第5章）。山西自动化研究所陈达飞教授、山西建筑职业技术学院工程管理系田恒久副教授主审全书，提出许多宝贵意见和建议，文中参考引用了大量的文献资料，在此一并致谢。

　　限于编者水平和经验，文中不妥之处在所难免，恳请广大读者和同行专家批评指正，请将您的宝贵意见发至邮箱 yan_yuhong@163.com。

2011 年 6 月

目 录

第1章 概述 ··· 1
　1.1 建筑工程施工图概述 ··· 1
　1.2 混凝土结构施工图平面整体表示方法概述 ························ 2
　1.3 钢筋翻样与算量概述 ··· 4

第2章 建筑结构基础知识简介 ··· 6
　2.1 建筑材料及其力学性能 ·· 6
　2.2 建筑结构设计方法 ··· 11
　2.3 建筑结构抗震设防简介 ·· 12
　2.4 混凝土结构基本构件 ··· 15
　2.5 钢筋混凝土楼（屋）盖 ·· 23
　2.6 钢筋混凝土多层与高层结构 ·· 29
　本章知识小结 ··· 35
　思考题 ·· 36

第3章 建筑结构施工图通用构造规则介绍 ································ 38
　3.1 混凝土结构的环境类别 ·· 38
　3.2 受力钢筋的混凝土保护层厚度 ······································· 39
　3.3 受拉钢筋的锚固长度 ··· 40
　3.4 纵向钢筋的连接 ··· 42
　3.5 箍筋及拉筋弯钩构造 ··· 46
　3.6 钢筋弯曲调整值与下料长度计算 ···································· 47
　3.7 构件的节点本体与节点关联 ·· 49
　3.8 基础结构或地下结构与上部结构的分界 ·························· 50
　本章知识小结 ··· 51
　思考题 ·· 51

第4章 柱平法施工图识读与钢筋量计算 ··································· 52
　4.1 柱平法施工图制图规则 ·· 52
　4.2 柱标准构造详图 ··· 56
　4.3 柱钢筋量计算方法 ·· 71
　4.4 柱钢筋工程量计算实例 ·· 80
　4.5 柱钢筋工程量计算实战训练 ·· 92

本章知识小结 ··· 93
　　思考题 ··· 93
　　疑难知识点链接与拓展 ·· 93

第5章　梁平法施工图识读与钢筋量计算 ··· 95
　5.1　梁施工图制图规则 ··· 95
　5.2　梁标准构造详图 ·· 101
　5.3　钢筋工程量计算方法 ·· 111
　5.4　钢筋工程量计算实例 ·· 115
　5.5　梁钢筋工程量计算实战训练 ··· 131
　　本章知识小结 ··· 131
　　思考题 ·· 132
　　疑难知识点链接与拓展 ··· 132

第6章　剪力墙平法施工图识读与钢筋量计算 ··· 133
　6.1　剪力墙施工图制图规则 ··· 133
　6.2　剪力墙标准构造详图 ·· 140
　6.3　钢筋工程量计算方法 ·· 153
　6.4　剪力墙钢筋工程量计算实例 ··· 162
　6.5　剪力墙钢筋工程量计算实战训练 ··· 166
　　本章知识小结 ··· 166
　　思考题 ·· 167
　　疑难知识点链接与拓展 ··· 167

第7章　现浇混凝土楼面板与屋面板平法施工图识读与钢筋量计算 ·················· 168
　7.1　现浇混凝土楼面与屋面板的制图规则 ··· 168
　7.2　现浇混凝土楼面与屋面板标准构造详图 ·· 180
　7.3　钢筋工程量计算方法 ·· 183
　7.4　钢筋工程量实例训练 ·· 187
　7.5　板钢筋工程量计算实战训练 ··· 197
　　本章知识小结 ··· 198
　　思考题 ·· 198
　　疑难知识点链接与拓展 ··· 198

第8章　基础施工图识读与钢筋量计算 ·· 200
　8.1　筏形基础的制图规则与标准构造详图 ··· 200
　8.2　独立基础、条形基础和桩基承台的制图规则与标准构造详图 ················· 230
　　本章知识小结 ··· 242
　　思考题 ·· 243
　　疑难知识点链接与拓展 ··· 243

附录 ·· 244

    附录1 普通钢筋强度标准值、设计值和弹性模量 ··· 244

    附录2 混凝土强度标准值、轴心抗压强度设计值 f_c、f_t 和弹性模量 ··········· 244

    附录3 钢筋（丝）和钢绞线的计算截面面积与公称质量 ······························· 245

    附录4 钢筋混凝土板每米宽的钢筋截面面积 ··· 246

    附录5 某住宅楼（框架剪力墙结构）施工图 ··· 247

参考文献 ·· 248

第1章 概　　述

【学习目标】
1. 熟悉平法施工图内容，掌握平法设计的整体思路和设计原则；
2. 明确钢筋翻样的基本要求；
3. 重点把握课程的学习内容和学习方法。

1.1 建筑工程施工图概述

1.1.1 建筑工程施工图

建筑工程施工图是指利用正投影方法把所设计的房屋大小、外部形状、内部布置和室内装修、各部结构、构造、设备等的做法，按照建筑制图国家标准规定，用建筑专业的习惯画法详尽、准确的表达出来，用以指导施工的图样，是设计人员的最终成果，也是施工单位进行施工的主要依据。建筑施工图是工程界的技术语言，是表达工程设计和指导工程施工必不可少的重要依据，具有法律效力的正式文件，也是重要的技术档案文件。

建筑工程施工图按其内容和作用不同，通常包括建筑施工图、结构施工图、设备施工图（包含给排水施工图、暖通施工图和电气施工图等）。建筑工程施工图一般的编排顺序是：图纸目录、设计总说明、建筑总平面图、建筑施工图、结构施工图、给排水施工图、暖通施工图和电气施工图等。

1.1.2 结构施工图

结构施工图是表示建筑物基础、承重墙、柱、梁、板等各种承重构件等布置、形状、大小、材料及相互关系的图样，同时，还应反映其他专业图纸如建筑、给排水、暖通、电气等对结构的要求。结构施工图是房屋建筑施工时的主要技术依据。

1.1.2.1 结构施工图的内容

不同类型的结构，其结构施工图的具体内容与表达也各有不同，但一般包括下列三个方面的内容：

1) 结构设计说明

结构设计说明主要包含以下内容：

a) 工程结构设计的主要依据；
b) 设计标高所对应的绝对标高值；
c) 建筑结构的安全等级和设计使用年限；
d) 建筑场地的地震基本烈度、场地类别、地基土的液化等级、建筑抗震设防类别、抗震设防烈度和混凝土结构的抗震等级；
e) 所选用结构材料的品种、规格、型号、性能、强度等级、受力钢筋保护层厚度、钢筋的锚固长度、搭接长度及连接方法；

f) 所采用的通用做法的标准图集；

g) 施工应遵循的施工规范和注意事项。

2) 结构平面布置图

结构平面布置图是房屋承重结构的整体布置图，主要表示结构构件的位置、数量、型号及相互关系。

结构平面布置图通常有：基础平面图、楼层结构平面布置图和屋面结构布置图。

3) 构件详图

构件详图是表示单个构件形状、尺寸、材料、构造及工艺的图样。构件详图主要有：梁、柱、剪力墙、板及基础结构详图；楼梯、电梯结构详图；屋架结构详图；其他详图，如支撑、预埋件、连接件等的详图。

1.1.2.2 结构施工图的特点和识读方法

不同类型的结构施工图所表达的内容和要求不尽相同，但也有相同的特点：

1) 图示方法

结构施工图均是采用正投影法绘制而成，如：楼层结构平面图为沿房屋每层楼板面的水平剖面图。

2) 表达方式

表达方式均是采用由整体到局部并逐步详细的表达方式。

3) 尺寸标注

结构施工图的尺寸标注要求与表达内容的深度有关系。如：结构布置图中主要标注各构件的定位尺寸，而结构详图则要标注构件的定形尺寸和构造尺寸。

4) 联系配合

结构施工图的各种图纸之间是相互联系、密切配合的。如：平面布置图表示出构件在整体布置中的位置，而结构详图则表示构件的具体形状、尺寸、配筋等。

结构施工图识读的常规方法是：先看结构设计说明；再看基础平面图；然后读楼层结构平面布置图、屋面结构平面布置图；最后读构件详图和钢筋详图、钢筋表。读图时，应注意联系各种图样，全面读图；熟练运用投影关系，图例符号、尺寸标注和比例尺寸，达到读懂整套施工图的目的。

1.2 混凝土结构施工图平面整体表示方法概述

1.2.1 平法的概念

混凝土结构施工图平面整体表示方法，简称为平法，创始人是山东大学陈青来教授。平法是把结构构件的尺寸和配筋等，按照平面整体表示方法制图规则，整体直接表达在各类构件的结构平面布置图上，再与相应构件的标准构造详图相配合，即构成一套完整的结构设计。传统图纸的绘制是将构件从结构平面图中索引出来，再逐个绘制配筋详图的方法。相比之下，平法绘制的图纸清晰、简洁、信息量大。

1.2.2 平法图集的类型及内容

为了保证按平法设计的结构施工图实现全国统一，平法的制图规则已纳入国家建筑标准设计 G101 系列图集《混凝土结构施工图平面整体表示方法制图规则和构造详图》。

G101系列现有图集包括：
03G101—1《现浇混凝土框架、剪力墙、框架-剪力墙、框支剪力墙结构》；
03G101—2《现浇混凝土板式楼梯》；
04G101—3《筏形基础》；
04G101—4《现浇混凝土楼面与屋面板》；
06G101—6《独立基础、条形基础、桩基承台》；
08G101—5《箱形基础和地下室结构》；
08G101—11《G101系列图集施工常见问题答疑图解》。

另外，为配合平法图集在设计和施工等领域的广泛应用，针对G101系列平法图集的构造内容、施工时钢筋的排布等问题，中国建筑标准设计研究院相继推出《混凝土结构施工钢筋排布规则与构造详图》系列图集，主要包括：
06G901—1《现浇混凝土框架、剪力墙、框架-剪力墙》；
09G901—2《现浇混凝土框架、剪力墙、框架-剪力墙、框支剪力墙结构》；
09G901—3《筏形基础、箱形基础、地下室结构、独立基础、条形基础、桩基承台》；
09G901—4《现浇混凝土楼面与屋面板》；
09G901—5《现浇混凝土板式楼梯》。

1.2.3 平法整体设计

1.2.3.1 设计方法的标准化思路

平法系列图集主要由平面整体表示方法制图规则和标准构造详图两大部分内容组成。平法结构施工图设计文件包括两部分：

1）平法施工图

平法施工图是在构件类型绘制的结构平面布置图上，直接按制图规则标注每个构件的几何尺寸和配筋；同时含有结构设计总说明。

2）标准构造详图

标准构造详图提供的是平法施工图图纸中未表达的节点构造和构件本体构造等不需结构设计师设计和绘制的内容。节点构造是指构件与构件之间的连接构造，构件本体构造指构件节点以外的配筋构造。

图纸是工程师的语言，设计表示方法是设计语言的语法规则。为了保证在全国范围内形成统一的"工程师语言"，而不是各地区或部门的"设计方言"，将"平面整体表示方法"制定为制图规则的形式，成为新型标准化的内容之一。制图规则成为设计者明确、简捷、高效的表达结构设计内容的专业技术规则。

制图规则主要是用文字表达的技术规则，而标准构造详图是用图形表达的技术规则。两种技术相辅相成，共同服务于结构设计和施工。

1.2.3.2 平法的实用效果

1）平法采用标准化的设计制图规则，结构施工图表达数字化、符号化、单张图纸的信息量高。

2）构件分类明确，层次清晰，表达准确，设计效率大幅提高。

3）平法采用标准化的构造设计，准确、形象、直观，标准构造详图集国内相对成熟的节点构造之大成，可避免构造做法反复抄袭而引起的设计失误。

4) 平法大幅降低设计成本和设计消耗，节约自然资源。

1.2.4 平法设计总则

1.2.4.1 平法设计制图规则的总体功能

我国幅员辽阔，为适应市场经济的需要和建筑结构的长足发展，结构设计界需要有相对统一的制图规则，使得在全国范围内使用各地都能够接受的结构工程师语言。混凝土结构施工图采用建筑结构施工图平面整体设计方法，能够保证平法设计绘制的结构施工图实现全国统一，确保设计和施工质量，确保设计图纸在全国流通使用。

1.2.4.2 平法设计制图规则与国家现行规范、规程的关系

在采用平法图集的制图规则和标准构造详图时，同时应符合国家现行规范、规程和标准的相关要求。

1.2.4.3 适用范围

G101系列平法图集的适用范围：各种现浇混凝土结构的柱、剪力墙、梁等构件的结构施工图设计；混凝土结构和砌体结构的现浇板式楼梯的施工图设计；钢筋混凝土筏形基础施工图设计，其中包括基础以上的主体结构为混凝土结构、钢结构、砌体结构及混合结构根部与基础的连接设计；现浇混凝土楼面与屋面板的设计与施工；钢筋混凝土独立基础、条形基础、桩基承台的设计与施工；钢筋混凝土箱形基础和地下室结构的设计与施工。

1.3 钢筋翻样与算量概述

钢筋翻样与算量的工作中包含了丰富建筑结构理论知识和实践经验。首先，想做好钢筋翻样和算量工作，首先是结构理论方面的基础知识必须完备，这样才能在工程图纸会审阶段，及时发现和纠正图纸的缺陷、漏洞和不合理之处，避免在施工时返工，在施工阶段，及时提供正确的钢筋用量计划表和钢筋下料单，保证工程顺利进行。

1.3.1 钢筋翻样的基本要求

1) 算量全面，精通图纸，不漏项

精通图纸的表示方法，熟悉图纸中采用的标准构造详图，是钢筋算量的前提和依据，这部分内容也是我们后面要着重介绍的内容之一。

2) 准确，即不少算、不多算、不重算

各类构件钢筋受力性能不同，构造要求不同，长度和根数也不相同，准确计算出各类构件中的钢筋工程量，是算量的根本任务，也是本教材中要给大家介绍的重点和难点内容部分。

3) 遵从设计，符合规范要求

钢筋翻样和算量计算过程要遵从设计图纸，应符合国家现行规范、规程和标准的要求，才能保证结构中钢筋用量符合要求。

4) 指导性

钢筋的翻样结果将用于钢筋的绑扎和安装，可用于预算、结算、材料计划和成本控制等方面。另外，钢筋翻样的结果可指导施工；通过详细准确的钢筋排列图可避免钢筋下料错误，减少钢筋用量的不必要损失。

1.3.2 本课程的教学内容和学习方法

《钢筋翻样与算量》课程是一门综合性和实践性很强的课程。其内容主要有：钢筋混凝土结构基本知识简介，基础、柱、墙、梁、板等各类构件平法施工图的识读和标准构造详图的学习，并在此基础上，着重介绍各类构件钢筋量的计算方法。

本门课程是工程造价专业及相关专业的核心专业课程之一，它不仅是学习后期工程计量与计价等专业课程的前提，同时也是一门应用技术课程。在学习本课程时应注意以下学习方法的运用。

1) 本课程是基于建筑力学、建筑结构的一门专业性和技术性很强的课程。本书中介绍了部分建筑结构基础的内容，应注意在此基础上，深入了解结构基础相关的理论知识，并将其运用到后期的识图和钢筋量计算的学习过程中。

2) 本课程与现行国家规范、规程和标准联系密切，应在课题学习的基础上，熟悉并学会应用现行规范、规程和标准图集解决工程实际问题。

3) 本课程是实践性很强的专业课程，在课堂教学中，会安排大量的课题实训时间，将基本读图和钢筋量计算方法学以致用；同时，在教学过程中，应注意理论联系实际，多进行工地现场参观、学习和实践，增强感性认识，加深理论知识的学习和基本技能的培养。

第 2 章 建筑结构基础知识简介

【学习目标】
1. 熟悉常见混凝土结构材料的力学性能；
2. 熟悉建筑结构荷载的特点和作用效果；
3. 熟悉抗震设防的基础知识；
4. 掌握受弯构件、受压构件、受扭构件的受力性能和构造要求；
5. 掌握钢筋混凝土楼（屋）盖板的受力特点和构造要求；
6. 掌握钢筋混凝土结构体系及其受力特点。

2.1 建筑材料及其力学性能

钢筋混凝土结构的主体材料为钢材和混凝土两种主要建筑材料。

2.1.1 钢材

钢材广泛应用于铁路、桥梁、房屋建筑等各种工程中，是工程中造价成本最高的建筑材料之一。

建筑钢材是指用于钢结构的各种型钢、钢板和用于钢筋混凝土结构中的各种钢筋、钢丝、钢绞线等，如图 2.1、图 2.2 所示。钢材的优点主要有：材质均匀、性能可靠、强度高、塑性和韧性好，能承受较大的冲击荷载和振动荷载；有良好的工艺性能，可采用焊接、螺栓连接等进行装配，可进行冷加工和热处理，易于切削加工。钢材也有自身的缺点：耐久性差，易腐蚀，耐火性差等。

图 2.1 基础中的钢筋

图 2.2 结构主体的钢筋

下面将着重介绍钢材的力学性能及其品种与应用。

2.1.1.1 钢材的力学性能

1) 钢材的拉伸性能

拉伸性能是建筑钢材最重要的性能，通过对钢材进行拉伸试验所测得的屈服强度、抗拉强度和伸长率是钢材的三个重要技术指标。

低碳钢的含碳量低，强度较低，塑性较好，其应力应变图如图2.3所示。从图中可以看出，低碳钢受拉经历了弹性阶段、屈服阶段、强化阶段和颈缩阶段。

在弹性阶段（OA段），钢材主要表现为弹性，当荷载加到OA上任一点卸载后，变形将恢复到零。钢材的应力与应变成正比，其值称为弹性模量，即$E=\sigma/\varepsilon$。

在屈服阶段（AB段），钢材在荷载作用下开始丧失对变形的抵抗能力，并产生明显的塑性变形。AB段锯齿形范围内，最低点所对应的应力值称为钢材的屈服强度或屈服点，用σ_s表示。屈服强度是结构设计中钢材取值的依据。

在强化阶段（BC段），钢材抵抗外力的能力重新提高。图形的最高点C点对应的应力称为强度极限或抗拉强度，用σ_b表示。屈服强度与抗拉强度的比值称为屈强比，其值越小，表明结构的可靠性越高，防止结构破坏的潜力越大；但此值太小，钢材强度的利用率低，造成钢材浪费。合理的屈强比为0.60~0.75。

在颈缩阶段（CD段），钢材的变形速度明显加快，承载能力明显下降，钢材截面积急剧缩小，出现颈缩现象，随即钢材断裂。试件拉断后，量出拉断后标距部分的长度L_1，如图2.4所示，标距的伸长值与原始标距L_0的比值称为伸长率。伸长率是衡量钢材塑性的重要指标。

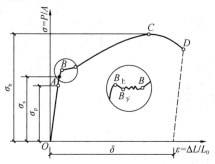

图2.3 低碳钢的应力应变曲线图

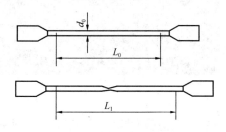

图2.4 钢材的拉伸试件

2）冲击韧性

冲击韧性是指钢材抵抗冲击荷载而不破坏的能力。钢材的冲击韧性与钢的化学成分、冶炼与加工有关，一般来说，钢材中的P、S含量越高，夹杂物多、使用温度低、焊接中形成的微裂缝等都会降低冲击韧性，另外，随着时间的推移，钢材的强度会提高，而塑性和韧性会降低，此现象称为时效。因时效而使性能改变的程度称为钢材的时效敏感性，对于承受动力荷载的重要结构，应选用冲击韧性好且时效敏感性小的钢材。

3）冷弯性能

冷弯性能是指钢材在常温下，以一定的弯心直径和弯曲角度对钢材进行弯曲时，钢材能够承受弯曲变形的能力。钢材的冷弯，一般以弯曲角度α、弯心直径d和钢材的厚度（或直径）a的比值d/a来表示弯曲的程度。α愈大，或者d/a愈小，则材料的冷弯性能愈好。如图2.5所示。

2.1.1.2 钢筋混凝土结构用钢材

钢筋混凝土结构用的钢筋和钢丝，主要是由碳素结构钢或低合金高强度结构钢轧制而

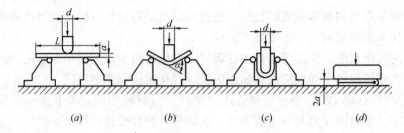

图 2.5　钢材冷弯试验示意图

(a) 试件安装；(b) 弯曲 90°；(c) 弯曲 180°；(d) 弯曲至两面重合

成。其品种主要有：热轧钢筋、冷加工钢筋、预应力钢丝与钢绞线。

1) 热轧钢筋

用加热钢坯轧成的条形成品钢筋称为热轧钢筋。热轧钢筋按外形可分为光圆钢筋和带肋钢筋两大类。

热轧光圆钢筋是经热轧成形，其横截面为圆形，表面光滑的成品钢筋。光圆钢筋及其截面形状如图 2.6 所示。光圆钢筋塑性及焊接性能很好，但由于其强度较低，在今后的建筑结构中使用范围将逐渐缩小。

 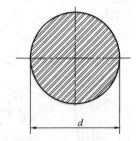

图 2.6　光圆钢筋及其截面

热轧带肋钢筋横截面为圆形，且表面带肋的钢筋，如图 2.7 所示。带肋钢筋生产工艺也不复杂，强度高，应力集中敏感性小，抗疲劳性好，与混凝土共同工作效果好，是混凝土结构中钢筋使用的主要钢材。

图 2.7　热轧带肋钢筋及其应用

2) 冷加工钢筋

钢筋冷加工是指在常温下，对钢筋进行机械加工，产生塑性变形，使其内部结晶发生变化，从而改变金属的物理力学性质。一般说来，钢筋的冷加工方法包括：冷拉、冷轧和冷拔等，各类钢筋的形式如图 2.8 所示。

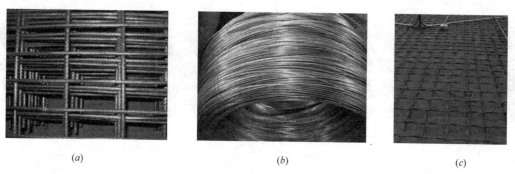

图 2.8 各类冷加工钢筋
(a) 冷轧带肋钢筋焊接网；(b) 冷拔钢丝；(c) 冷轧扭钢筋

3) 预应力钢丝、钢绞线

预应力钢丝由优质碳素结构钢制成，钢丝按外形分为光面钢丝、螺旋肋钢丝和刻痕钢丝三种。预应力混凝土钢丝质量稳定，安全可靠，强度高，无接头，施工方便，主要用于大跨度的屋架、吊车梁、桥梁等大型预应力混凝土构件中，如图 2.9 所示。

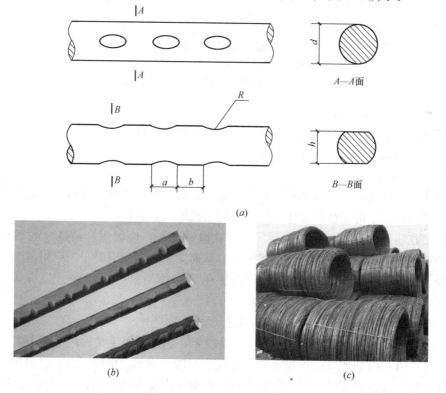

图 2.9 预应力钢丝
(a) 刻痕钢丝示意图；(b) 刻痕钢丝；(c) 钢丝用盘条

预应力混凝土钢绞线是由多根圆形断面钢丝机械捻合而成，然后经消除应力回火或稳定化处理，卷成盘。钢绞线分为标准型钢绞线、刻痕钢绞线和模拔钢绞线三种。钢绞线无接头，柔性好，强度高，主要用于大跨度、大负荷的桥梁、屋架等曲线配筋及预应力钢筋。各类钢绞线如图2.10所示。

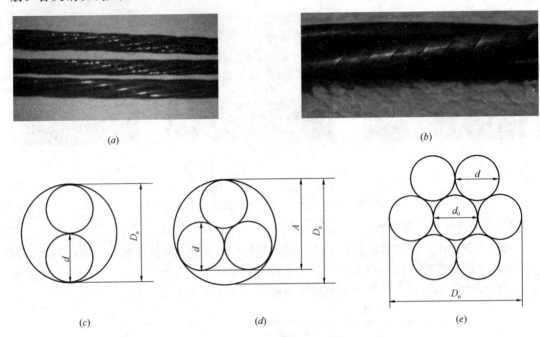

图 2.10　钢绞线
(a) 钢绞线；(b) 刻痕钢绞线；(c) 1×2 结构钢绞线；
(d) 1×3 结构钢绞线；(e) 1×7 结构钢绞线

2.1.1.3　混凝土结构用钢材

钢筋混凝土结构和预应力混凝土结构用钢的钢材强度标准值应不小于95%的保证率，钢材强度标准值和钢材强度设计值见附录1。

2.1.2　混凝土

混凝土是由胶凝材料、水和粗细骨料，或加入适量外加剂和掺和料，按适当比例搅拌而成的一种具有一定可塑性的浆体，经硬化后形成的人造石材。

混凝土在建筑工程中应用的主要优点有：取材简单，性能多样，良好的塑性和耐久性，和钢筋有良好的粘结性能，互补优缺点，从而大大拓展了混凝土的应用范围。

混凝土立方体抗压强度标准值按标准方法在实验室测得。根据混凝土立方体抗压强度标准值的大小，混凝土强度等级分为C15、C20、C25、C30、C35、C40、C45、C50、C55、C60、C65、C70、C75、C80共14级。

《混凝土结构设计规范》GB 50010—2002规定，钢筋混凝土结构的混凝土强度等级不应低于C15；当采用HRB335级钢筋时，混凝土强度等级不宜低于C20；当采用HRB400和RRB400级钢筋以及承受重复荷载的构件，混凝土强度等级不得低于C20。预应力混凝土结构的混凝土强度等级不应低于C30；当采用钢绞线、钢丝、热处理钢筋作预应力钢筋时，混凝土强度等级不宜低于C40。混凝土强度标准值和设计值见附录2。

2.1.3　钢筋与混凝土共同工作

钢筋和混凝土能有效共同工作的主要原因有以下几点：

1)混凝土和钢筋之间有良好的粘结性能,混凝土结硬后与钢筋牢固地粘结在一起,能相互传递应力。两者能可靠地结合在一起,共同受力,共同变形。

2)混凝土和钢筋两种材料的温度线膨胀系数很接近,避免温度变化时产生较大的温度应力破坏二者之间的粘结力。两种材料不会产生过大的变形差而导致两者间的粘结力破坏。

3)混凝土包裹在钢筋的外部,混凝土可以保护钢筋不被锈蚀。可使钢筋免于腐蚀或高温软化。

2.2 建筑结构设计方法

2.2.1 荷载的分类

建筑结构在使用和施工过程中所受到的各种直接作用称为荷载。另外,还有一些能使结构产生内力和变形的间接作用,如地基变形、混凝土收缩、焊接变形、温度变化或地震等引起的作用。作用在建筑结构上的荷载,按作用性质、分布情况等进行分类。

2.2.1.1 按随时间的变异分类

1)永久荷载

永久荷载又称恒荷载,是指在结构设计基准期内,其值不随时间变化,或其变化与平均值相比可以忽略不计的荷载。如结构自重、土压力、预加应力等。

2)可变荷载

可变荷载又称活荷载,是指在结构设计基准期内其值随时间变化,且其变化值与平均值相比不可忽略的荷载。例如楼面与屋面活荷载、积灰荷载、风荷载、雪荷载、工业厂房的吊车荷载、安装荷载等。

3)偶然荷载

偶然荷载是指在结构设计基准期内不一定出现,一旦出现,其值很大且持续时间较短的荷载。例如爆炸力、撞击力、地震等。

2.2.1.2 按作用分布情况分类

1)集中荷载

当荷载的分布面远小于结构的受荷面时,近似地将荷载看成作用在一点上,称为集中荷载。如次梁传给主梁的压力;主梁传给柱子的压力;吊车轮子对吊车梁的压力等都是集中荷载的表现形式。

2)分布荷载

当荷载满布在结构构件的表面上,称为分布荷载。根据荷载分布得均匀与否,又可分为均布荷载与非均布荷载。前者如民用建筑楼屋面上的活荷载,板、梁的自重等;后者如对墙的水压力、土压力等。

2.2.1.3 按荷载作用面大小分类

1)面荷载

建筑物楼面或墙面上分布的荷载,如铺设的木地板、地砖、花岗石、大理石面层等重量引起的荷载。

2)线荷载

建筑物原有的楼面或层面上的各种面荷载传到梁上或条形基础上时可简化为单位长度上的分布荷载称为线荷载。

3) 集中荷载

当在建筑物原有荷载作用面积很小,可简化为作用于某一点荷载形式,为集中荷载。

2.2.1.4 按荷载作用方向分类

荷载按作用方向分为垂直荷载和水平荷载。垂直荷载有结构自重、雪荷载、积灰荷载等;水平荷载有风荷载和水平地震作用。

2.2.2 荷载代表值

结构设计人员在进行建筑结构的设计时,根据不同极限状态的设计要求所采用的荷载量值称为荷载代表值。对永久荷载采用标准值作为代表值,对可变荷载应根据设计要求采用标准值、组合值、频遇值或准永久值作为代表值。

2.3 建筑结构抗震设防简介

2.3.1 基本概念

2.3.1.1 地震的基本概念

地震如同风、霜、雨、雪一样是一种自然现象,但其危害性极大,会造成惨重的人员伤亡和巨大的经济损失,图 2.11 为近期国内外地震中对房屋、道路和桥梁造成的破坏。

图 2.11 地震破坏的房屋、道路和桥梁

2.3.1.2 震源、震级、烈度、抗震设防烈度

地震发生时岩层断裂或错动产生振动的部位称为震源。震源在地表的垂直投影点称为震中。震中附近地面振动最强烈的,一般也就是建筑物破坏最严重的地区称为震中区。受地震影响地区至震中的距离称为震中距。在同一地震中,具有相同地震烈度地点的连线称

为等震线。震源和震中之间的距离称为震源深度。如图2.12所示。

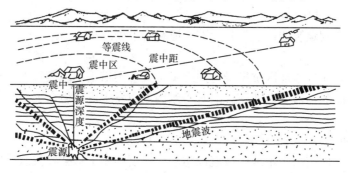

图2.12 震源和震中示意图

一般把震源深度小于60km的地震称为浅源地震；60～300km的地震称为中源地震；大于300km的地震称为深源地震。其中浅源地震造成的危害最为严重。

地震的震级是衡量一次地震大小的等级，与震源释放的能量大小有关，用符号M表示。一般说来，$M<2$的地震人们感觉不到，称为微震；$M=2\sim 4$的地震称为有感地震；$M>5$的地震会对建筑物引起不同程度的破坏，称为破坏地震；$M=7\sim 8$的地震称为强烈地震或大地震；$M>8$的地震称为特大地震。

地震烈度是指地震对一定地点震动的强烈程度，用符号I表示。对于一次地震，表示地震大小的震级只有一个，但它对不同地点的影响程度是不同的。一般说来，震中区的地震烈度最高，随距离震中区的远近不同，地震烈度就有差异。为了评定地震烈度，就需要建立一个标准，这个标准称为地震烈度表。我国使用的是12度烈度表。

抗震设防烈度是指国家规定的权限批准作为一个地区抗震设防依据的地震烈度。必须按国家规定的权限审批、颁发的文件确定。一般情况下，可采用中国地震动参数区划图的地震基本烈度。对抗震设防烈度为6度及以上地区的建筑，必须进行抗震设计。

2.3.2 建筑抗震设防标准与设防目标

2.3.2.1 抗震设防分类

按照遭受地震破坏后可能造成的人员伤亡、经济损失和社会影响的程度及建筑功能在抗震救灾中的作用，将建筑工程划分为不同的类别，区别对待，采取不同的设计要求。建筑工程应分为以下四个抗震设防类别：

a) 特殊设防类

特殊设防类指使用上有特殊要求，涉及国家公共安全的重大建筑工程，或地震时可能发生严重次生灾害等特别重大灾害后果，需要进行特殊设防的建筑，简称甲类。

b) 重点设防类

重点设防类指地震时使用功能不能中断或需尽快恢复的生命线相关建筑，以及地震时可能导致大量人员伤亡等重大灾害后果，需要提高设防标准的建筑，简称乙类。

c) 标准设防类

标准设防类指大量的除a、b、d款以外，按标准要求进行设防的建筑，简称丙类。

d) 适度设防类

适度设防类指使用上人员稀少且震损不致产生严重灾害时，允许在一定条件下适度降低要求的建筑，简称丁类。

2.3.2.2 抗震设防标准

各抗震设防类别建筑的抗震设防标准，应符合下列要求：

a) 标准设防类

标准设防类，应按本地区抗震设防烈度确定其抗震措施和地震作用，达到在遭遇高于当地抗震设防烈度的预估罕遇地震影响时不致倒塌或发生危及生命安全的严重破坏的抗震设防目标。

b) 重点设防类

重点设防类，应按高于本地区抗震设防烈度一度的要求加强其抗震措施；但抗震设防烈度为9度时应按比9度更高的要求采取抗震措施；地基基础的抗震措施，应符合有关规定。同时，应按本地区抗震设防烈度确定其地震作用。

c) 特殊设防类

特殊设防类，应按高于本地区抗震设防烈度提高一度的要求加强其抗震措施；但抗震设防烈度为9度时应按比9度更高的要求采取抗震措施。同时，应按批准的地震安全性评价的结果且高于本地区抗震设防烈度的要求确定其地震作用。

d) 适度设防类

适度设防类，允许比本地区抗震设防烈度的要求适当降低其抗震措施，但抗震设防烈度为6度时不应降低。一般情况下，仍应按本地区抗震设防烈度确定其地震作用。

2.3.2.3 抗震设防目标

抗震设防目标是指建筑结构遭遇不同水准的地震影响时，对结构、构件、使用功能、设备的损坏程度及人身安全的总要求。抗震设防目标要求建筑物在使用期间，对不同频率和强度的地震，应具有不同的抵抗能力，对一般较小的地震，发生的可能性大，故又称多遇地震，这时要求结构不受损坏，在技术上和经济上都可以做到；而对于罕遇的强烈地震，由于发生的可能性小，但地震作用大，在此强震作用下要保证结构完全不损坏，技术难度大，经济投入也大，是不合适的，这时若允许有所损坏，但不倒塌，则将是经济合理的。因此，我国的《建筑抗震设计规范》提出"三个水准"，通常将其概括为："小震不坏、中震可修、大震不倒"，具体描述为：

第一水准：当遭受低于本地区抗震设防烈度的多遇地震（或称小震）影响时，建筑物一般不受损坏或不需修理仍可继续使用；

第二水准：当遭受本地区规定设防烈度的地震（或称中震）影响时，建筑物可能产生一定的损坏，经一般修理或不需修理仍可继续使用；

第三水准：当遭受高于本地区规定设防烈度的预估的罕遇地震（或称大震）影响时，建筑可能产生重大破坏，但不致倒塌或发生危及生命的严重破坏。

2.3.2.4 抗震设计方法

我国抗震规范采用了二阶段设计方法来实现上述三个水准的设防要求：

第一阶段设计：按多遇地震烈度对应的地震作用效应和其他荷载效应的基本组合验算结构构件的承载能力和结构的弹性层间位移，满足第一个水准的设防目标，同时，采取良好的抗震构造措施保证第二水准的设防目标。

第二阶段设计：按罕遇地震烈度对应的地震作用效应验算结构的弹塑性变形，再采取相应构造措施以满足第三水准的抗震设防目标。

2.3.3 抗震等级

抗震等级是结构构件抗震设防的标准。钢筋混凝土房屋根据地震烈度、结构类型和房屋高度采取不同的抗震等级,并应符合相应的计算和构造措施要求。抗震等级分为一级、二级、三级和四级抗震等级,一级抗震等级最高,丙类建筑的抗震等级按表2.1取用,其他类建筑采用的抗震等级应根据《建筑抗震设计规范》GB 50011—2010规定确定。

现浇钢筋混凝土房屋的抗震等级　　表2.1

结构类型			设 防 烈 度							
			6		7			8		9
框架结构	高度(m)		≤24	>24	≤24	>24		≤24	>24	≤24
	框架		四	三	三	二		二	一	一
	大跨度框架		三		二			一		一
框架-抗震墙结构	高度(m)		≤60	>60	≤24	24～60	>60	≤24	24～60	>60	≤24	24～50
	框架		四	三	四	三	二	三	二	一	二	一
	抗震墙		三	三	三	二		二	一		一	
抗震墙结构	高度(m)		≤80	>80	≤24	24～80	>80	≤24	24～80	>80	≤24	24～60
	剪力墙		四	三	四	三	二	三	二	一	二	一
部分框支抗震墙结构	高度(m)		≤80	>80	≤24	24～80	>80	≤24	24～80			
	抗震墙	一般部位	四	三	四	三	二	三	二			
		加强部位	三	二	三	二	一	二	一			
	框支层框架		二		二		一	一				
框架-核心筒	框架		三		二			一			一	
	核心筒		二		二			一			一	
筒中筒	外筒		三		二			一			一	
	内筒		三		二			一			一	
板柱-抗震墙结构	高度(m)		≤35	>35	≤35		>35	≤35		>35		
	框架、板柱的柱		三	二	二		二	一		二		
	抗震墙		二	二	二		一	二		一		

注:1. 建筑场地为Ⅰ类时,除6度外,应允许按表内降低一度所对应的抗震等级采取抗震构造措施,但相应的计算要求不应降低;
2. 接近或等于高度分界时,应允许结合房屋不规则程度及场地、地基条件确定抗震等级;
3. 大跨度框架指跨度不小于18m的框架;
4. 高度不超过60m的框架-核心筒结构按框架-抗震墙的要求设计时,应按表中框架-抗震墙结构的规定确定其抗震等级。

2.4　混凝土结构基本构件

本节将重点介绍钢筋混凝土受弯构件、钢筋混凝土受压构件和钢筋混凝土受扭构件三种类型。

2.4.1 钢筋混凝土受弯构件

钢筋混凝土受弯构件是指仅承受弯矩和剪力作用的构件。在工业和民用建筑中，钢筋混凝土受弯构件是结构构件中用量最大、应用最为普遍的一种构件。如建筑物中大量的梁、板都是典型的受弯构件。一般建筑中的楼盖板、屋盖板和梁、楼梯，多层及高层建筑钢筋混凝土框架结构的横梁，厂房建筑中的大梁、吊车梁、基础梁等都是按受弯构件设计。

受弯构件在外荷载作用下截面上同时承受弯矩和剪力的作用。在弯矩较大的区段可能发生由弯矩引起的混凝土截面受弯破坏，在剪力较大的区段可能发生有弯矩和剪力共同作用而引起的斜截面受剪破坏，斜截面还可能发生受弯破坏。

钢筋混凝土受弯构件，通过正截面承载力计算确定受弯构件的材料、截面尺寸和配筋，通过斜截面承载力计算，确定箍筋和弯起钢筋用量以保证不发生斜截面受剪破坏，通过一定的构造措施满足斜截面不发生受弯破坏。

2.4.1.1 受弯构件的一般构造要求

1）梁的钢筋类型

梁中通常配置有纵向受力钢筋、箍筋、弯起钢筋及架立钢筋，当梁腹板高度大于450mm时，通常在梁侧面设置构造钢筋。梁内钢筋的形式如图2.13所示，梁中各类钢筋间距要求和保护层位置如图2.14所示。

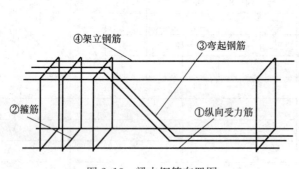
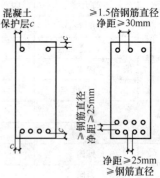

图2.13 梁内钢筋布置图　　　　图2.14 梁中钢筋间距的要求

① 纵向受力钢筋

用以承受弯矩在梁内产生的拉力，设置在梁的受拉一侧。当弯矩较大时，可在梁的受压区也布置受力钢筋，协助混凝土承担压力形成双筋截面梁，纵向受力钢筋的数量通过计算确定。

② 箍筋

用以承受梁的剪力，固定纵向受力钢筋，并和其他钢筋一起形成钢筋骨架。梁中的箍筋有单肢箍、双肢箍等，如图2.15所示。

③ 弯起钢筋

弯起钢筋在跨中承受正弯矩产生的拉力，在靠近支座的位置承受弯矩和剪力共同产生的主拉应力，弯起后的水平段可用于承受支座端的负弯矩。图2.16可看出梁中弯起钢筋的布置形式。

④ 架立钢筋

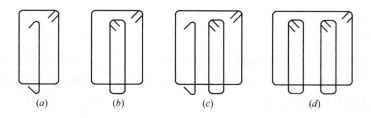

图 2.15　梁中各类箍筋形式
(a) 三肢箍；(b) 四肢箍；(c) 五肢箍；(d) 六肢箍

架立钢筋设置在梁受压区的角部，与纵向受力钢筋平行。其作用是固定箍筋的正确位置，与纵向受力钢筋构成骨架，并承受温度变化、混凝土收缩而产生的拉应力，以防止发生裂缝。

⑤ 梁侧构造钢筋

当梁的腹板高度 $h_w \geqslant 450$mm 时，在梁的两个侧面应沿高度配置纵向构造钢筋，每侧纵向构造钢筋（不包括上、下部受力钢筋及架立钢筋）的截面面积不应小于腹板截面面积的 0.1%，且间距不宜大于 200mm，如图 2.17 所示。其作用是承受温度变化、混凝土收缩在梁侧面引起的拉应力，防止产生裂缝。梁两侧的纵向构造钢筋用拉筋连接。拉筋直径可与箍筋直径相同，其间距常为箍筋间距的两倍。

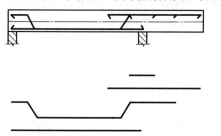

图 2.16　悬挑梁中受力钢筋的布置

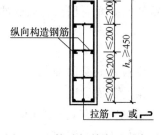

图 2.17　构造钢筋布置示意图

此处 h_w 的取值为：矩形截面取截面有效高度，T 形截面取有效高度减去翼缘高度，I 形截面取腹板净高，如图 2.18 所示。纵向构造钢筋一般不必做弯钩。

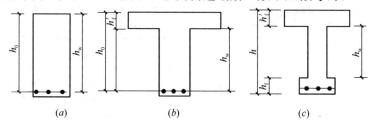

图 2.18　梁的腹板高度
(a) 矩形截面；(b) T 形截面；(c) I 形截面

2) 板钢筋类型

板通常配置纵向受力钢筋和分布钢筋，如图 2.19 所示。

① 受力钢筋

受力钢筋沿板跨度方向在受拉区设置，作用主要是承受弯矩在板内产生的拉力，其数量通过计算确定。

② 板的分布钢筋

分布钢筋布置在受力钢筋的内侧，与受力钢筋垂直。分布钢筋的作用是将板承受的荷载均匀地传给受力钢筋；承受温度变化及混凝土收缩在垂直板跨方向所产生的拉应力；在施工中固定受力钢筋的位置，如图 2.19 所示。

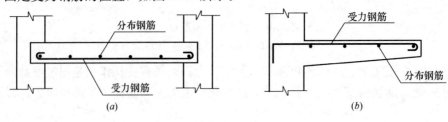

图 2.19 板钢筋布置图
(a) 单向板；(b) 悬挑板

2.4.1.2 受弯构件的破坏形态

1) 受弯构件正截面的破坏形态

钢筋混凝土受弯构件正截面的破坏形式（图 2.20），当截面尺寸和材料强度确定后，钢筋用量的变化将影响到构件的受力性能和破坏形态。纵向受拉钢筋配筋率用 ρ 表示，ρ 用纵向受拉钢筋的截面面积与正截面的有效面积的比值来表达，即：

$$\rho = \frac{A_s}{b \times h_0}$$

式中 A_s——受拉钢筋截面面积；

b——梁的截面宽度；

h_0——梁的截面有效高度，$h_0 = h - a_s$，h 为梁截面高度，a_s 为受拉钢筋重心至截面受拉边缘的距离。

根据梁纵向钢筋配筋率的不同，钢筋混凝土梁可分为适筋梁、超筋梁和少筋梁三种类型，不同类型梁的破坏特征不同。

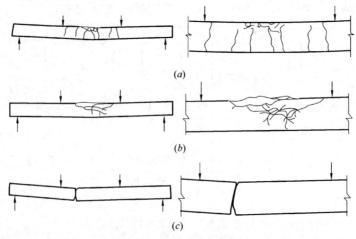

图 2.20 梁的正截面破坏
(a) 适筋梁；(b) 超筋梁；(c) 少筋梁

① 适筋梁

配筋率适量的梁称为适筋梁。其特点是随着荷载的增加，截面破坏开始于纵向受力钢筋的屈服，受压区高度逐渐减小，最后受压区混凝土被压碎导致构件破坏，如图 2.20(a) 所示，这种破坏称为适筋破坏。

适筋破坏的受弯构件，破坏前有明显的裂缝和塑性变形，这种破坏属于延性破坏。实际设计中必须将受弯构件设计成适筋构件。

② 超筋梁

当构件的受拉区配置太多的受拉钢筋，配筋率过大时，称为超筋梁。其特点是由于钢筋配置过多，导致在钢筋应力还远小于屈服强度时，受压区混凝土先达到极限压应变被压碎产生破坏，如图 2.20(b) 所示，这种破坏称为超筋破坏。

超筋破坏的受弯构件，破坏前变形和裂缝不明显，当混凝土压碎时，破坏突然发生，属于脆性破坏，实际工程中应予避免。

③ 少筋梁

当构件的受拉区配筋太少，配筋率过小时，称为少筋梁。其特点是由于配筋过少，受拉区混凝土一旦开裂，受拉区钢筋应力突然增大且迅速屈服，并进入强化阶段甚至断裂，构件被拉裂为两段，如图 2.20(c) 所示，这种破坏称为少筋破坏。

少筋破坏的受弯构件，破坏前无明显预兆，属于脆性破坏，实际工程中应予避免。

2) 受弯构件斜截面的破坏形态

受弯构件斜截面的破坏形态主要取决于箍筋数量和剪跨比。根据箍筋数量和剪跨比的不同，斜截面破坏形态可分为斜拉破坏、剪压破坏和斜压破坏。

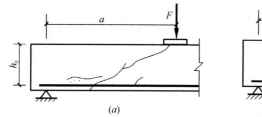
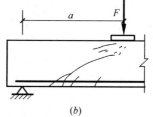
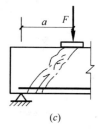

图 2.21 梁的斜截面受剪破坏

(a) 斜拉破坏；(b) 剪压破坏；(c) 斜压破坏

① 剪压破坏

构件的箍筋适量，且剪跨比适中（$\lambda=1\sim3$）时将发生剪压破坏。当荷载增加到一定值时，首先在剪弯段受拉区出现斜裂缝，其中一条将发展成临界斜裂缝。荷载进一步增加，与临界斜裂缝相交的箍筋应力达到屈服强度。随后，斜裂缝不断扩展，斜截面末端剪压区不断缩小，最后剪压区混凝土在正应力和剪应力共同作用下达到极限状态而压碎，如图 2.21(b) 所示。剪压破坏没有明显预兆，属于脆性破坏。

② 斜拉破坏

当箍筋配置过少，且剪跨比较大（$\lambda>3$）时，常发生斜拉破坏。其特点是一旦出现斜裂缝，与斜裂缝相交的箍筋应力立即达到屈服强度，箍筋对斜裂缝发展的约束作用消失，随后斜裂缝迅速延伸到梁的受压区边缘，构件裂为两部分而破坏，如图 2.21(a) 所示。斜拉破坏的破坏过程急剧,具有很明显的脆性。

③ 斜压破坏

当梁的箍筋配置过多过密或者梁的剪跨比较小（$\lambda<1$）时,斜截面破坏形态将主要是斜压破坏。这种破坏是因梁的剪弯段腹部混凝土被一系列平行的斜裂缝分割成许多倾斜的受压柱体,在正应力和剪应力共同作用下混凝土被压碎而导致的,破坏时箍筋应力尚未达到屈服强度,如图 2.21(c) 所示。斜压破坏属脆性破坏。

以上的三种剪切破坏形态,均属脆性破坏,因此对于受弯构件,应尽可能设计成强剪弱弯,即若梁破坏,应尽可能使构件发生正截面破坏。

受弯构件沿斜截面除了可能发生上述三种剪切破坏外,还可能发生沿斜截面的抗弯破坏,这种破坏亦通过构造要求来避免。

2.4.2 钢筋混凝土受压构件

当构件上承受以纵向压力为主的内力时,称为受压构件。受压构件的类型有钢筋混凝土柱、受压腹杆等。根据受压构件纵向力与构件截面形心轴线相互位置不同,可分为轴心受压构件和偏心受压构件（压弯构件）,如图 2.22 所示。

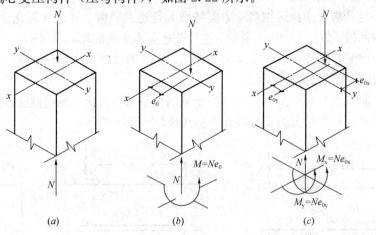

图 2.22　受压构件

(a) 轴心受压；(b) 单向偏心受压；(c) 双向偏心受压

2.4.2.1　受压构件的一般构造要求

1) 材料强度要求

钢筋混凝土柱中,混凝土强度等级宜选用 C25 以上强度等级,必要时可采用高强度混凝土,钢筋一般采用 HRB400、HRB335 钢筋,不宜采用高强度的钢筋。

受压构件钢筋主要由纵筋和箍筋组成,如图 2.23 所示,图 2.24 为钢筋混凝土框架柱实例。

2) 纵向受力钢筋

受压构件纵向受力钢筋主要用来协助混凝土承压；同时承受由于弯矩、偶然偏心矩、混凝土收缩、温度变化引起的拉应力,防止混凝土构件脆性破坏；对偏心较大的受压构件,截面受拉区的纵向受力钢筋则用来承受拉力。

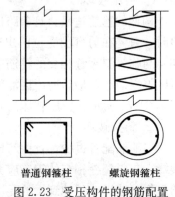

图 2.23　受压构件的钢筋配置

轴心受压构件的纵向受力钢筋沿截面的四周均匀放置，根数不得少于4根，如图2.23所示；直径不宜小于12mm，通常为16～32mm，宜采用较粗的钢筋；全部纵筋配筋率不大于5%。

偏心受压构件的纵向受力钢筋放置在偏心方向截面的两边；当截面高度$h \geqslant 600$mm时，侧面应设置直径为10～16mm的纵向构造钢筋，并相应地设置附加箍筋或拉筋，如图2.26所示。

轴心受压构件、偏心受压构件全部纵筋的配筋率不小于0.6%，一侧钢筋的配筋率不小于0.2%。

3）箍筋

箍筋的作用主要是与纵筋形成钢筋骨架，固定纵筋

图2.24 柱配筋实例

位置，同时可防止纵筋受压时压屈；有效约束核心混凝土变形，提高混凝土的强度和变形能力；偏心受压构件中还可承受剪力。柱箍筋在设置时应注意，纵向钢筋至少每隔一根放置于箍筋转角处，不得采用带内折角的箍筋形式。轴心受压构件和偏心受压构件中箍筋的形式如图2.25和图2.26所示。

图2.25 轴心受压柱箍筋形式

2.4.2.2 偏心受压构件的破坏形态及其特征

根据钢筋混凝土偏心受压构件正截面的受力特点与破坏特征，偏心受压构件可分为大偏心受压构件和小偏心受压构件两种类型。

1）大偏心受压（受拉破坏）

大偏心受压构件破坏时，远离轴向力一侧的钢筋先受拉屈服，近轴向力一侧的混凝土被压碎。这种破坏一般发生在轴向力的偏心距较大，且受拉钢筋配置不多时。

受拉钢筋先达到屈服强度，导致受压区混凝土压碎，由于大偏心受压破坏时受拉钢筋先屈服，因此又称受拉破坏，其破坏特征与钢筋混凝土双筋截面适筋梁的破坏相似，有明显的预兆，属于延性破坏。

2）小偏心受压（受压破坏）

小偏心受压构件破坏时，截面破坏是从受压区开始的，当纵向力的偏心距较小，或虽偏心距较大，但距纵向力较远的一侧配筋较多时，易发生小偏心受压破坏。

当轴向力N的相对偏心距e_0/h较小时，构件截面全部受压或大部分受压。破坏时，离轴向力N较远一侧的钢筋（简称"远侧钢筋"），可能受拉也可能受压，但都不屈服，而受压应力较大一侧的混凝土被压坏，同侧的受压钢筋的应力也达到抗压屈服强度。由于构件破坏起因于混凝土压碎，所以也称受压破坏。这种破坏在破坏前没有明显的预兆，属于脆性破坏。

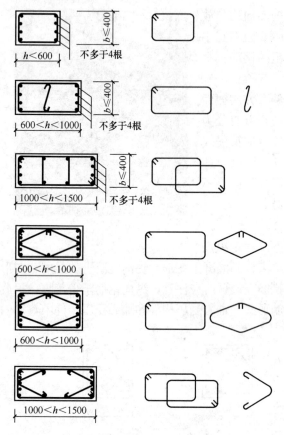

图 2.26 偏心受压柱箍筋

3）大、小偏心受压的分界

从大、小偏心受压的破坏特征可见，其间存在着一种界限破坏形态，称为"界限破坏"。两类构件破坏的相同之处是受压区边缘的混凝土都被压碎，都是"材料破坏"；不同之处是大偏心受压构件破坏时受拉钢筋能屈服，而小偏心受压构件的受拉钢筋不屈服或处于受压状态。因此，大小偏心受压破坏的界限是受拉钢筋应力达到屈服强度，同时受压区混凝土的应变达到极限压应变而被压碎，与适筋梁与超筋梁的界限是一致。

2.4.3 钢筋混凝土受扭构件

扭转是结构构件的基本受力方式之一。在钢筋混凝土结构中，构件通常处于弯矩剪力和扭矩共同作用的复合受扭状态。如图 2.27 所示。

2.4.3.1 受力特点

钢筋混凝土矩形纯扭构件试验表明，随着扭矩的增加，首先在构件截面长边中点处产生一条斜裂缝，随即陆续向相邻面按 45°螺旋方向分别继续向相邻面延伸，同时出现更多连续的螺旋裂缝，直到其中一条裂缝所穿越的钢筋屈服，另一个长边的混凝土压碎，构件破坏，如图 2.28 所示。

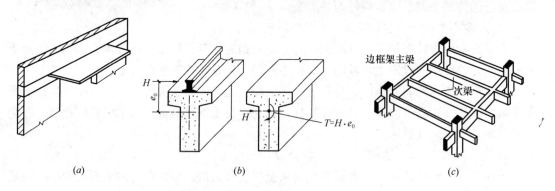

图 2.27 钢筋混凝土受扭构件
(a) 雨篷梁；(b) 吊车梁；(c) 框架边梁

从受力分析和施工方面考虑，受扭钢筋一般采用横向封闭箍筋和沿截面均布的纵向钢筋形成钢筋骨架。对于同时承受弯、剪、扭的构件，则按受弯和受剪分别计算承受弯矩的纵筋和承受剪力的箍筋，然后与受扭的纵筋和箍筋叠加而成，如图 2.29 所示。

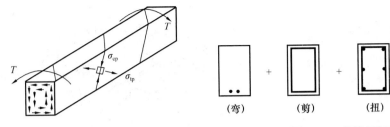

图 2.28　钢筋混凝土纯扭构件　　　　图 2.29　弯剪扭钢筋的配置

2.4.3.2　构造要求

1）受扭纵筋

受扭纵筋沿截面周边均匀对称布置，且在四角必须设置；受扭纵筋的间距不大于 200mm，且不大于梁截面短边尺寸；受扭纵筋是受力钢筋，其搭接和锚固要求同受力钢筋相同。

2）受扭箍筋

受扭箍筋必须做成封闭式，且应沿周边布置，箍筋末端应做 135°弯钩；箍筋构造要求应符合相关规范的要求。

2.5　钢筋混凝土楼（屋）盖

2.5.1　钢筋混凝土楼盖的类型

钢筋混凝土梁板结构是建筑工程中广泛采用的一种结构形式，如钢筋混凝土楼（屋）盖、楼梯、雨篷和筏形基础底板等形式。根据施工方法不同，钢筋混凝土楼盖可分为现浇整体式、装配式、装配整体式三种形式。

现浇整体式楼盖的全部构件均为现场浇筑，其优点主要有：整体性好，刚度大，抗震性能和防水性能好；缺点有：模板用量多，施工作业量大，周期长。

装配式楼盖采用预制板、现浇梁或者是预制板、预制梁在现场装配连接而成。装配式楼盖整体性、抗震性、防水性都较差，不便于开设孔洞，不适合用于高层和有抗震设防要求的房屋，也不适合有防水和开洞要求的楼面；但装配式楼板可节省模板，有利于工业化生产、机械化施工，并缩短施工周期。

装配整体式楼盖是将各预制构件（或构件的预制部分）在现场就位后，再通过现浇一部分混凝土使之构成整体，例如：在预制板上现浇混凝土叠合层形成整体楼盖。兼具有现浇整体式楼盖和装配式楼盖的优点：节约模板，施工速度快，整体性也较好；但需要进行混凝土二次浇灌，有时还需增加焊接工作量，施工比较复杂。

现浇整体式楼盖主要有肋形楼盖、无梁楼盖和井式楼盖三种形式，如图 2.30 所示。本文中我们将重点介绍工程中应用最广泛的现浇整体式肋形楼盖。

2.5.2　肋形楼盖

肋形楼盖一般由板、次梁、主梁组成。现浇肋形楼盖根据支撑方式和长短边比例不同，可分为单向板和双向板。单向板指仅仅在或主要在一个方向受弯的板；双向板指两个方向均受弯的板。单向板和双向板的划分方法为：

1）两边支撑的板，按单向板设计。

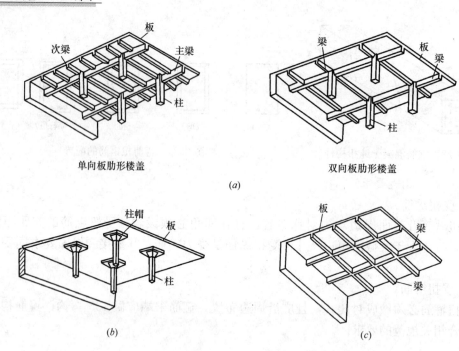

图 2.30　现浇整体楼盖类型
(a) 肋形楼盖；(b) 无梁楼盖；(c) 井式楼盖

2) 四边支撑的板，按以下划分方法：

a) 长边/短边≥3，按单向板设计；

b) 2＜长边/短边＜3，宜按双向板设计，否则，应在长边方向设置足够数量的构造钢筋；

c) 长边/短边≤2 应按双向板设计。

2.5.2.1　现浇单向板肋形楼盖

1) 单向板肋形楼盖的结构布置

单向板肋形楼盖由主梁、次梁和板组成，如图 2.31(a) 所示。次梁的间距决定了板带跨度，为增加房屋的横向刚度，主梁一般沿横向布置侧向刚度较大。单向板肋形楼盖结构布置如图 2.31 所示。

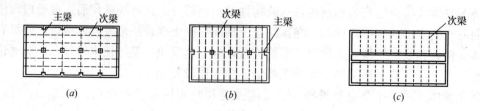

图 2.31　单向板肋形楼盖的组成与布置
(a) 主梁沿横向布置；(b) 主梁沿纵向布置；(c) 中间有走廊

2) 单向板肋形楼盖的受力特点

单向板肋形楼盖的板、主梁、次梁和柱均整体浇筑在一起，计算时，连续板、次梁和主梁的支座均视为铰支座，楼面的恒荷载与活荷载传递给楼面板，次梁承受板传来的荷载和自重，主梁承受次梁传来的荷载和自重。单向板的传力路线即为：

荷载→板(沿短边)→次梁→主梁→柱或墙→基础→地基

3) 单向板肋形楼盖的构造要求

由于单向板主要考虑荷载沿板的短边方向传递，因此，短跨方向的受力钢筋由计算确定，长跨方向的分布钢筋按构造确定。

a) 板钢筋构造要求

单向板的配筋方式有两种形式：弯起式和分离式，弯起式整体性好，但施工不便，分离式整体性稍差，但施工方便，工程实际中，分离式运用得更为普遍。如图 2.32 所示。

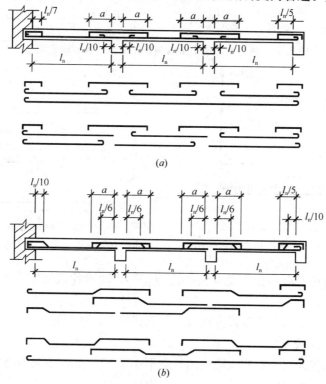

图 2.32 连续板的配筋方式
(a) 分离式配筋；(b) 弯起式配筋

单向板沿短跨方向在截面受拉一侧布置受力钢筋，垂直于受力钢筋方向并在其内侧布置分布钢筋，如图 2.33 所示。分布筋设置垂直于受力钢筋，位于受力钢筋的内侧，分布钢筋应配置在受力钢筋的所有转角处，并沿受力钢筋均匀布置，但在梁的范围内不需设置。

构造钢筋主要有：嵌入承重砌体墙内的板面构造钢筋、周边与混凝土梁或墙整体浇筑的板面构造钢筋、垂直于主梁的板面构造钢筋等。构造钢筋的设置如图 2.34、图 2.35、图 2.36 所示。

b) 次梁钢筋构造要求

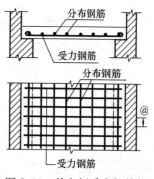

图 2.33 单向板受力钢筋与分布钢筋布置

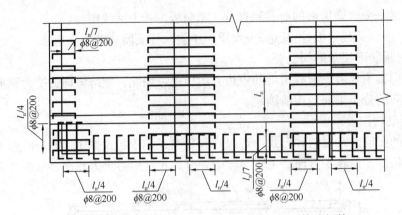

图 2.34 周边与混凝土梁或墙整体浇筑的板面构造钢筋

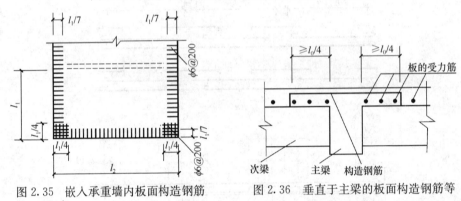

图 2.35 嵌入承重墙内板面构造钢筋　　图 2.36 垂直于主梁的板面构造钢筋等

次梁的一般构造要求与普通受弯构件构造相同,次梁伸入墙内支承长度一般不应小于 240mm。

连续次梁的纵向受力钢筋布置方式也有分离式和弯起式两种。

c) 主梁钢筋构造要求

主梁承受荷载较大,一般伸入墙内的长度不小于 370mm,主梁的跨度一般在 5~8m,梁高为跨度的 1/15~1/10。

在主梁支座处,主次梁截面上部纵向钢筋相互交叉重叠,主梁承受次梁传来的集中荷载,因此,主次梁钢筋的位置关系如图 2.37 所示,次梁钢筋应放在主梁纵筋的上面。

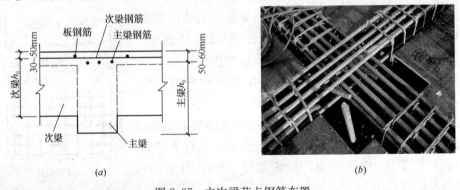

图 2.37 主次梁节点钢筋布置

(a) 主次梁节点钢筋布置示意图;(b) 主次梁节点钢筋设置

在主次梁连接处，应设置附加横向钢筋，以承担由于次梁传至主梁的集中荷载在主梁下部产生的拉应力，引起主梁局部开裂破坏，如图2.38所示。附加横向钢筋有附加箍筋和附加吊筋两种形式，如图2.39所示，宜优先采用附加箍筋形式。

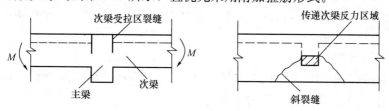

图2.38 主梁与次梁连接处裂缝

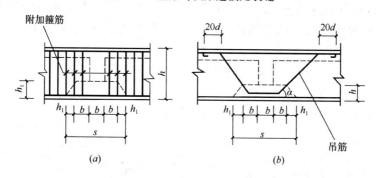

图2.39 附加横向钢筋布置
(a) 附加箍筋；(b) 附加吊筋

2.5.2.2 现浇双向板肋形楼盖

双向板与四边支承单向板的差别在于板在长、短跨方向都作用弯矩、剪力和扭矩。

1) 双向板的受力特点

双向板的破坏特征如图2.40所示，从图中可以看出，当两个方向的边长越接近时，两个方向板的内力也越接近。双向板楼盖传力路线为：荷载→板（沿短边和长边）→次梁和主梁→柱（或墙）。

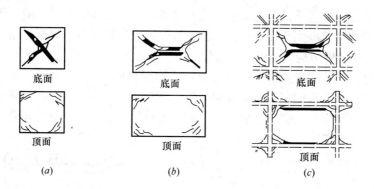

图2.40 双向板破坏时的裂缝分布
(a) 方形简支双向板；(b) 矩形简支双向板；(c) 连续双向板

a) 双向板在两个方向受力都较大，因此需在两个方向同时配置受力钢筋。双向板在相互垂直的方向布置受拉钢筋，较短边的受力钢筋在下。

b) 试验表明，在荷载的作用下，简支双向板的四角都有翘起的趋势，板传给四边承梁的压力并非均匀分布，而是中部较大，两端较小。

c) 在其他条件相同时，采用强度等级较高的混凝土较为优越。当用钢量相同时，采用细而密的配筋较采用粗而疏的配筋有利，且将板中间部分钢筋排列密些要比均匀排列更适宜。

2) 双向板的构造要求

由于作用在双向板肋形楼盖的荷载将通过两个方向同时传递到相应的支承梁上，因此双向板的受力钢筋应沿板的纵、横两个方向设置。

配筋方式也有分离式和弯起式两种形式。当多跨单向板、多跨双向板采用分离式配筋时，跨中正弯矩钢筋宜全部伸入支座。支座负弯矩向跨内的延伸长度应覆盖负弯矩图并满足钢筋锚固的要求。考虑支座的嵌固作用，双向板周边应设置垂直于板边的板面构造钢筋。

双向板的其他构造要求与单向板相同。

2.5.2.3 悬挑构件

工程中常见的悬挑板有钢筋混凝土雨篷、阳台、挑檐、挑廊等形式。

1) 悬臂梁

试验表明，在作用剪力较大的悬臂梁内，由于梁全长受负弯矩作用，临界斜裂缝的倾角较小，而延伸较长，因此不应在梁的上部截断负弯矩钢筋。此时，负弯矩钢筋可以分批向下弯折并锚固在梁的下边，但必须有不少于2根上部钢筋伸至悬臂梁外端，并向下弯折不小于12d，如图2.41所示。

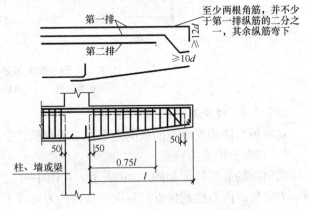

图2.41 钢筋混凝土悬臂梁钢筋配置

2) 雨篷

雨篷由雨篷板和雨篷梁两部分组成。当外挑长度不大于3m时，一般可不设外柱而做成悬挑结构。当外挑长度大于1.5m时，悬挑结构可为有悬臂梁的梁板式雨篷；当外挑长度小于1.5m时，悬挑结构为悬臂板式雨篷。

雨篷板是悬挑板，通常都做成变厚度板，受力图如图2.42所示。雨篷板的配筋按悬臂板计算，计算截面在板的根部。雨篷可能发生的破坏形式有三种：①雨篷板在根部受弯断裂破坏；②雨篷梁受弯、剪、扭破坏；③雨篷整体倾覆破坏。为防止雨篷可能发生的破

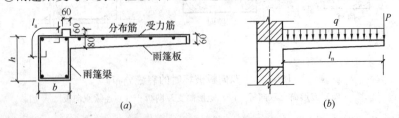

图2.42 雨篷板和雨篷梁

(a) 雨篷板和雨篷梁配筋；(b) 雨篷板和雨篷梁示意图

坏，雨篷应进行雨篷板的受弯承载力计算、雨篷梁弯剪扭承载力计算、雨篷整体倾覆验算，以及采取相应的构造措施。

雨篷板的构造要求：雨篷板通常都做成变厚度板。雨篷板的受力钢筋应布置在板的上部，伸入雨篷梁的长度应满足受拉钢筋锚固长度的要求。分布钢筋应布置在受力钢筋的内侧，如图 2.42(a) 所示。

雨篷梁的构造要求：雨篷梁的宽度一般与墙厚相同，梁高应符合砖的模数。为防止雨水沿墙缝渗入墙内，通常在梁顶设置高过板顶 60mm 的凸块。雨篷梁嵌入墙内的支承长度不应小于 370mm。

2.6 钢筋混凝土多层与高层结构

我国《高层建筑混凝土结构技术规程》JGJ 3—2002 把 10 层及 10 层以上或房屋高度大于 28m 的建筑物定义为高层建筑，10 层以下的建筑物为多层建筑。

钢筋混凝土多层及高层房屋有框架结构、框架-剪力墙结构、剪力墙结构和筒体结构四种主要的结构体系，如图 2.43 和图 2.44 所示。

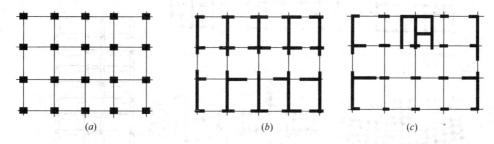

图 2.43 多层和高层结构体系平面布置图
(a) 框架结构；(b) 剪力墙结构；(c) 框架-剪力墙结构

(a) (b) (c)

图 2.44 多层和高层结构体系实例
(a) 框架结构；(b) 剪力墙结构；(c) 框架-剪力墙结构

2.6.1 框架结构

2.6.1.1 框架结构布置

框架结构（图 2.44a）是由梁、柱组成的框架承重体系，内、外墙仅起围护和分隔的作用。框架结构的优点是能够提供较大的室内空间，平面布置灵活。框架结构布置主要是确定柱在平面上的排列方式（即柱网布置，如图 2.45 所示）和选择结构承重方案，需满

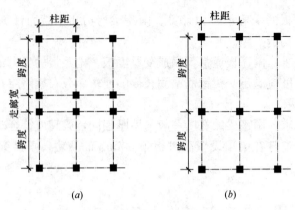

图 2.45 柱网布置
(a) 内廊式；(b) 跨度组合式

足建筑平面及使用要求，同时也需使结构受力合理，施工简单。常见的框架结构平面布置图如图 2.46 所示。框架结构的承重方案有三种形式，如图 2.47 所示：

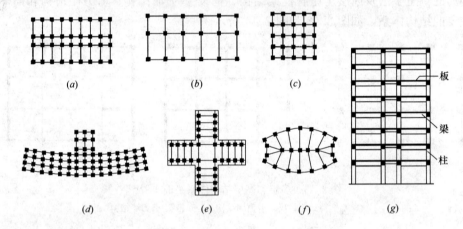

图 2.46 框架结构平面布置和剖面示意图

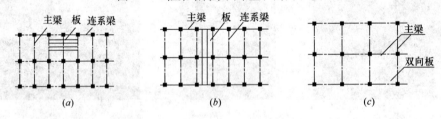

图 2.47 承重框架的布置方案
(a) 横向承重；(b) 纵向承重；(c) 总横向承重

1) 横向框架承重
主梁沿房屋横向布置，板和连系梁沿房屋纵向布置。
2) 纵向框架承重
主梁沿房屋纵向布置，板和连系梁沿房屋横向布置。
3) 纵、横向框架承重
房屋的纵、横向都布置承重框架，楼盖常采用现浇双向板或井字梁楼盖。

2.6.1.2 框架结构的受力特点

框架结构在水平荷载下表现出抗侧移刚度小，水平位移大的特点，属于柔性结构，随着房屋层数的增加，水平荷载逐渐增大，将因侧移过大而不能满足要求。

作用在多、高层建筑结构上的荷载有竖向荷载和水平荷载。竖向荷载包括恒载和楼（屋）面活荷载，水平荷载包括风荷载和水平地震作用。

1) 框架梁

框架梁是受弯构件，由内力组合求得控制截面的最不利弯矩和剪力后，按正截面受弯承载力计算方法确定所需要的纵筋数量，按斜截面受剪承载力计算方法确定所需的箍筋数量，再采取相应的构造措施。

对于框架梁，其控制截面通常是两个支座截面及跨中截面。梁支座截面是最大负弯矩及最大剪力作用的截面，如图2.48所示。而跨中控制截面常常是最大正弯矩作用的截面。

2) 框架柱

框架柱是偏心受压构件，通常采用对称配筋。确定柱中纵筋数量时，应从内力组合中找出最不利的内

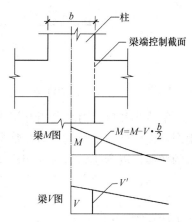

图2.48 梁端控制截面弯矩及剪力

力进行配筋计算。框架柱除进行正截面受压承载力计算外，还应根据内力组合得到的剪力值进行斜截面抗剪承载力计算，确定柱的箍筋配置。

柱的控制截面为柱的上、下两个端截面。柱的最不利内力可归纳为以下四种类型：M_{max}及相应的N、V；N_{max}及相应的M、V；N_{min}及相应的M、V；M比较大（但不是最大），而N比较小或比较大（不是绝对值最大）。

2.6.2 剪力墙结构

2.6.2.1 剪力墙结构的基本概念

剪力墙结构，既承担竖向荷载，又承担水平荷载——剪力，"剪力墙"由此得名。在多层与高层结构体系抗震设计时，剪力墙要承担由水平地震作用引起的水平剪力，因此，在《建筑结构抗震规范》中，剪力墙称为"抗震墙"。

剪力墙是一整片高大实体墙，侧面又有刚性楼盖支撑，故有很大的刚度，属于刚性结构。在水平荷载下，相当于一个底部固定、顶端自由的竖向悬臂梁，墙体的长度相当于深梁的截面高度，墙体的厚度相当于深梁的截面宽度，墙体处于受压、受弯、受剪复合受力状态。

剪力墙结构由于受钢筋混凝土墙体的限制，平面布置很不灵活，故剪力墙结构适用于住宅、公寓、旅馆等小开间的民用建筑，而在工业建筑中很少采用。根据墙体的开洞大小和截面应力的分布特点，剪力墙可划分为整体剪力墙、整体小开口剪力墙、联肢剪力墙和壁式框架四类，如图2.49所示。

1) 整体剪力墙

整体剪力墙是指不开洞或开洞面积不大于15%的墙。整体剪力墙如同一片整体的悬臂墙，在墙肢的整个高度上，弯矩图既不突变，也无反弯点，剪力墙的变形以弯曲型为主，如图2.50(a)所示。

2) 整体小开口剪力墙

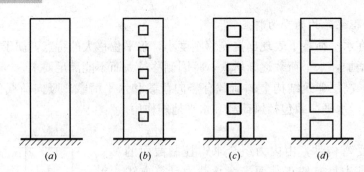

图 2.49 剪力墙类型
(a) 整体剪力墙；(b) 整体小开口剪力墙；(c) 联肢剪力墙；(d) 壁式框架

整体小开口剪力墙是指开洞面积大于 15%，但仍较小的墙。整体小开口剪力墙的弯矩图在连梁处发生突变，但在整个墙肢高度上没有或仅仅在个别楼层中出现反弯点，剪力墙的变形仍以弯曲型为主，如图 2.50(b) 所示。

3）联肢或多肢剪力墙

联肢剪力墙是指开口较大、洞口成列布置的剪力墙。双肢及多肢剪力墙与整体小开口剪力墙相似，如图 2.50(c) 所示。

4）壁式框架

壁式框架是指洞口尺寸大，连梁线刚度大于或接近墙肢线刚度的墙。壁式框架柱的弯

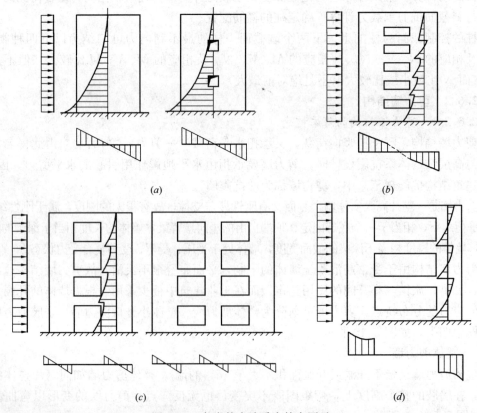

图 2.50 各类剪力墙受力特点图示
(a) 整体剪力墙；(b) 整体小开口剪力墙；(c) 联肢剪力墙；(d) 壁式框架

矩图在楼层处有突变，且在大多数楼层出现反弯点，剪力墙的变形以剪切型为主，如图 2.50(d)示。

2.6.2.2 剪力墙结构的受力特点

1) 墙肢

在整截面剪力墙中，墙肢处于受压、受弯和受剪状态，其弯矩和剪力均在基础顶部位达到最大值，因此，基础顶部是剪力墙设计的控制截面。

墙肢的配筋计算与偏心受压柱相似，但由于剪力墙截面高度较大，在墙肢内，除在端部集中配置竖向钢筋外，还应在墙腹板位置设置分布钢筋，与端部钢筋共同抵抗压弯作用。水平分布钢筋承担剪力作用，竖向分布钢筋与水平分布钢筋形成钢筋网，构成剪力墙的钢筋骨架，还可抵抗混凝土的收缩和温度应力。

2) 连梁

连接两片剪力墙的梁（剪力墙上垂直洞口之间的墙体）称为连梁，剪力墙中的连梁是指跨高比小于 5 的连梁，当跨高比不小于 5 时，宜按框架梁进行设计。剪力墙连梁因为跨高比较大，竖向荷载作用下的弯矩值所占比例较小，水平荷载作用下产生的反弯时，它对剪切变形非常敏感，容易出现剪切裂缝。

连梁截面验算应包括正截面受弯和斜截面受剪两部分。受弯验算与梁计算相同，一般上下配置相同钢筋，按双筋截面验算。为实现连梁的强剪弱弯，推迟剪切破坏，提高延性，连梁剪力设计值应乘相应的增大系数。另外，为防止连梁剪切破坏斜裂缝引起的脆性破坏，《高层建筑混凝土结构技术规程》JGJ 3—2002 中还列出了相关的构造要求。

2.6.3 框架-剪力墙结构

在框架结构中的适当部位增设一定数量的钢筋混凝土剪力墙，形成的框架和剪力墙共同承受竖向力和水平力的体系叫做框架-剪力墙结构体系，简称框-剪结构体系。

1) 结构体系

在框架-剪力墙结构房屋中，框架负担竖向荷载为主，而剪力墙将负担绝大部分水平荷载。此种结构体系房屋由于剪力墙的加强作用，房屋的侧向刚度有所提高。因而用于高层房屋比框架结构在受力方面更为合理；同时由于它只在部分位置上有剪力墙，保持了框架结构易于分割空间、立面易于变化等优点；此外，这种体系的抗震性能也较好。

2) 结构布置原则

框架-剪力墙结构布置原则有以下几点：确定剪力墙的数量和位置；框架-剪力墙结构应设计成双向抗侧力体系；抗震设计时，结构两主轴方向均应布置剪力墙；梁与柱或柱与剪力墙的中线尽量重合。在框架-剪力墙结构中剪力墙的布置应按"均匀、分散、对称、周边"的原则考虑，如图 2.51 所示。

 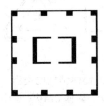 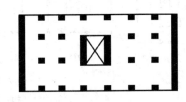

图 2.51 框架-剪力墙结构布置平面图

3) 变形特征

在水平荷载作用下,剪力墙是竖向悬臂结构,其变形曲线呈弯曲型,楼层越高水平位移增长速度越快,顶点位移与高度是四次方关系;框架结构在水平荷载作用下,其变形曲线呈剪切型,楼层越高水平位移增长越慢。框架-剪力墙结构中的框架和剪力墙的受力特点和变形性质是不同的。

因此,框架-剪力墙结构同时具有框架和剪力墙两种结构形式,在结构布置合理的情况下,可同时发挥两者的优点,相互制约彼此的缺点:框架-剪力墙结构具有较大的整体侧向刚度、侧向变形介于剪切变形和弯曲变形之间,层间相对位移变化较缓和,平面布置易获得较大空间,两种结构形成两道防线(剪力墙结构是抵抗地震的第一道防线,框架结构是第二道防线),如图 2.52 所示。

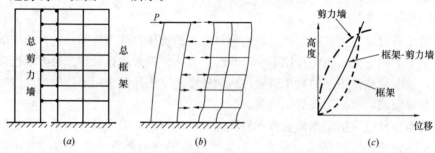

图 2.52 框架-剪力墙协同工作原理
(*a*) 框架-剪力墙结构示意图;(*b*) 两种结构形式共同工作;(*c*) 三种结构形式的变形特点

2.6.4 筒体结构

当高层建筑结构层数多,高度大时,由平面抗侧力结构所构成的框架,剪力墙和框剪结构已不能满足建筑和结构的要求,而开始采用具有空间受力性能的筒体结构。

筒体结构的基本特征是:水平力主要是由一个或多个空间受力的竖向筒体承受。筒体可以由剪力墙组成,也可以由密柱框筒构成。

1) 结构类型

筒中筒结构,由中央剪力墙内筒和周边外框筒组成组成;框筒由密柱、深梁组成。如图 2.53(*a*)所示。筒体-框架结构,亦称框架-核心筒,由中央剪力墙核心筒和周边外框架组成,如图 2.53(*b*)示。

另外常见的筒体结构还有:框筒结构如图 2.53(*c*)所示,多重筒结构如图 2.53(*d*)所示,成束筒结构如图 2.53(*e*)所示,多筒体结构如图 2.53(*f*)所示等形式。

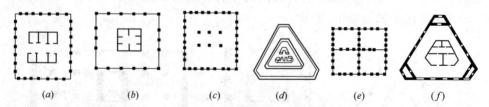

图 2.53 筒体结构的类型
(*a*)筒中筒结构;(*b*)筒体-框架结构;(*c*)框筒结构;
(*d*)多重筒;(*e*)成束筒;(*f*)多筒体结构

2)筒体结构的受力性能和工作特点

筒体是空间整截面工作的，如同一竖在地面上的悬臂箱形梁。框筒在水平力作用下不仅平行于水平力作用方向上的框架(称为腹板框架)起作用，而且垂直于水平方向上的框架(称为翼缘框架)也共同受力。筒体受力特点如图2.54所示，框架-筒体结构及计算简图如图2.55所示。

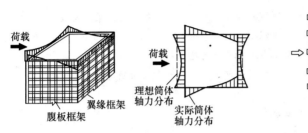
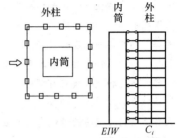

图2.54　筒体受力特点　　　　图2.55　框架-筒体结构及其计算简图

框筒虽然整体受力，却与理想筒体的受力有明显的差别；理想筒体在水平力作用下，截面保持平面，腹板应力直线分布，翼缘应力相等，而框筒则不保持平截面变形，腹板框架柱的轴力是曲线分布的，翼缘框架柱的轴力也是不均匀分布；靠近角柱的柱子轴力大，远离角柱的柱子的轴力小。这种应力分布不再保持直线规律的现象称为剪力滞后。由于存在这种剪力滞后现象，所以筒体结构不能简单按平面假定进行内力计算。

在筒体结构中，剪力墙筒的截面面积较大，它承受大部分水平剪力，所以柱子承受的剪力很小；而由水平力产生的倾覆力矩，则绝大部分由框筒柱的轴向力所形成的总体弯矩来平衡，剪力墙和柱承受的局部弯矩很小。由于这种整体受力的特点，使框筒和薄壁筒有较高的承载力和侧向刚度，而且比较经济。

3)筒体结构布置

筒体结构的平面布置以方形、圆形平面为宜，可用对称形的三角形或人字形。

筒体结构只有在细高的情况下才能近似于竖向悬臂箱形断面梁，发挥其空间整体作用，因此，筒体结构高宽比H/B宜大于4。

本 章 知 识 小 结

本章简要介绍了建筑结构基础的部分内容，主要有：常见混凝土结构材料的力学性能，建筑结构荷载，抗震设防，受弯、受压、受扭构件的基本受力性能，钢筋混凝土楼(屋)盖板的受力特点，钢筋混凝土结构体系及其受力特点等方面。

基本知识要求：掌握受弯、受压、受扭构件的基本受力性能，钢筋混凝土楼(屋)盖板的受力特点，钢筋混凝土结构体系及其受力特点等内容；熟悉常见混凝土结构材料的力学性能，建筑结构荷载，抗震设防等内容。

基本技能要求：熟悉各类基本构件和基本结构体系的受力性能，为后期各类构件和结构体系中钢筋的排布和设计构造要求的理解和应用做准备，从而实现钢筋量计算的最终学习目标。

综合素质要求：结合各类构件的基础知识点拨和概括，深入了解和复习钢筋混凝土基本构件的构造要求和受力性能。扩展阅读，可参考各类《混凝土设计原理》等教材，也可参考《混凝土结构设计规范》、

《高层建筑混凝土技术规程》、《建筑抗震设计规范》等，培养自学能力。

思 考 题

建筑材料及其力学性能

1. 混凝土立方体抗压强度如何确定？
2. 何谓钢筋与混凝土之间的粘结力？有哪几部分组成？影响粘结力的因素有哪些？
3. 受拉钢筋的锚固长度如何确定？抗震锚固长度如何确定？
4. 混凝土结构用钢有哪些种类和级别？在工程中如何选用？
5. 钢筋的强度和塑性指标有哪些？屈服强度如何确定，伸长率如何确定？
6. 钢筋的冷加工方式有哪些？
7. 混凝土结构对钢筋的性能有哪些要求？

建筑结构设计方法

8. 什么是作用、荷载效应、结构抗力？作用与荷载有何异同？

建筑结构抗震设防简介

9. 什么是地震震级？什么是地震烈度？什么是抗震设防烈度？
10. 建筑的抗震设计类别分为哪几类？分类的作用是什么？
11. 什么是"三水准、两阶段"设计？
12. 抗震设防的目标是什么？实现此目标的设计方法是什么？

混凝土基本构件

13. 试述大小偏心受压构件的破坏特征以及判别。
14. 纵向钢筋和箍筋在受压构件中的作用和构造要求如何？
15. 偏心受压构件分为哪两种类型？两类破坏有何本质区别？其判别的界限条件是什么？
16. 钢筋混凝土大、小偏心受压构件的破坏特征有何区别？
17. 矩形截面钢筋混凝土纯扭构件的破坏形态与什么因素有关？有哪几种破坏形态？各有什么特点？
18. 钢筋混凝土纯扭构件破坏时，在什么条件下，纵向钢筋和箍筋都会先达到屈服强度，然后混凝土才压坏，即产生延性破坏？
19. 受扭构件中，纵向受扭钢筋为什么要沿截面周边对称放置，并且四角必须放置？
20. 简述抗扭钢筋的构造要求。
21. 矩形截面弯剪扭构件的受弯、受剪、受扭时，其纵筋和箍筋如何配置？
22. 影响受弯构件斜截面承载力的主要因素有哪些？它们与受剪承载力有何关系？
23. 钢筋混凝土梁正截面有哪几种破坏形态？各有何特点？
24. 梁内纵向受拉钢筋的根数、直径及间距有何规定？纵向受拉钢筋什么情况下按两排设置？
25. 钢筋混凝土受弯构件中箍筋的作用有哪些？
26. 什么是双筋截面？在什么情况下才采用双筋截面？双筋截面中的受压钢筋和单筋截面中的架立钢筋有何不同？
27. 受弯构件斜截面受剪有哪几种破坏形态？各自破坏特点是什么？如何防止各种破坏形态的发生？

钢筋混凝土楼(屋)盖

28. 现浇梁板结构中单向板和双向板是如何划分的？
29. 板、次梁、主梁设计的配筋，它们各有哪些受力钢筋？哪些构造钢筋？这些钢筋在构件中各起了什么作用？
30. 在主次梁交接处，主梁中为什么要设置吊筋或附加箍筋？

31. 简述雨篷和雨篷梁的受力特点和构造要求。

钢筋混凝土多层与高层结构

32. 多层和高层钢筋混凝土结构房屋主要有哪几种结构体系？各有何特点及适用范围？
33. 框架结构、框架-剪力墙结构、剪力墙结构的布置分别应着重解决哪些问题？
34. 多层和高层钢筋混凝土结构抗震等级是如何确定的？
35. 多层及高层钢筋混凝土房屋有哪些结构体系？各自的特点是什么？
36. 多层及高层钢筋混凝土结构设计时为什么要划分抗震等级？是如何划分的？
37. 简述框架结构体系的组成及受力特点？
38. 简述框架-剪力墙结构中剪力墙的布置要点，并说明为什么要这样布置？
39. 简述框架结构体系的组成及受力特点？
40. 框架结构抗震设计的基本原则是什么？
41. 框架-剪力墙结构体系中，剪力墙与框架协同工作的基本条件是什么？

第3章 建筑结构施工图通用构造规则介绍

【学习目标】
1. 掌握钢筋的锚固长度和搭接长度的计算方法、钢筋材料与钢筋下料长度计算;
2. 掌握构件节点本体与节点关联的相关关系;
3. 熟悉混凝土结构环境类别、保护层、钢筋的连接方法、箍筋和拉筋的弯钩构造;
4. 了解基础结构或地下结构与上部结构的分界。

【本章重点】
1. 钢筋的锚固长度和搭接长度
   抗震锚固长度和非抗震锚固长度计算方法;
   抗震搭接长度和非抗震搭接长度计算方法。
2. 节点本体和节点关联构件的构造要求
   以基础为本体构件的节点的构造要求;
   以框架柱为本体构件的节点的构造要求;
   以剪力墙为本体构件的节点的构造要求;
   以梁为本体构件的节点的构造要求。

本章所介绍的通用规则,适用于常见的混凝土构件,如柱、剪力墙、梁、板、基础(基础主梁、基础次梁、基础平板等)、楼梯等构件的通用构造要求。

3.1 混凝土结构的环境类别

影响混凝土结构耐久性最重要的因素就是环境,环境分类应根据其对混凝土结构耐久性的影响而确定。混凝土结构环境类别的划分主要适用于混凝土结构正常使用极限状态的验算和耐久性设计,环境分类内容如表3.1所示。

混凝土结构的环境类别　　　　　　　　表3.1

环境类别		说　　明
一		室内正常环境
二	a	室内潮湿环境;非严寒和非寒冷地区的露天环境、与无侵蚀性水或土直接接触的环境
	b	严寒和寒冷地区的露天环境、与无侵蚀性水或土直接接触的环境
三		使用除冰盐的环境;严寒和寒冷地区冬季水位变动的环境;滨海室外环境
四		海水环境
五		受人为或自然的侵蚀性物质影响的环境

注:严寒和寒冷地区的划分应符合国家现行标准《民用建筑热工设计规程》JGJ2的规定。

3.2 受力钢筋的混凝土保护层厚度

3.2.1 混凝土保护层的作用

混凝土结构中,钢筋被包裹在混凝土内,由受力钢筋外边缘到混凝土构件表面的最小距离称为保护层厚度。混凝土保护层的作用为:

1) 钢筋与混凝土之间的粘结锚固

混凝土结构中钢筋能够承受荷载是由于其与周围混凝土之间的粘结锚固作用。混凝土保护层厚度是影响钢筋和混凝土之间粘结强度的主要因素之一,混凝土保护层厚度越大,粘结强度就越高,但当保护层厚度大于钢筋直径的 5 倍时,粘结强度通常不再增加。

2) 混凝土保护钢筋免遭侵蚀

混凝土结构耐久性好,主要原因是混凝土将钢筋全部包裹,在一定程度上可将使钢筋锈蚀的环境因素隔离开来。混凝土材料呈碱性,可使包裹其中的钢筋表面形成钝化膜使钢筋不易锈蚀。然而混凝土的碳化会从表面向内部发展,达到钢筋表面而使钢筋生锈,采取措施减缓碳化速度,尽量延长碳化到达钢筋表面的时间,显然与混凝土保护层厚度有密切关系。

3.2.2 混凝土保护层最小厚度的规定

《混凝土结构设计规范》GB 50010—2010 规定纵向受力钢筋的混凝土保护层最小厚度不应小于受力钢筋的公称直径,且应符合表 3.2 的要求。

混凝土保护层的最小厚度　　　　　　表 3.2

环境类别		板、墙、壳			梁			柱		
		≤C20	C25~C45	≥C50	≤C20	C25~C45	≥C50	≤C20	C25~C45	≥C50
一		20	15	15	30	25	25	30	30	30
二	a	—	20	20	—	30	30	—	30	30
	b	—	25	20	—	35	30	—	35	30
三		—	30	25	—	40	35	—	40	35

注:1. 受力钢筋外边缘至混凝土表面的距离除应符合表中规定外,不应小于钢筋的公称直径;
2. 机械连接接头连接件的混凝土保护层厚度应满足受力钢筋保护层最小厚度的要求,连接件之间的横向净距不宜小于 25mm;
3. 设计使用年限为 100 年的结构:一类环境中,混凝土保护层厚度应按表中规定增加 40%,二类和三类环境中,混凝土保护层应采取专门有效措施;
4. 三类环境中的结构构件,其受力钢筋宜采用环氧树脂涂层带肋钢筋;
5. 板、墙、壳中分布钢筋的保护层不应小于表中相应的数值减 10mm,且不应小于 10mm;梁、柱中箍筋和构造钢筋的保护层厚度不应小于 15mm。

另外,基础中的纵向受力钢筋在《混凝土结构施工图平面整体表示方法制图规则和构造详图》04G101—3(筏形基础)、08G101—5(箱形基础和地下室结构)等基础类的图集中提供了取值依据,其值列于表 3.3。

基础混凝土保护层的最小厚度 表 3.3

环境类别		基础梁（有垫层）		基础底板（有垫层）
		≤C20	C25~C45	C25~C45
一		30	25	—
二	a	—	30	顶筋 20（底筋：40，防水：50）
	b	—	35	顶筋 25（底筋：40，防水：50）
三		—	40	顶筋 30（底筋：40，防水：50）

注：1. 受力钢筋外边缘至混凝土表面的距离除应符合表中规定外，不应小于钢筋的公称直径；
2. 设计使用年限为100年的结构：一类环境中，混凝土保护层厚度应按表中规定增加40%，二类和三类环境中，混凝土保护层应采取专门有效措施；
3. 三类环境中的结构构件，其受力钢筋宜采用环氧树脂涂层带肋钢筋；
4. 箱型基础中基础梁底面保护层厚度≥50mm，且不小于基础底板底筋混凝土保护层最小厚度与底板底筋直径之和；
5. 基础中纵向受力钢筋的混凝土保护层厚度不应小于40mm，当无垫层时不应小于70mm；
6. 当桩直径或者桩截面边长＜800mm时，桩顶嵌入承台50mm，承台底部受力钢筋的最小保护层厚度为50mm，当桩直径或桩截面边长≥800mm时，桩顶嵌入承台100mm，承台底部受力钢筋的最小保护层厚度为100mm。

3.3 受拉钢筋的锚固长度

为保证构件内的钢筋能够很好的受力，当钢筋伸入支座或在跨中截断时，必须伸出一定长度，依靠这一长度上的粘结力把钢筋锚固在混凝土中，此长度称为锚固长度。

试验证明，随着锚固长度的增加，锚固抗力增长。当锚固抗力等于钢筋的屈服强度时，相应的锚固长度可称为临界锚固长度。这是保证受力钢筋直到屈服也不会发生锚固破坏的最小锚固长度。钢筋屈服后进入强化阶段，随着锚固长度的增加，锚固抗力还能增长。当锚固抗力等于钢筋的抗拉强度时，相应的锚固长度称为极限锚固长度。显然，超过极限锚固长度的锚固段在锚固抗力中将不再起作用。而规范规定的设计锚固长度值应大于临界锚固长度，而小于极限锚固长度。前者是为了保证钢筋承载的基本性能，而后者是因为过大的锚固长度则是多余。

3.3.1 纵向受拉钢筋锚固长度计算公式

当计算中充分利用钢筋的抗拉强度时，纵向受拉钢筋的基本锚固长度应按下列计算公式计算。

普通钢筋：

$$l_a = \alpha \frac{f_y}{f_t} d \tag{3.1}$$

预应力钢筋：

$$l_a = \alpha \frac{f_{py}}{f_t} d \tag{3.2}$$

其中 l_a——受拉钢筋的基本锚固长度；

f_y、f_{py}——普通钢筋、预应力钢筋的抗拉强度设计值；

f_t ——混凝土轴心抗拉强度设计值,当混凝土强度等级高于 C60 时,按 C60 取值;

d ——钢筋的公称直径;

α ——为锚固钢筋的外形系数按表 3.4 取用。

锚固钢筋的外形系数　　　　表 3.4

钢筋类型	光圆钢筋	带肋钢筋	螺旋肋钢丝	三股钢绞线	七股钢绞线
α	0.16	0.14	0.13	0.16	0.17

为方便施工人员查用,G101 系列图集中均有关于纵向受拉钢筋最小锚固长度的表格。表格将混凝土结构中常用的 HPB235 级、HRB335 级、HRB400 级和 RRB400 级热轧钢筋与各级混凝土强度等级组合,将受拉钢筋锚固长度值计算得钢筋直径的整倍数形式,编制成表格,见表 3.5。

纵向受拉钢筋的最小锚固长度 l_a　　　　表 3.5

钢筋种类		混凝土强度等级								
		C20		C25		C30		C35		≥C40
		$d{\leqslant}25$	$d{>}25$	$d{\leqslant}25$	$d{>}25$	$d{\leqslant}25$	$d{>}25$	$d{\leqslant}25$	$d{>}25$	$d{\leqslant}25$	$d{>}25$
HPB235	普通钢筋	31d	31d	27d	27d	24d	24d	22d	22d	20d	20d
HRB335	普通钢筋	39d	42d	34d	37d	30d	33d	27d	30d	25d	27d
	环氧树脂涂层钢筋	48d	53d	42d	46d	37d	41d	34d	37d	31d	34d
HRB400 RRB400	普通钢筋	46d	51d	40d	44d	36d	39d	33d	36d	30d	33d
	环氧树脂涂层钢筋	58d	63d	50d	55d	45d	49d	41d	45d	37d	41d

注:1. 当弯锚时,有些部位的锚固长度为 $\geqslant 0.4l_a+15d$,见各类构件的标准构造详图。
2. 当钢筋在混凝土施工过程中易受扰动(如滑模施工)时,其锚固长度应乘以修正系数 1.1。
3. 在任何情况下,锚固长度不得小于 250mm。
4. HPB235 钢筋为受拉时,其末端应做成 180°弯钩,弯钩平直段长度不应小于 3d,当受压时,可不做弯钩。

3.3.2 纵向受拉钢筋抗震锚固长度

纵向受拉钢筋的抗震锚固长度应满足相应的构造要求。抗震设计要求"强锚固",即在地震作用时,钢筋锚固的可靠度应高于非抗震设计。纵向受拉钢筋的抗震锚固长度 l_{aE} 的计算公式为:

一、二抗震等级: $\qquad l_{aE} = 1.15 l_a \qquad$ (3.3)

三级抗震等级: $\qquad l_{aE} = 1.05 l_a \qquad$ (3.4)

四级抗震等级: $\qquad l_{aE} = 1.0 l_a \qquad$ (3.5)

式中　l_a 为受拉钢筋的锚固长度。为方便施工人员查用,G101 系列图集中也已列出关于纵向受拉钢筋抗震锚固长度的表格,见表 3.6。

纵向受拉钢筋的抗震最小锚固长度 l_{aE}   表 3.6

混凝土强度等级与抗震等级 钢筋种类与直径			C20		C25		C30		C35		≥C40	
			一、二级抗震等级	三级抗震等级	一、二级抗震等级	三级抗震等级	一、二级抗震等级	三级抗震等级	一、二级抗震等级	三级抗震等级	一、二级抗震等级	三级抗震等级
HPB235	普通钢筋		36d	33d	31d	28d	27d	25d	25d	23d	23d	21d
HRB335	普通钢筋	$d \leq 25$	44d	41d	38d	35d	34d	31d	31d	29d	29d	26d
		$d > 25$	49d	45d	42d	39d	38d	34d	34d	31d	32d	29d
	环氧树脂涂层钢筋	$d \leq 25$	55d	51d	48d	44d	43d	39d	39d	36d	36d	33d
		$d > 25$	61d	56d	53d	48d	47d	43d	43d	39d	39d	36d
HRB400 RRB400	普通钢筋	$d \leq 25$	53d	49d	46d	42d	41d	37d	37d	34d	34d	31d
		$d > 25$	58d	53d	51d	46d	45d	41d	41d	38d	38d	34d
	环氧树脂涂层钢筋	$d \leq 25$	66d	61d	57d	53d	51d	47d	47d	43d	43d	39d
		$d > 25$	73d	67d	63d	58d	56d	51d	51d	47d	47d	43d

注: 1. 四级抗震等级,$l_{aE} = l_a$,其值见表 3.5。
2. 当弯锚时,有些部位的锚固长度为 $\geq 0.4 l_{aE} + 15d$,见各类构件的标准构造详图。
3. 当钢筋在混凝土施工过程中易受扰动(如滑模施工)时,其锚固长度应乘以修正系数 1.1。
4. 在任何情况下,锚固长度不得小于 250mm。

3.4 纵向钢筋的连接

当钢筋长度不能满足混凝土构件的要求时,钢筋需要连接接长。连接的方式主要有三种:搭接连接、机械连接和焊接连接。

3.4.1 纵向受力钢筋的搭接连接

纵向钢筋的搭接连接是纵向钢筋连接最常见的连接方式之一。搭接连接施工比较方便,但也有其适用范围和限制条件。当受拉钢筋直径 $d > 28mm$ 和受压钢筋直径 $d > 32mm$ 时,不宜采用搭接连接;轴心受拉及小偏心受拉构件(如混凝土屋架、桁架和拱结构的拉杆等)的纵向受拉钢筋不允许采用搭接连接。

钢筋搭接连接的基本原理是两根钢筋分别在混凝土中锚固,通过混凝土对两根钢筋的粘结力,将一根钢筋的应力通过混凝土传递给另一根钢筋,实现两根钢筋内力的连续。传统绑扎钢筋的工艺是将两根并在一起,用细铅丝绑扎的工艺,因此习惯将这种搭接连接称为绑扎连接;另外,陈青来教授在平法图集[10]和著作[13]中提出非接触搭接的概念,即:钢筋搭接连接时,不需将两根钢筋并在一起绑扎。钢筋的搭接连接的具体要求有:

1) 纵向受拉钢筋绑扎连接的搭接长度

纵向受拉钢筋绑扎连接的搭接长度应根据位于同一连接区段内的钢筋搭接接头面积百分率按下列公式计算:

$$l_l = \zeta l_a \tag{3.6}$$

抗震搭接长度的计算公式为:

$$l_{lE} = \zeta l_{aE} \tag{3.7}$$

式中 l_l ——纵向受拉钢筋的搭接长度;

l_{lE}——纵向受拉钢筋的抗震搭接长度;
l_a——纵向受拉钢筋的锚固长度;
l_{aE}——纵向受拉钢筋的抗震锚固长度;
ζ——纵向受拉钢筋搭接长度修正系数,按表3.7采用。

纵向受拉钢筋搭接长度修正系数　　　　表3.7

纵向受拉钢筋搭接接头面积百分率(%)	≤25	50	100
ζ	1.2	1.4	1.6

注:1. 在任何情况下 l_l 不得小于300mm;
2. 当粗细钢筋搭接时,按粗钢筋截面积计算接头面积百分率,按细钢筋直径计算搭接长度 l_l 和 l_{lE} 数值。

2) 在同一连接区段内,纵向受拉钢筋绑扎搭接接头宜互相错开

如果在钢筋排列较密,可能会产生劈裂破坏,如果同一截面上钢筋搭接数量过多,破坏产生的可能性相应加大,将相邻连接接头错开一段距离,可有效地防止由于在接头处的应力集中导致的混凝土开裂。因此,《混凝土结构设计规范》GB 50010—2002规定:同一连接区段内受拉钢筋搭接接头面积百分率要求对于梁类、板类和墙类构件,不宜大于25%,对柱类构件,不宜大于50%。当工程中确有必要增大钢筋搭接接头面积百分率时,对梁类构件不应大于50%;对板类、墙类及柱类构件,可根据实际情况放宽。

钢筋的搭接接头在同一连接区段内错开设置,其构造要求为:"同一连接区段"的长度为1.3倍搭接长度,凡搭接接头中点位于该连接区段长度内的搭接接头均属于同一连接区段,即绑扎连接接头错开间距为0.3搭接长度,如图3.1所示。

同一连接区段内纵向受力钢筋搭接接头面积百分率,为该区段内有搭接接头的纵向受力钢筋截面面积与全部纵向受力钢筋截面面积的比值。

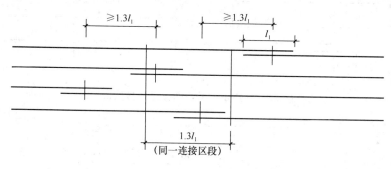

图3.1　纵向受力钢筋绑扎连接接头

3) 纵向受压钢筋搭接长度

构件中的纵向受压钢筋(主要是针对梁受压区及柱中受压钢筋的搭接),当采用搭接连接时,其受压搭接长度不应小于纵向受拉钢筋搭接长度的0.7倍,且在任何情况下不应小于200mm。

4) 纵向受力钢筋搭接长度范围内应配置加密箍筋

当采用搭接连接时,由于作用于搭接接头端部混凝土的劈裂应力要比中部大,搭接接头部位的混凝土容易开裂,箍筋等横向钢筋可以提高混凝土对纵向受力钢筋的粘结强度,延缓内部裂缝的发展和限制构件表面劈裂裂缝的宽度,改善搭接效果。因此,《混凝土结

构设计规范》GB 50010—2002对搭接长度范围内的箍筋规定为：纵向受力钢筋搭接长度范围内应配置箍筋，其直径不应小于钢筋较大直径的0.25倍，当钢筋受拉时，箍筋间距不应大于搭接钢筋较小直径的5倍，且不应大于100mm；当钢筋受压时，箍筋间距不应大于搭接钢筋较小直径的10倍，且不应大于200mm。当受压钢筋直径大于25mm时，尚应在搭接接头两个端面外100mm范围内各设置两个箍筋。

5）受拉钢筋的非接触搭接构造

受拉钢筋的非接触搭接连接，其实质是两根钢筋在其搭接范围混凝土内的分别锚固，以混凝土为介质，实现搭接钢筋应力的传递。采用非接触搭接方式，可实现混凝土对钢筋的完全握裹，能使混凝土对钢筋产生足够高的锚固效应，进而实现受拉钢筋的可靠锚固，完成可靠的钢筋搭接连接。

非接触搭接有两种形式：纵向钢筋同轴心非接触搭接和纵向钢筋平行非接触搭接。同轴心非接触搭接适用于：梁的纵向钢筋，柱的角筋，剪力墙端柱、暗柱的角筋，剪力墙连梁、暗梁的纵向钢筋等；平行轴非接触搭接适用于：梁的侧面筋，柱的中部筋，剪力墙端柱、暗柱的中部钢筋，剪力墙身的竖向和横向受力钢筋等。

钢筋非接触搭接构造要求见图3.2和图3.3，其主要构造内容有：

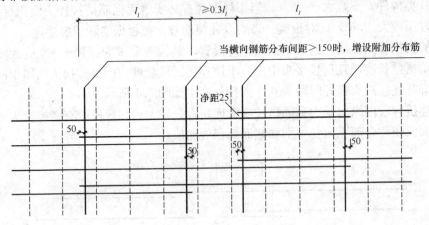

图3.2 纵向钢筋平行非接触搭接构造

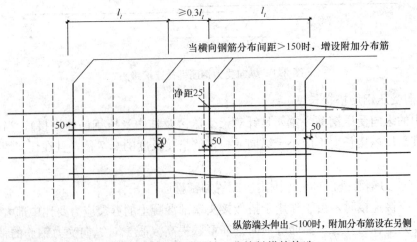

图3.3 纵向钢筋同轴心非接触搭接构造

a）非接触搭接钢筋之间的净距为 25mm，搭接错开的距离 $\geqslant 0.3l_l$；

b）纵向钢筋与横向钢筋在非接触搭接范围的交叉点应逐点绑扎，其他范围的交叉点按常规绑扎；

c）当横向钢筋分布间距>150mm 时，在距纵向钢筋端头 50mm 处设置一道直径不小于 8mm 的附加分布筋，且当纵筋端头从交叉点伸出长度<100mm 时，附加分布筋设在另一侧该横向筋 50mm 处。

3.4.2 纵向受力钢筋的机械连接

纵向受力钢筋机械连接的接头类型有：套筒挤压接头（图 3.4a）、镦粗直螺纹套筒接头（图 3.4b）、锥螺纹套筒接头（图 3.4c）、滚压直螺纹套筒连接接头等，各类钢筋机械连接方法的适用范围如表 3.8 所示。

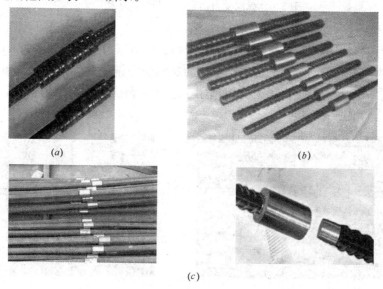

图 3.4 常见纵向受力钢筋机械连接的接头类型
(a) 套筒挤压连接接头；(b) 镦粗直螺纹套筒接头；(c) 锥螺纹套筒接头

机械连接方法的适用范围　　表 3.8

机械连接方法	适用范围	
	钢筋级别	钢筋直径（mm）
钢筋套筒挤压连接	HRB335、HRB400 RRB400	16～40
钢筋锥螺纹套筒连接	HRB335、HRB400 RRB400	16～40
钢筋镦粗直螺纹套筒连接	HRB335、HRB400	16～40
钢筋滚压直螺纹套筒连接	HRB335、HRB400	16～40

纵向受力钢筋的机械接头应相互错开，钢筋机械连接接头连接区段的长度为 35d（d 为纵向受力钢筋的较大直径），凡接头中心位于相应连接区段长度内的机械连接均属于同一连接区段，如图 3.5 所示。当在受力较大处设置机械连接接头时，位于同一连接区段内的纵向受拉钢筋接头面积百分率不宜大于 50%，纵向受压钢筋的接头面积百分率可不受限制。

直接承受动力荷载的结构构件的机械连接接头除应满足设计要求的抗疲劳要求外,位于同一连接区段的纵向受力钢筋接头面积百分率不应大于50%。

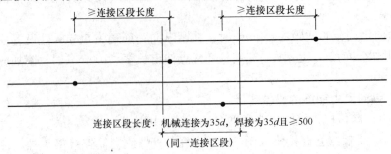

图3.5 纵向受力钢筋机械与焊接连接接头

3.4.3 纵向受力钢筋的焊接连接

纵向受力钢筋焊接连接的方法有:闪光对焊、电渣压力焊等,如图3.6所示。电渣压力焊常用于柱、墙、烟囱等现浇混凝土结构的竖向受力钢筋的焊接连接,而不得用于梁、板等构件中水平钢筋的连接;闪光对焊适用于水平长钢筋非施工现场连接,直径10～40毫米的各种热轧钢筋的焊接。

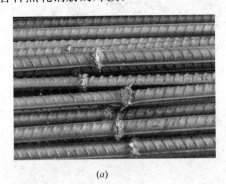

图3.6 常见纵向受力钢筋焊接连接接头
(a) 闪光对焊;(b) 电渣压力焊

纵向受力钢筋的焊接接头应相互错开,焊接接头连接区段的长度为$35d$且不小于500mm(d为纵向受力钢筋的较大直径),凡接头中心位于相应连接区段长度内的焊接连接均属于同一连接区段,如图3.5所示。

位于同一连接区段内的纵向受力钢筋的焊接接头面积百分率,对纵向受拉钢筋接头,不应大于50%,纵向受压钢筋的接头面积百分率可不受限制。

3.5 箍筋及拉筋弯钩构造

梁、柱、剪力墙中的箍筋和拉筋的主要内容有:弯钩角度为$135°$;水平段长度l_h抗震设计时取max($10d$,75mm),非抗震设计时不应小于$5d$,d为箍筋直径。

通常,箍筋应做成封闭式,拉筋要求应紧靠纵向钢筋并同时勾住外封闭箍筋。梁、柱、剪力墙箍筋和拉筋弯钩构造如图3.7所示。

当梁柱墙中的纵筋连接方式为接触绑扎连接时，外封闭箍筋应同时勾住搭接连接的两根钢筋，当其连接方式为非接触连接时，箍筋勾住外侧钢筋，另一根与其非接触连接的钢筋沿箍筋弯钩位置放置，箍筋与纵筋的相对位置如图3.7（c）、（d）所示。

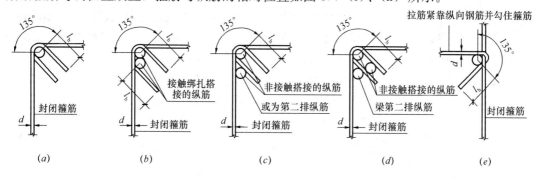

图3.7 箍筋和拉筋弯钩构造
(a) 封闭箍筋与纵筋；(b) 箍筋与接触搭接的纵筋；(c) 箍筋与非接触搭接纵筋1；
(d) 箍筋与非接触搭接纵筋2；(e) 拉筋和箍筋

3.6 钢筋弯曲调整值与下料长度计算

3.6.1 钢筋弯曲调整值

钢筋弯曲调整值又称钢筋度量差值。度量差值形成的主要原因为钢筋在弯曲过程中，外侧表面受到张拉而伸长，内侧表面受压缩而缩短，钢筋中心线长度基本保持不变。钢筋弯曲后，在弯曲点两侧外包尺寸与中心线之间有一个长度差值，我们称之为钢筋弯曲调整值，也叫度量差值。

3.6.2 钢筋图示长度与下料长度

钢筋在图纸中标注显示的图示长度与钢筋的下料长度是两个不同的概念，钢筋图示尺寸是构件截面长度减去钢筋混凝土保护层后的长度，如图3.8（a）所示。钢筋下料长度是钢筋图示尺寸减去钢筋弯曲调整值后的长度，如图3.8（b）所示。

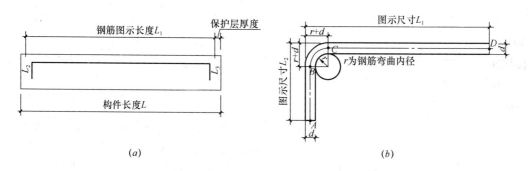

图3.8 钢筋长度示意图
(a) 钢筋图示尺寸；(b) 钢筋下料长度计算

钢筋弯曲调整值是钢筋外皮延伸的值，即为：

钢筋调整值 = 钢筋弯曲范围内外皮尺寸 − 钢筋弯曲范围内钢筋中心圆弧长　（3.8）

$$L_1 = 构件长度 L - 2 \times 保护层厚度 \qquad (3.9)$$
$$钢筋弯曲范围内外皮尺寸 = L_1 + L_2 + L_3 \qquad (3.10)$$
$$钢筋下料长度 = L_1 + L_2 + L_3 - 2 \times 弯曲调整值 \qquad (3.11)$$

《建筑工程工程量清单计价规范》(GB 50500—2008)要求：钢筋长度按钢筋图示尺寸计算，所以钢筋的图示尺寸就是钢筋的预算长度。由于通常按钢筋外皮标注，所以钢筋下料时需减去钢筋弯曲后的外皮延伸长度。

例如图3.8所示钢筋，当弯钩为90°，$r = 2.5d$时则有：
$$AB = L_2 - (r + d) = L_2 - 3.5d$$
$$CD = L_1 - (r + d) = L_1 - 3.5d$$
$$BC 弧长 = 2 \times \pi \times \left(r + \frac{d}{2}\right) \times \frac{90°}{360°} = 4.71d$$
$$钢筋下料长度 = L_2 - 3.5d + L_1 - 3.5d + 4.71d = L_1 + L_2 - 2.29d$$

3.6.3 钢筋弯曲内径的取值方法

钢筋弯曲调整值的大小取决于钢筋弯曲内径。

根据《混凝土结构设计规范》GB 50010—2002、《混凝土结构工程施工质量验收规范》GB 50204—2002和G101系列标准图集中对钢筋的弯弧的要求，钢筋弯曲内径与平直部分长度要求有以下几点：

1) HPB235钢筋为受拉时，末端应做180°弯钩，其弯弧内直径不应小于钢筋直径的2.5倍，弯钩弯折后平直部分长度不应小于钢筋直径的3倍，但作为受压钢筋时，可不做弯钩，如图3.9所示。

2) 钢筋末端为135°弯钩时，HRB335级、HRB400级钢筋的弯弧内直径不应小于钢筋直径的4倍，弯钩的平直部分长度应符合设计要求，如图3.10所示。

3) 当设计要求钢筋做不大于90°弯折时，弯折处的弯弧内直径不应小于钢筋直径的5倍，如图3.11所示。

4) 框架顶层端节点处，框架梁上部纵筋与柱外侧纵向钢筋在节点角部的弯弧内半径，当钢筋直径$d \leq 25\text{mm}$时不宜小于$6d$；当钢筋直径$d > 25\text{mm}$时，不宜小于$8d$。

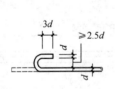
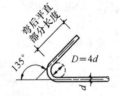
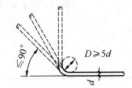

图3.9 光圆钢筋180°弯钩　　图3.10 钢筋135°弯钩　　图3.11 钢筋不大于90°弯钩

由此可见，不同规格、不同直径甚至是不同部位的钢筋弯曲调整值是不同的，在软件计算钢筋工程量中，可以实现精细化计算。而当用于手工计算的钢筋弯曲调整值的计算有较大难度，耗时耗力，就不必要这样精确，但对箍筋与纵筋在不同弯曲直径时还应进行区分。

本教材中，在即将介绍的钢筋量计算内容中，将忽略纵筋弯折的引起的弯曲度量差值。纵筋长度计算时，将钢筋外皮标注尺寸作为下料长度；箍筋长度计算时，考虑弯折135°钢筋弯曲调整值为$1.9d$，忽略90°弯钩弯曲调整值，用箍筋外皮尺寸长度计算箍筋的总长度。

3.7 构件的节点本体与节点关联

建筑结构是由梁、板、墙、柱、基础等基本构件，按照一定的组成规则，通过正确的连接方式，组成的能够承受并传递荷载和其他间接作用的骨架。

混凝土结构作为一个完整的结构体系，各构件之间存在层次性与关联性。以框架结构为例，其层次性在于：基础为柱的支撑体系，柱为梁的支撑体系，梁为板的支撑体系，板为自身支撑体系；其关联性在于：基础与柱相关联，柱与梁相关联，梁与板相关联。因此，节点应归属于两个关联构件其中之一，则这一构件称为节点本体，另一类构件为与节点相关联的构件，称为节点关联。例如，梁柱节点，应归属于柱，则柱为梁柱节点本体，梁为节点关联。

节点本体是构件的一部分，节点本体的纵向钢筋和横向钢筋（箍筋）应连续贯通节点设置；节点关联的纵筋主要是在节点本体内的锚固。

显然，节点本体构件的宽度通常大于关联构件的宽度，以便于关联构件的锚固或贯通节点。当存在节点关联宽度大于或等于本体构件宽度时，在构造上应满足相应的构造措施（例如：加腋），以保证节点本体的性能。

3.7.1 以基础为本体构件的节点钢筋构造规则

柱（包括框架柱和剪力墙柱）与基础节点部位，基础是节点本体构件，柱为节点关联构件。因此，基础的纵向钢筋和箍筋均应贯通节点连续设置；柱的纵筋应锚入基础内，其箍筋并非必须在基础内设置，但为了保证浇筑混凝土时，柱在基础内插筋保持稳定，基础内柱的箍筋要求间距≤500mm，且为不少于两道非复合的矩形封闭箍筋。

3.7.2 以框架柱为本体构件的节点钢筋构造规则

框架梁与框架柱节点部位，框架柱是节点本体构件，框架梁为节点关联构件。因此，框架柱的纵筋和箍筋均匀贯通节点连续设置；梁的纵筋应锚入柱内，或贯通节点，其箍筋通常不需要在柱内设置，只需从柱边50mm位置开始设置第一根箍筋。当采用宽扁梁且梁比柱宽，或边框梁外侧在柱以外的情况下，梁的箍筋才需在节点内设置。

无梁楼板与柱节点部位，柱是节点本体构件，无梁楼板为节点关联构件。因此，板的纵向钢筋和横向钢筋应贯通节点设置；而板中设置的抗冲切箍筋或暗梁箍筋并非必须在节点内设置。

3.7.3 以剪力墙为本体构件的节点钢筋构造规则

楼板与剪力墙节点部位，剪力墙是节点本体，楼板为节点关联构件。因此，剪力墙的竖向钢筋和水平钢筋均应贯通节点连续设置。板的纵筋应锚入或贯通节点设置，而与墙平行的板的钢筋不需在墙内设置。

同样，楼层梁（屋面梁）与剪力墙节点部位，剪力墙是节点本体，楼层、屋面梁为节点关联构件。因此，梁纵向钢筋应锚入墙内或贯通节点，其箍筋通常不需在剪力墙内设置，梁从墙边50mm位置开始设置第一根箍筋。

3.7.4 以梁为本体构件的节点钢筋构造规则

梁是节点本体，所以，作为各类节点本体的梁的纵向钢筋和箍筋均匀贯通节点连续设置。

3.7.4.1 基础主梁与基础次梁

基础次梁与基础主梁节点部位,基础主梁是节点本体,基础次梁为节点关联构件。基础主梁的纵向钢筋和箍筋均匀贯通节点连续设置;基础次梁的纵筋应锚入基础主梁内或贯通节点,其箍筋不需在基础主梁内设置,基础次梁箍筋从基础主梁边 50mm 位置开始设置。

3.7.4.2 主梁与次梁

次梁与主梁节点部位,主梁是节点本体,次梁为节点关联构件。因此,主梁的纵向钢筋和箍筋均匀贯通节点连续设置;次梁的纵筋应锚入主梁内或贯通节点,其箍筋通常不需在主梁内设置,次梁箍筋从主梁边 50mm 位置开始设置。

3.7.4.3 基础底板与基础主梁

基础底板与基础主梁(次梁)节点部位,基础主梁(次梁)是节点本体,基础底板为节点关联构件。因此,基础主梁(次梁)的纵向钢筋和箍筋均匀贯通节点连续设置;基础底板的纵向钢筋应锚入基础主梁(次梁)内或贯通节点,但与基础主梁(次梁)平行的基础底板的钢筋不需在基础主梁(次梁)的范围内设置。

3.7.4.4 梁与板

板与梁节点部位,梁是节点本体,板为节点关联构件。因此,梁的纵向钢筋和箍筋均匀贯通节点连续设置;板的纵向钢筋应锚入梁内或贯通节点,但与梁平行的板的钢筋不需在梁的范围内设置。

3.8 基础结构或地下结构与上部结构的分界

基础结构或地下结构与上部结构的分界位置通常在上部结构的嵌固部位,底层柱根位置起始于嵌固端。嵌固部位是结构计算时底层柱计算长度的起始位置。平法结构施工图中基础结构或地下结构与上部结构的分界通常分有地下室和无地下室两种情况。标准图集 08 G101—11 中,针对嵌固端的位置有如下描述:

1)条形基础、独立基础、桩基承台、箱形基础有一层地下室时,嵌固部位一般不在地下室顶面,而在基础顶面。

2)地下室有较大洞口时,嵌固部位不在地下室顶面,应在地下一层以下位置。

3)有多层地下室,其地下室与地上一层的混凝土强度等级、层高、墙体位置厚度相同时,地下室顶板不是嵌固端,而嵌固位置在基础顶面。

当设有地下室时,根据《建筑抗震设计规范》GB 50011—2010 的规定,地下室顶板作为上部结构的嵌固部位时的构造要求有:地下室应避免开设大洞口;地下室在地上结构相关范围内的顶板应采用现浇梁板结构,相关范围以外的地下室顶板宜采用现浇梁板结构;其楼板厚度不宜小于 180mm,混凝土强度等级不宜小于 C30,应采用双层双向配筋,且每层每个方向的配筋率不宜小于 0.25%。

上述规定确定了上部结构和基础结构的分界部位,分界位置以上结构设计为地上结构的柱、剪力墙和梁平法施工图,以下则为基础结构和地下结构平法施工图。

本章知识小结

本章着重介绍了混凝土结构的环境类别、混凝土保护层厚度、纵向钢筋的锚固长度、连接、箍筋和拉筋的弯钩构造、钢筋下料长度计算、构件节点本体与节点关联以及结构基础或地下室与上部结构的分界等内容。

基本知识要求：掌握钢筋的锚固长度和搭接长度的计算方法、钢筋材料与钢筋下料长度计算、构件节点本体与节点关联的相关关系；熟悉混凝土结构环境类别、保护层、钢筋的连接方法、箍筋和拉筋的弯钩构造、基础结构或地下结构与上部结构的分界。

基本技能要求：熟练计算钢筋的锚固长度和搭接长度，准确判断节点关联与节点本体构件及其相互关系。

综合素质要求：本章的学习内容是后续各章节内容的基础，是钢筋量准确计算的前提。深入学习本章内容为后期内容学习提供指导和帮助，增强知识的灵活运用能力等。

思 考 题

1. 什么是锚固长度，受拉钢筋的锚固长度如何确定？
2. 纵向受拉钢筋的抗震锚固长度如何确定？
3. 纵向受拉钢筋的搭接长度如何确定？
4. 纵向受拉钢筋的抗震搭接长度如何确定？
5. 钢筋的连接方法有哪些种，各类连接方式的接头有哪些构造要求？
6. 钢筋直径不同时搭接位置的要求是什么？钢筋接头面积百分率和搭接长度如何确定。
7. 什么是混凝土保护层厚度，构造钢筋的混凝土保护层厚度有什么要求？
8. 为什么要划分混凝土结构的环境类别，其目的是什么？
9. 什么是嵌固端，有地下室，基础嵌固部位能否在地下室顶面？
10. 钢筋弯曲调整值如何确定？在钢筋量计算中，哪些部分的钢筋弯曲调整值必须要考虑，哪些可以不用考虑？

第4章 柱平法施工图识读与钢筋量计算

【学习目标】
1. 熟悉柱平法施工图的表示方法;
2. 掌握常用的柱标准构造详图;
3. 掌握钢筋量的计算方法。

【本章重点】
1. 柱平法施工图的两种表示方法
2. 掌握常用的柱标准构造详图
   基础中柱插筋构造;
   框架柱纵向钢筋连接构造;
   柱顶纵向钢筋构造;
   变截面柱纵向钢筋构造;
   柱箍筋加密构造要求。
3. 掌握钢筋量的计算方法
   柱纵筋和箍筋长度计算方法;
   柱钢筋接头个数确定。

4.1 柱平法施工图制图规则

柱平法施工图设计规则为在柱平面布置图上采用截面注写方式或列表注写方式表达柱结构设计内容的方法。主要从以下几个方面讨论：

a) 柱平法施工图的表达方法;
b) 列表注写方式;
c) 截面注写方式。

4.1.1 柱平法施工图的表示方法

柱平法施工图设计的第一步是绘制柱平面布置图。

柱平面布置图的主要功能是表达竖向构件（柱或剪力墙），当主体结构为框架-剪力墙结构时，柱平面布置图通常与剪力墙平面布置图合并绘制。柱平面布置图可采用一种或两种比例绘制。两种比例，指柱轴网布置采用一种比例，柱截面轮廓在原位采用另一种比例适当放大绘制的方法，如图4.1所示。在用一种或两种比例绘制的柱平面布置图上，采用截面注写方式或列表注写方式，并加注相关设计内容后，便构成了柱平面布置图。

在柱平法布置图中包含结构层楼面标高、结构层高及相应的结构层号表，便于将注写的柱段高度与该表对照，明确各柱在整个结构中的竖向定位。一般，柱平法施工图中标注的尺寸以毫米（mm）为单位，标高以米（m）为单位。

这里要明确注意一点：结构层楼面标高与结构层高在单项工程中必须统一，以保证基础、柱与墙、梁、板等用同一标准竖向定位。结构层楼面标高是指将建筑图中的各层楼面和楼面标高值扣除建筑面层及垫层做法厚度后的标高，如表4.1所示。某结构层楼面标高和结构层高表中，1层地面标高为−0.030（未作建筑面层和垫层）一层的层高为4.5m，即为二层地面标高4.470和一层地面标高−0.030之差为一层层高。

结构层楼面标高和结构层高表

表 4.1

屋面	12.270	3.60
3	8.670	3.60
2	4.470	4.20
1	−0.030	4.50
−1	−4.530	4.50
层号	标高（m）	层高（m）

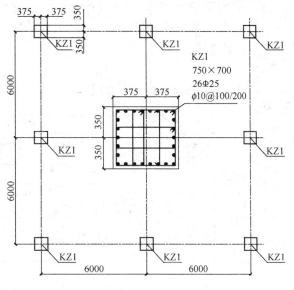

图 4.1 两种比例绘制柱平面布置图

4.1.2 列表注写方式

4.1.2.1 含义

列表注写方式，是指在柱平面布置图上（一般采用一种比例），分别在同一编号的柱中选择一个或多个截面标注几何参数代号，在柱表中注写柱号、柱段起止标高、几何尺寸、与箍筋的具体数值，并配以各种柱截面形状及箍筋类型图的方式来表达柱平面施工图。

柱平法施工图列表注写方式的几个主要组成部分为：平面图、柱截面图类型、箍筋类型图、柱表、结构层楼面标高及结构层高等内容，如图4.2所示。平面图明确定位轴线、柱的代号、形状及与轴线的关系；柱的截面形状为矩形时，与轴线的关系分为偏轴线、柱的中心线与轴线重合两种形式；箍筋类型图重点表示箍筋的形状特征。

4.1.2.2 柱表内容

柱表包括：柱编号、柱标高、截面尺寸与轴线的关系、纵筋规格（包括角筋、中部筋）、箍筋类型、箍筋间距等。

1）柱编号

柱编号由类型代号和序号组成，常用柱的编号见表4.2。

常用柱的编号

表 4.2

柱类型	代 号	序号	特 征
框架柱	KZ	××	柱根部嵌固在基础或地下结构上，并与框架梁刚性连接
框支柱	KZZ	××	柱根部嵌固在基础或地下结构上，并与框支梁刚性连接，框支结构以上转换为剪力墙结构
芯柱	XZ	××	设置在框架柱、框支柱、剪力墙柱核心部位的暗柱
梁上柱	LZ	××	支承或悬挂在梁上的柱
墙上柱	QZ	××	支承在剪力墙上的柱

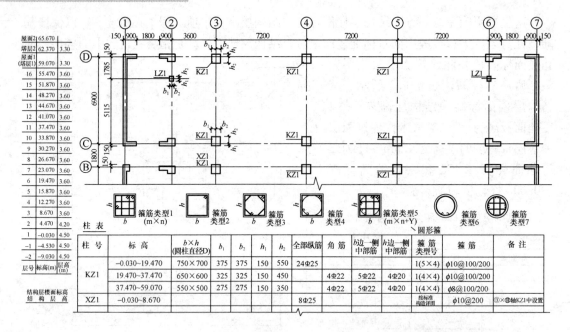

图 4.2 列表注写方式的平法标注示例

编号时,当柱的总高、分段截面尺寸和配筋均对应相同时,仅分段截面与轴线关系的定位不同时,仍可将其编为同一柱号。

2)柱高(分段起止高度)

各段柱的起止标高,自柱根部以上变截面位置或截面未变但配筋改变处为界分段注写。

柱根部标高应具体分析:框架柱和框支柱的柱根部标高为基础顶面(或嵌固端顶面)标高;芯柱的根部标高根据结构的实际情况确定,一般与所在框架柱的起止标高相同;剪力墙上柱的根部标高分为两种:当墙上柱纵筋锚固在剪力墙顶部时,其根部标高为墙顶部标高,当墙上柱与剪力墙重叠一层时,其根部标高为剪力墙顶面下一层的结构层楼面标高。

3)截面几何尺寸

矩形柱截面尺寸用 $b \times h$ 表示,通常,截面的横向边为 b(与 X 向平行),截面的竖边为 h(与 Y 向平行),在截面配筋图上 b 和 h 有明确标注,例如:650×600 表示柱截面尺寸横边为 650mm,竖向边为 600mm。矩形柱与轴线的关系用 b_1、b_2 和 h_1、h_2 表示,需对应于各段柱各边轴线的偏离数值,其中 $b=b_1+b_2$,$h=h_1+h_2$。

圆形柱的截面尺寸用 D 表示。同样,圆形柱与轴线的偏离数值,也用 b_1、b_2 和 h_1、h_2 表示,$D=b_1+b_2=h_1+h_2$。

当为异形柱截面时,需在适当位置补绘实际配筋截面图并原位注写截面尺寸及轴线偏离数值。

4)柱纵向钢筋

柱纵向钢筋有两种表示方式:

当纵向钢筋直径均相同,各边根数也相同时,可将全部纵筋的根数、钢筋类型、直径等信息标注在"全部纵筋"一栏中。

当矩形截面的角筋和中部钢筋配置不同时,将纵筋分角筋、b 边中部钢筋、h 边中部钢筋三项分别注写,对于采用对称配筋的矩形截面柱,可仅注写 b 边和 h 边一侧中部配筋,对称边省略不注。

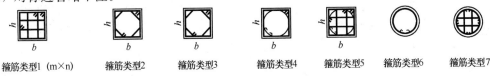

图 4.3 箍筋类型图示例

5) 柱箍筋

柱箍筋内容有两栏:箍筋类型和箍筋级别、直径、间距等信息。

箍筋类型一栏内,注写柱箍筋类型号和箍筋肢数,具体工程所设计的各种箍筋类型图以及箍筋的复合方式也需绘制在图中的适当位置,并标注与表中对应的 b、h 和类型号。对于矩形复合箍筋类型号表示内容有两个方面,一是箍筋类型编号 1、2、3…;二是箍筋的肢数 $m×n$,注写在括号里,m 表示 b 方向的肢数,n 表示 h 方向的肢数。

箍筋一栏内,需注明钢筋的级别、直径、箍筋间距;当圆柱采用螺旋箍筋时,需在箍筋前加"L",箍筋的肢数和复合方式在柱截面图上表示。当为抗震设计时,用"/"区分加密区和非加密区长度范围内的不同间距。

4.1.3 截面注写方式

4.1.3.1 含义

截面注写方式,是在分标准层绘制的柱平面布置图的柱截面上,分别在同一编号的柱中选择一个截面,以直接注写截面尺寸和配筋具体数值的方式来表达柱平法施工图。

采用截面注写方式,需要在相同编号的柱中选择一根柱,将其在原位放大,其上直接引注几何尺寸和配筋等信息,而对其他相同编号的柱仅需标注编号和偏心尺寸。

柱平法施工图截面注写方式的组成部分为:平面图和结构层楼面标高及结构层高表两大部分内容。平面图中包含柱截面类型图、箍筋类型图等,明确定位轴线、柱的代号、形状及与轴线的关系;柱的截面形状为矩形时,与轴线的关系分为偏轴线、柱的中心线与轴线重合两种形式;箍筋类型图重点表示箍筋的形状特征。结构层楼面标高及结构层高为结构提供竖向定位依据。

4.1.3.2 表示方法

截面注写方式在柱截面配筋图中直接引注的内容有:柱编号、柱段起止高度、截面尺寸、纵向钢筋、箍筋等,如图 4.4 所示。

直接引注内容详述如下:

1) 注写柱编号

柱编号的表示方法见表 4.2,和列表注写方式相同。

2) 注写柱高

此项为选注项,当需要注写时,可注写为该段柱的起止层数或起止标高,也可以标准层的形式在图名中注写。

3) 注写截面尺寸

矩形柱截面尺寸用 $b×h$ 表示,在截面配筋图上直接注写 b 和 h 数值、矩形柱与轴线的偏离数值等。圆形柱的截面尺寸用 D 表示,直接注写圆柱截面直径。当为异形柱截面

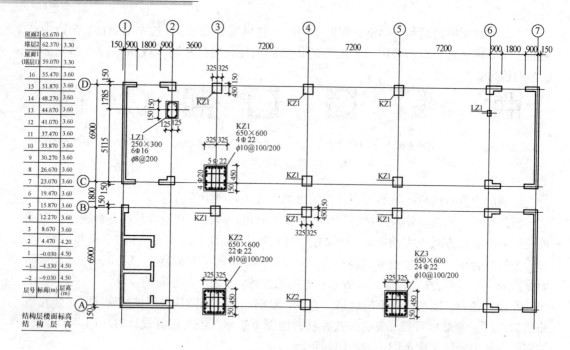

图 4.4 柱截面注写方式示意图

时,在截面外围注写各部分的尺寸及轴线偏离数值。

4) 注写纵筋

当纵向钢筋直径相同时,全部纵筋直接引注;当矩形截面的角筋和中部钢筋配置不同时,纵筋分角筋、b 边中部钢筋、h 边中部钢筋三项分别注写,纵筋角筋直接引注,b 边和 h 边中部钢筋在截面上原位标注。

对于采用对称配筋的矩形截面柱,可仅注写 b 边和 h 边一侧中部配筋,对称边省略不注。

5) 注写箍筋

注写箍筋,包括箍筋级别、直径及间距,当圆柱采用螺旋箍时,需在箍筋前加"L",当柱箍筋间距有两种时,用"/"区分箍筋加密区和非加密区的不同间距;箍筋的肢数和复合方式在柱截面配筋图中直接表示。

采用截面注写方式绘制柱平法施工图,可按单根柱标准层分别绘制,也可将多个标准层合并绘制。当按单根柱标准层分别绘制时,柱平法施工图的图纸数量和柱标准层的数量相等;当将多个标准层合并绘制时,柱平法施工图的图纸数量更少,也更便于施工人员对结构形成整体概念。

4.2 柱标准构造详图

根据框架柱钢筋所处的部位和具体构造要求不同,将其构造分为以下几主要部分:
a) 柱根部钢筋锚固构造;
b) 柱身钢筋构造;
c) 柱节点钢筋构造。

框架柱钢筋构造的主要内容包括柱纵向钢筋和箍筋两部分。抗震与非抗震框架柱钢筋构造有所不同，本书以抗震框架柱内容为主介绍，非抗震框架柱内容未介绍部分可以参考现行混凝土结构设计规范与各标准构造详图的要求。

4.2.1 框架柱根部钢筋锚固构造

4.2.1.1 框架柱插筋在基础中的锚固构造

柱插筋及其箍筋在基础中的锚固构造，可根据基础类型、基础高度、基础梁与柱的相对尺寸等因素综合确定。抗震和非抗震框架柱根部钢筋锚固的构造区别在于抗震设计时锚固长度用 l_{aE} 表示，非抗震设计用 l_a 表示。下面分别讨论在各类基础中柱根部纵向插筋和横向箍筋的构造要求。

1) 柱插筋的直锚构造要求（竖向直锚深度 $\geqslant l_{aE}$ （l_a））

各类基础（包括独立基础、条形基础、筏形基础主梁与基础板等）中，当自基础顶面至基础底部双向配筋上表面的高度大于等于柱插筋的最小锚固长度 l_{aE}（或 l_a）时，柱插筋可以直锚，如图 4.5～图 4.8 所示。插筋直锚的构造措施为：柱角筋插筋应插至基础底部配筋上表面水平弯折 90°角，水平弯折长度 a 取 max（$6d$，150mm），其余柱边中部钢筋可插至 l_{aE}（或 l_a）深度后直接截断。

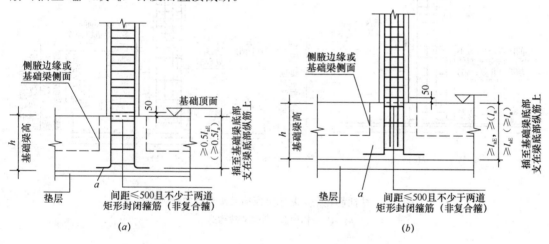

图 4.5 柱插筋在基础主梁中的锚固构造
(a) 弯锚构造；(b) 直锚构造

对于桩基承台，基础顶面至基础底部双向配筋上表面的高度大于等于柱插筋的最小锚固长度 l_{aE}（或 l_a），且大于等于 $35d$ 时，柱插筋可以直锚。插筋直锚的构造要求为：柱角筋插筋应插至基础底部配筋上表面水平弯折 90°角，水平弯折长度 a 值取 max（$6d$，150mm），其余柱边中部钢筋可插至深度为 max（l_{aE}（或 l_a），$35d$）后，直接截断。如图 4.7、图 4.8 所示。

2) 柱插筋的弯折锚固构造要求（竖向直锚深度 $< l_{aE}$（l_a））

各类基础（包括独立基础、条形基础、筏形基础主梁与基础板等）中，当自基础顶面至基础底部双向配筋上表面的高度小于柱插筋的最小锚固长度 l_{aE}（或 l_a）时，柱插筋应采取弯折锚固，如图 4.5～图 4.8 示。柱插筋弯锚的构造措施为：所有钢筋插筋应插至基础底部配筋上表面水平弯折 90°，水平弯折长度 a 与竖向直锚深度相关，具体取值参考

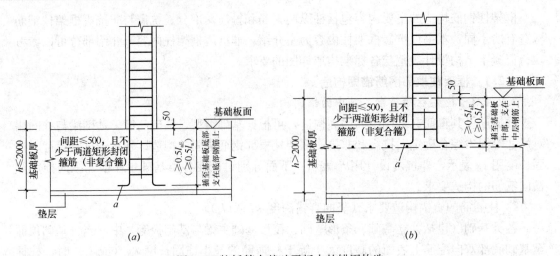

图 4.6 柱插筋在基础平板中的锚固构造
(a) 基础平板厚度≤2000mm；(b) 基础平板厚度>2000mm

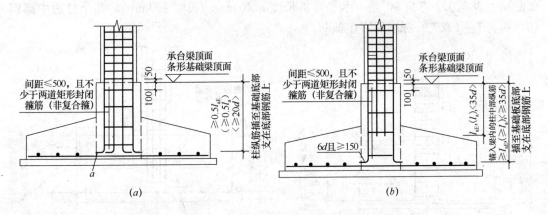

图 4.7 柱插筋在条形基础梁或独立承台梁的锚固构造
(a) 弯锚构造；(b) 直锚构造

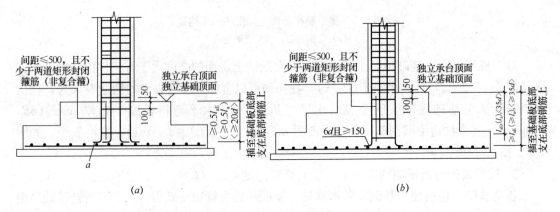

图 4.8 柱插筋在独立基础或独立承台的锚固构造
(a) 弯锚构造；(b) 直锚构造

表 4.3。

对于桩基承台，基础顶面至基础底部双向配筋上表面的高度小于柱插筋的最小锚固长度 $35d$ 时，柱插筋应采用弯折锚固。插筋弯锚的构造要求为：所有钢筋插筋应插至承台底部配筋上表面水平弯折 $90°$，水平弯折长度 a 取值 max（$35d$－竖直锚固长度，150mm），如图 4.7～图 4.8 所示。

柱、墙插筋锚固竖直长度与弯钩长度对照表　　　　　　　表 4.3

竖直长度	弯钩长度 a（mm）	竖直长度	弯钩长度 a（mm）
$\geqslant 0.5 l_{aE}$（$\geqslant 0.5 l_a$）	$12d$ 且$\geqslant 150$	$\geqslant 0.8 l_{aE}$（$\geqslant 0.8 l_a$）	$6d$ 且$\geqslant 150$
$\geqslant 0.6 l_{aE}$（$\geqslant 0.6 l_a$）	$10d$ 且$\geqslant 150$	$\geqslant 20d$	$35d$－实际竖直锚固长度且$\geqslant 150$
$\geqslant 0.7 l_{aE}$（$\geqslant 0.7 l_a$）	$8d$ 且$\geqslant 150$		

注：竖直长度为$\geqslant 20d$ 与弯钩长度为 $35d$ 减竖直长度且$\geqslant 150$mm 的条件适用于柱、墙、插筋在桩基承台和承台梁中的锚固。

3）基础梁底部和基础底板在同一平面时箍筋的构造要求

独立基础、条形基础、桩基承台以及筏形基础中基础梁底部和基础底板在同一平面时，柱的插筋伸至基础内或基础梁侧腋内。柱箍筋在基础梁设置要求为：箍筋间距小于等于 500mm，且不少于两道非复合箍筋。构造要求如图 4.3～图 4.7 所示。

4）筏形基础中基础梁顶部和基础顶板在同一平面时箍筋的构造要求

筏形基础中，基础梁顶部与基础顶板在同一平面的箍筋设置：

当柱宽度大于梁时，柱在基础梁腹板高度范围内的箍筋要求同上柱加密箍筋设置，如图 4.9（a）所示，柱在基础梁翼缘高度范围内的设置为箍筋间距小于等于 500mm 且不少于两道非复合箍筋。

当柱宽度小于梁时，柱在基础梁腹板高度范围内的箍筋要求同上柱非加密箍筋设置，如图 4.9（b）所示，柱在基础梁翼缘高度范围内的设置为箍筋间距小于等于 500mm 且不

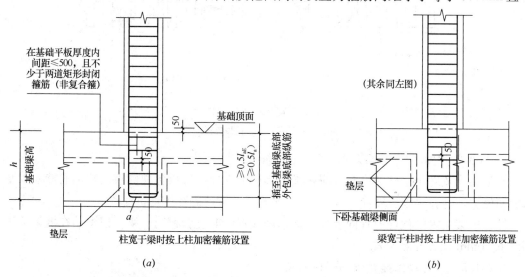

图 4.9　基础梁顶部与基础顶板在同一平面时箍筋构造要求
(a) 当柱宽度大于梁时基础梁中箍筋构造；(b) 当柱宽度小于梁时基础梁中箍筋构造

少于两道非复合箍筋。

4.2.1.2 框架梁上起柱钢筋锚固构造

框架梁上起柱，指一般抗震或非抗震框架梁上的少量起柱（例如：支撑层间楼梯梁的柱等），其构造不适用于结构转换层上的转换大梁起柱。

框架梁上起柱，框架梁是柱的支撑，因此，当梁宽度大于柱宽度时，柱的钢筋能比较可靠的锚固到框架梁中，当梁宽度小于柱宽时，为使柱钢筋在框架梁中锚固可靠，应在框架梁上加侧腋以提高梁对柱钢筋的锚固性能。

1）框架梁宽度大于柱宽度时的梁上起柱插筋锚固构造

当框架梁宽度大于柱宽度时，柱插筋伸入梁中竖直锚固长度应$\geqslant 0.5l_{aE}$（$0.5l_a$），水平弯折$12d$，d为柱插筋直径。

柱在框架梁内的箍筋设置为：箍筋间距小于等于500mm，且不少于两道非复合箍筋，第一根箍筋的位置在框架梁顶面以下100mm位置。其构造要求如图4.10所示。

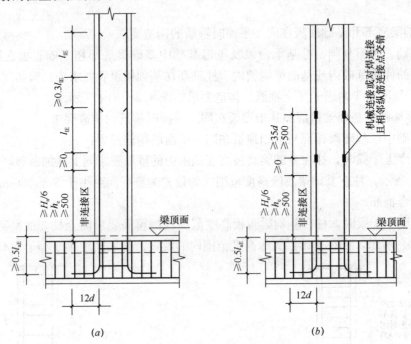

图4.10 梁上柱纵筋构造
(a) 绑扎连接；(b) 机械连接

2）框架梁宽度小于柱宽度时的梁上起柱插筋锚固构造

当框架梁宽度小于柱宽度时，应在梁上起柱节点处设置梁包柱侧腋。柱插筋伸入梁底部配筋位置，竖直锚固长度应$\geqslant 0.5l_{aE}$，水平弯折$12d$，d为柱插筋直径。

柱在框架梁内的箍筋设置同上柱根部箍筋配置的非复合箍筋。第一根箍筋在框架梁顶面以下50mm位置开始布置。

4.2.1.3 剪力墙上起柱钢筋锚固构造

抗震和非抗震剪力墙上起柱指普通剪力墙上个别部位的少量起柱，不包括结构转换层上的剪力墙起柱。剪力墙上起柱按柱纵筋的锚固情况分为：柱与墙重叠一层和柱纵筋锚固在墙顶部两种类型。

1）柱与剪力墙重叠一层的墙上起柱

柱与剪力墙重叠一层的墙上起柱的构造要求主要有：柱的纵筋直通下层剪力墙底部下层楼面；在剪力墙顶面以下锚固范围内的柱箍筋按上柱箍筋非加密区要求配置，如图4.11（a）所示。

2）直接在剪力墙顶部起柱

抗震设计时，直接在剪力墙顶部起柱，当柱下三面或四面有剪力墙时，柱所有纵筋自楼板顶面向下锚固长度为$1.6l_{aE}$，箍筋配置同上柱箍筋非加密区的复合箍筋设置相同，其构造要求如图4.11（b）所示。

为保证剪力墙结构的侧向刚度，不宜直接在单片剪力墙顶部起柱。

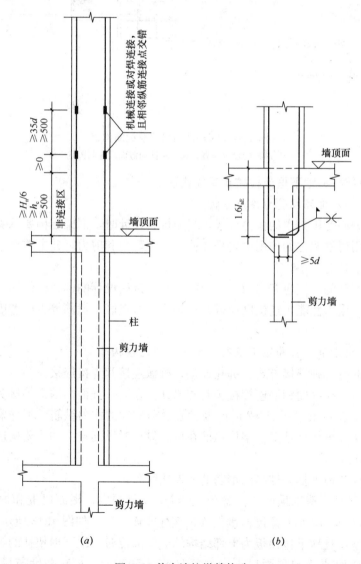

图4.11 剪力墙柱纵筋构造

(a) 柱与剪力墙重叠一层的墙上起柱；(b) 直接在剪力墙顶部起柱

4.2.1.4 芯柱锚固构造

为使抗震框架柱等竖向构件在消耗地震能量时有适当的延性，满足轴压比的要求，可在框架柱截面中部三分之一范围设置芯柱，如图4.12所示。芯柱截面尺寸长和宽一般为max（$b/3$，250mm）和max（$h/3$，250mm）。芯柱配置的纵筋和箍筋按设计标注，芯柱纵筋的连接与根部锚固同框架柱，向上直通至芯柱顶标高。非抗震设计时，一般不设计芯柱。

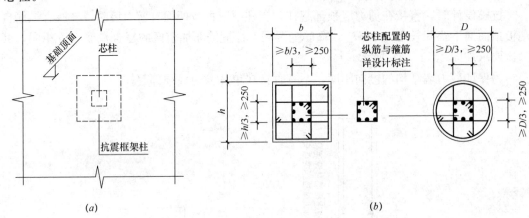

图4.12 芯柱截面尺寸及配筋构造
（a）芯柱的设置位置；（b）芯柱的截面尺寸与配筋

4.2.2 框架柱和地下框架柱柱身钢筋构造

4.2.2.1 抗震框架柱受力性能分析

框架柱以偏心受压为主的构件形式，当为抗震设计时，框架结构要承受往复水平地震作用，地震作用对框架柱的作用主要是在柱身产生弯矩和剪力，并主要集中在柱端部，柱中部附近内力值相对较小。

基于受力钢筋的连接应在内力较小处的原则，抗震设计的框架柱纵筋的连接和箍筋的设置都应考虑其受力性能，连接区应避开框架梁柱节点区，箍筋等也应考虑其实际受力状况进行加密。

4.2.2.2 抗震框架柱和地下框架柱纵向钢筋连接构造

框架柱纵筋有三种连接方式：绑扎连接、机械连接和焊接连接。

抗震设计时，柱纵向钢筋连接接头互相错开。在同一截面内的钢筋接头面积百分率不应大于50%。柱的纵筋直径 $d>28$mm 及偏心受压构件的柱内纵筋，不宜采用绑扎连接的连接方式。框架柱纵筋和地下框架柱纵筋在抗震设计时纵筋连接的主要构造要求有：

1）非连接区位置

抗震框架柱和地下框架柱纵向钢筋的非连接区有：

当无地下室时，基础顶面嵌固部位上$\geqslant H_n/3$范围内，楼面以上和框架梁底以下各max（$H_n/6$，500mm，h_c）高度范围内为抗震柱非连接区，如图4.13所示。

当有地下室，且地下室顶板为上部结构的嵌固部位时，地下框架柱的纵向钢筋非连接区为：地下室楼面或基础顶面以上 max（$H_n/6$，500mm，h_c）高度范围，地下室顶板（即首层地面）以上$\geqslant H_n/3$范围和地下室梁底以下 max（$H_n/6$，500mm，h_c）高度范围

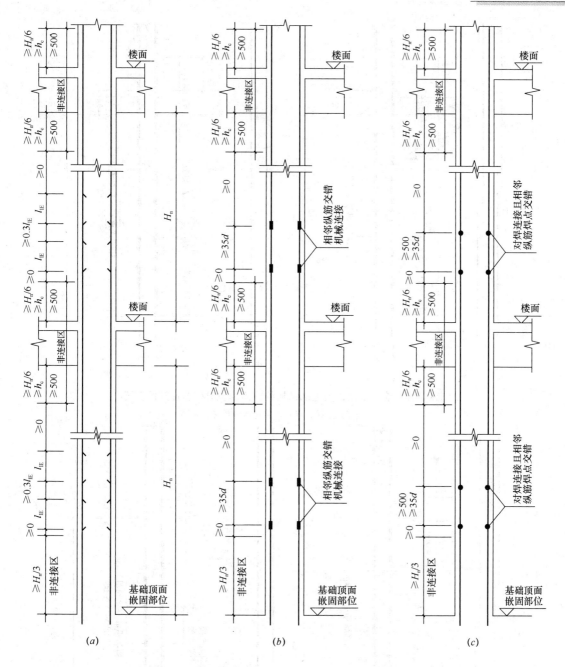

图 4.13 抗震框架柱和地下框架柱纵向钢筋非连接区
（a）绑扎搭接构造；（b）机械连接构造；（c）焊接连接构造

为非连接区，如图 4.14 所示。

当有地下室，且地下一层楼面或基础顶面为上部结构的嵌固部位时，地下框架柱的纵向钢筋非连接区为：地下室楼面或基础顶面以上≥$H_n/3$ 高度范围，上部结构嵌固在地下室顶板位置，地下室顶板以上≥$H_n/3$ 范围和地下室梁底以下 max（$H_n/6$，500mm，h_c）高度范围为非连接区，如图 4.15 所示。

2）接头错开布置

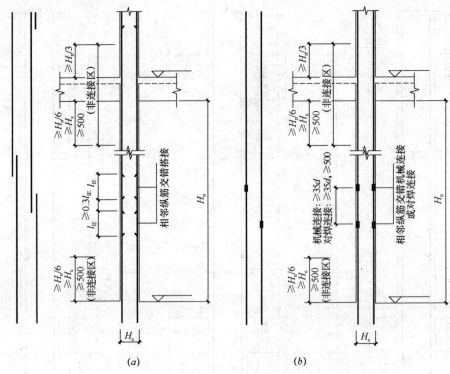

图 4.14 地下室顶板为上部结构的嵌固部位时柱非连接区位置
(a) 绑扎搭接；(b) 焊接连接或机械连接

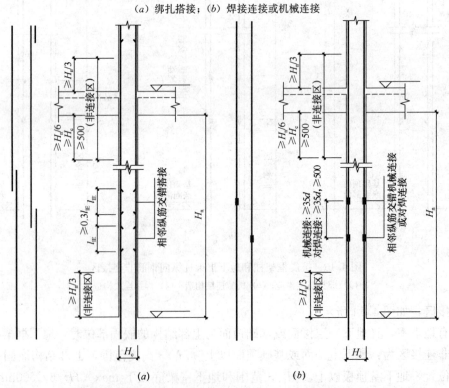

图 4.15 地下室地下一层或基础顶面为上部结构的嵌固部位时柱非连接区位置
(a) 绑扎搭接；(b) 焊接连接或机械连接

抗震设计时,框架柱和地下框架柱的纵筋接头错开布置,搭接接头错开的距离为 $0.3l_{lE}$;采用机械连接接头错开距离$\geqslant 35d$,焊接连接接头错开距离 max($35d$,500mm)。

4.2.2.3 抗震框架柱纵向钢筋上下层配筋量不同时的连接构造

上下框架柱纵筋不同有两种形式:钢筋直径不同和钢筋数量不同,根据具体情况分别讨论:

1) 钢筋根数

楼层框架柱中,框架柱纵筋根数发生变化时,纵向钢筋的构造要求为:下层柱增加的纵筋锚入上层,从梁底算起,锚固长度为 $1.2l_{aE}$,如图 4.16（a）示;上层柱增加的纵筋锚入下层,从梁顶算起,锚固长度为 $1.2l_{aE}$,如图 4.16（b）所示。

2) 钢筋直径

上层纵筋直径大于下层时,上层纵筋要向下穿越下层非连接区,与下层较小直径钢筋连接,如图 4.16（c）所示。

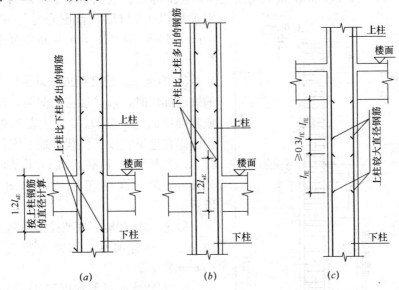

图 4.16 柱纵向钢筋上下层配筋量不同时的连接构造
(a) 上柱纵筋比下柱多;(b) 下柱纵筋比上柱多;(c) 上柱纵筋直径比下柱大

4.2.2.4 框架柱和地下框架柱的箍筋构造

矩形箍筋的复合方式要求有:沿复合箍筋周边,箍筋局部重叠不宜多于两层;箍筋内部的单肢箍（拉筋形式）需同时勾住纵向钢筋和外封闭箍筋;抗震设计时,柱箍筋的弯钩角度为135°,弯钩平直段长度为 max（$10d$,75mm）,如图 4.17 所示;为使箍筋强度均衡,当拉筋设置在旁边时,可沿竖向将相邻两道箍筋按其各自平面位置交错放置,如图 4.18 所示。

抗震设计时,框架柱和地下框架柱箍筋的加密区间与纵筋非连接区位置的要求相同。框架柱和地下框架柱箍筋加密区间构造要求主要有:

1) 框架柱、剪力墙上柱和梁上柱的箍筋设置:在基础顶面嵌固部位$\geqslant H_n/3$范围内,中间层梁柱节点以下和以上各 max（$H_n/6$,500mm,h_c）范围内,顶层梁底以下 max（$H_n/6$,500mm,h_c）至屋面顶层范围内,如图 4.19 所示。

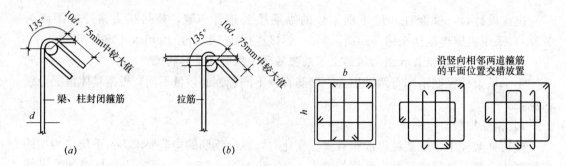

图 4.17 箍筋和拉筋弯钩构造
(a) 箍筋；(b) 拉筋

图 4.18 拉筋交错放置

2) 当地下室顶板为上部结构的嵌固部位时，箍筋加密区间为：地下室楼面或基础顶面以上 max（$H_n/6$，500mm，h_c）高度范围内，上部结构嵌固在地下室顶板位置，地下室顶板以上 $\geqslant H_n/3$ 范围和地下室梁底以下 max（$H_n/6$，500mm，h_c）高度范围内，如图 4.20（a）示。

3) 当地下一层楼面或基础顶面为上部结构的嵌固部位时，箍筋加密区间为：地下室楼面或基础顶面以上 $\geqslant H_n/3$ 高度范围内，上部结构嵌固在地下室顶板位置，地下室顶板以上 $\geqslant H_n/3$ 范围和地下室梁底以下 max（$H_n/6$，500mm，h_c）高度范围内，如图 4.20（b）所示。

4) 框架柱和地下框架柱箍筋绑扎连接范围（$2.3l_{lE}$）内需加密，加密间距为 min（$5d$，100mm）。

5) 刚性地面以上和以下各 500mm 范围内箍筋需加密，如图 4.21 所示。

4.2.3 框架柱节点钢筋构造

4.2.3.1 框架柱变截面位置纵向钢筋构造

框架柱变截面位置纵向钢筋的构造要求通常是指当楼层上下柱截面发生变化时，其纵筋在节点内根的锚固方法和构造措施。纵向钢筋根据框架柱在上下楼层截面变化相对梁高数值的大小，有两种常用的锚固措施：纵筋在节点内贯通锚固和非贯通锚固。抗震框架柱变截面位置纵筋构造要求如图 4.22、图 4.23 所示，其主要构造措施为：

1) 框架柱变截面纵筋在节点内贯通构造

当楼层上下框架柱截面单侧变化值 c 与所

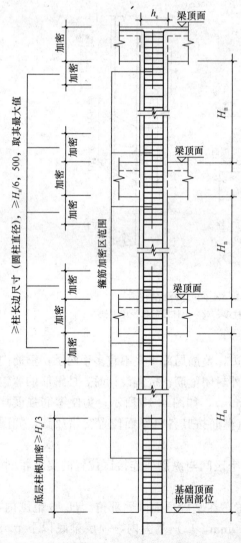

图 4.19 抗震 KZ、QZ、LZ 箍筋加密范围

4.2 柱标准构造详图

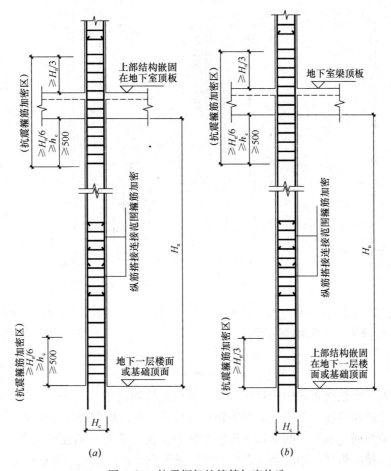

图4.20 抗震框架柱箍筋加密构造
(a)地下室顶板为上部结构的嵌固部位;(b)地下一层楼面或基础顶面为上部结构的嵌固部位

在楼层框架梁梁高的比值$c/h_b \leqslant 1/6$时,纵筋在节点的位置采用贯通锚固,即下柱纵筋略向内倾斜再向上直通锚固的构造,如图4.22所示。

2) 框架柱变截面纵筋在节点内非贯通构造

当楼层上下框架柱截面单侧变化值c与所在楼层框架梁梁高的比值$c/h_b > 1/6$时,纵筋在节点的位置采用非贯通锚固,即下柱不能直接伸入上层的纵筋采用向上伸至梁纵筋之下向柱内侧水平弯折,水平弯折的长度为自上柱截面边缘算起向内延伸200mm,能直接伸入上层的纵筋直接伸入上层;上柱收缩截面处的纵筋采用插筋形式锚入节点,自梁顶部算起锚固长度为$1.5l_{aE}$($1.5l_a$),如图4.23所示。

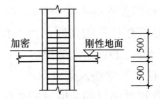

图4.21 刚性地面上下箍筋加密范围

注：图4.21中所示"刚性地面"是指：基础以上墙体两侧的回填土应分层回填夯实（回填土和压实密度应符合国家有关规定），在压实土层上铺设的混凝土面层厚度不应小于150mm，这样在基础埋深较深的情况下，设置该刚性地面能对埋入地下的墙体在一定程度上起到侧面嵌固或约束的作用。箍筋在刚性地面上下500mm范围内加密是考虑了这种刚性地面的非刚性约束的影响。另外，有关专家提出以下几种形式也可作刚性地面考虑，可参考：

1. 花岗岩板块地面和其他岩板块地面为刚性地面；
2. 厚度200mm以上，混凝土强度等级不小于C20的混凝土地面为刚性地面。

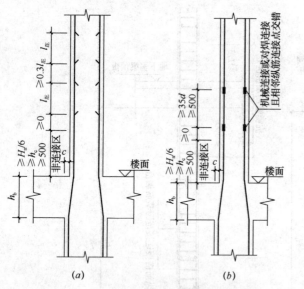 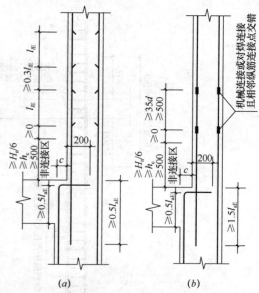

图 4.22　纵筋在节点内贯通构造（$c/h_b \leqslant 1/6$）
(a) 绑扎连接；(b) 机械连接或焊接

图 4.23　纵筋在节点内非贯通构造（$c/h_b > 1/6$）
(a) 绑扎连接；(b) 机械连接或焊接

4.2.3.2　框架柱顶层中间节点钢筋构造

根据框架柱在柱网布置中的具体位置（或框架柱四边中与框架梁连接的边数），可分为：中柱、边柱和角柱。根据框架柱中钢筋的位置，可以将框架柱中的钢筋分为框架柱内侧纵筋和外侧纵筋。顶层中间节点（顶层中柱与顶层梁节点）的柱纵筋全部为内侧纵筋，顶层边节点（顶层边柱与顶层梁节点）和顶层角节点（顶层角柱与顶层梁节点）分别由内侧和外侧钢筋组成。下面来讨论框架柱顶层中间节点钢筋构造。

抗震框架柱中柱柱顶纵向钢筋构造如图 4.24 示，其构造要点有：

1) 柱纵筋直锚入梁中

当顶层框架梁的高度（减去保护层厚度）能够满足框架柱纵向钢筋的最小锚固长度时，框架柱纵筋伸入框架梁内，采取直锚的形式，如图 4.24（c）所示。

2) 柱纵筋弯锚入梁中

当顶层框架梁的高度（减去保护层厚度）不能够满足框架柱纵向钢筋的最小锚固长度时，框架柱纵筋伸入框架梁内，采取向内弯折锚固的形式，如图 4.24（a）所示；当直锚

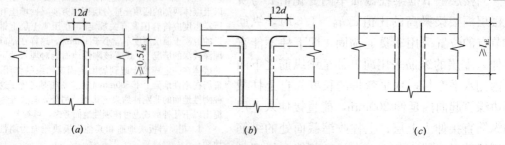

图 4.24　框架柱顶层中间节点钢筋构造
(a) 框架柱纵筋在顶层弯锚 1；(b) 框架柱纵筋在顶层弯锚 2；(c) 框架柱纵筋在顶层直锚

长度小于最小锚固长度，且顶层为现浇混凝土板，其混凝土强度等级不小于C20，板厚不小于80mm时，可以采用向外弯折锚固的形式，如图4.24（b）所示。

4.2.3.3 框架柱顶层端节点钢筋构造

框架柱顶层端节点钢筋由框架梁和框架柱两部分钢筋组成，框架梁和框架柱的钢筋在顶层端节点连接方式两种形式：柱纵筋锚入梁中（图4.25）和梁纵筋锚入柱中（图4.26）。

下面讨论的顶层端节点梁柱纵向钢筋的锚固措施和构造要求中，将重点介绍抗震构造措施，其锚固长度用l_{aE}表示（非抗震锚固长度用l_a表示）。

1) 柱纵筋锚入梁中

柱纵筋在顶层梁柱节点部位的锚固可分为外侧钢筋和内侧钢筋，其构造要求如图4.25示。

a) 外侧钢筋的锚固

柱外侧钢筋的锚固构造的几种方式有：

i. 不少于65%的柱外侧钢筋锚入梁中，锚固长度自梁底算起不小于$1.5l_{aE}$（$1.5l_a$），且伸出柱内侧边缘不小于500mm；其余柱外侧纵筋若在柱顶第一排设置，则伸至柱内侧边缘，向下弯折8d后截断，若不在柱顶第一排设置，则伸至柱内侧边缘直接截断，如图4.25（a）所示。

ii. 全部柱外侧纵筋锚入梁中，锚固长度自梁底算起不小于$1.5l_{aE}$（$1.5l_a$），且伸出柱内侧边缘不小于500mm，如图4.25（b）所示。

iii. 当柱外侧纵筋配筋率大于1.2%时，全部柱外侧纵筋锚入梁中，锚固长度自梁底算起不小于$1.5l_{aE}$（$1.5l_a$），且伸出柱内侧边缘不小于500mm，并且分两批截断，截断间距20d，如图4.25（c）所示。

另外，为防止柱截面尺寸过大或梁过高时，引起柱顶外侧钢筋与梁上部钢筋的连接锚固性能削弱，图集06G901-1中提出：顶层柱外侧钢筋锚入梁中，除按要求满足$1.5l_{aE}$外，柱纵筋伸入梁内的长度自柱内侧边缘算起，不小于500mm。

b) 柱内侧纵筋的锚固

当顶层梁高减去梁保护层大于等于柱纵筋最小锚固长度l_{aE}（l_a）时，柱内侧钢筋可以在梁内采用直锚形式直伸入梁顶，锚固长度取值为梁高减去梁保护层。

当顶层梁高减去梁保护层小于柱纵筋最小锚固长度l_{aE}（l_a）时，柱内侧钢筋在梁内采用弯锚形式，纵筋直伸入梁顶，然后水平弯折12d，锚固长度竖直段长度为梁高减去梁保护层，水平段长度为12d。

2) 梁纵筋锚入柱中

梁纵筋在顶层梁柱节点部位的锚固的构造要求如图4.26所示。

梁上部纵筋锚入柱中，锚固长度自梁顶算起不小于$1.7l_{aE}$（$1.7l_a$）；当梁上部纵筋配筋率大于1.2%时，锚固长度自梁顶算起不小于$1.7l_{aE}$（$1.7l_a$），且应分两批截断，截断间距20d。

此时的柱外侧钢筋应伸至梁顶，水平弯折12d；柱内侧钢筋根据梁高的具体数值，能直锚即采用直锚形式，锚固长度为梁高减去梁保护层；不能直锚采用弯锚形式，竖直段长度为梁高减去梁保护层，水平段长度为12d。

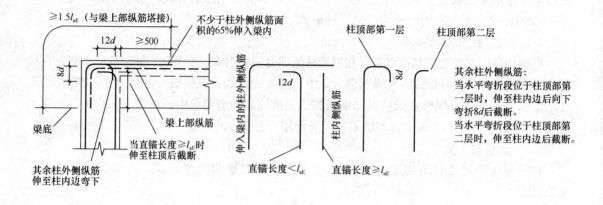

(a)

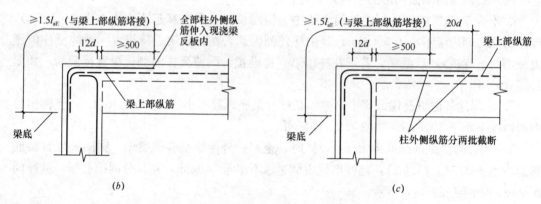

(b)　　　　　　　　　　　　　　　(c)

图 4.25　柱顶纵向钢筋构造（柱纵筋锚入梁中）
(a) 不少于 65% 的柱外侧钢筋锚入梁中；(b) 全部柱外侧钢筋锚入梁中；(c) 柱外侧纵筋分两批截断

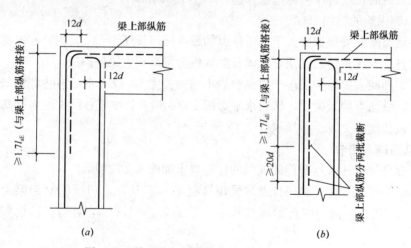

(a)　　　　　　　　　　　　　　　(b)

图 4.26　柱顶纵向钢筋构造（梁纵筋锚入柱中）
(a) 梁上部纵筋锚入柱中；(b) 梁上部纵筋分两批截断

4.3 柱钢筋量计算方法

柱中的钢筋主要有纵筋和箍筋两种形式。纵筋的主要计算内容有：基础插筋、地下室纵筋、首层纵筋、中间层纵筋、顶层纵筋（分边柱、角柱和中柱计算）、变截面柱纵筋计算等。另外，需要计算的钢筋还有：顶层柱外侧钢筋角部按构造要求设置的附加钢筋，各层柱纵向钢筋连接接头的个数。箍筋的主要计算内容有：箍筋（含一字形拉筋）的长度、根数计算两个方面。

4.3.1 柱纵筋计算方法

4.3.1.1 基础插筋钢筋量计算

柱纵筋在基础中的插筋计算方法如图 4.27 所示，其计算公式为：

①插筋长度＝插筋锚固长度＋基础插筋非连接区（＋搭接长度 l_{lE}） (4.1)

②插筋长度＝插筋锚固长度＋基础插筋非连接区＋错开间距（＋搭接长度 l_{lE}） (4.2)

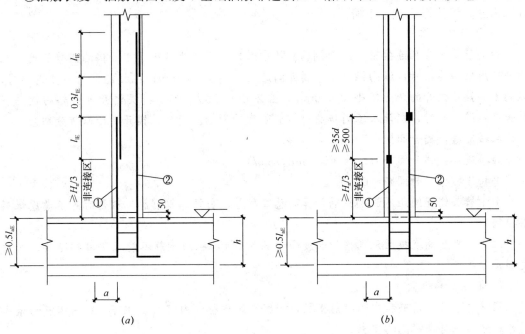

图 4.27 框架柱基础插筋计算图示
(a) 绑扎连接；(b) 机械连接或焊接

分析

1) 基础高度的影响

当基础底板高度≥2000mm 时，构造要求基础平板的中部设置一层水平构造钢筋网，故，此时的柱插筋只能插至中部钢筋网上层。

当基础高度＜2000mm 时，竖直长度 h_1＝基础高度－基础保护层厚度 (4.3)

当基础高度≥2000mm 时，竖直长度 h_1＝0.5×基础高度 (4.4)

2) 锚固长度取值

柱插筋的锚固形式可根据竖直长度与插筋最小锚固长度的大小关系分类，有弯锚和直锚的形式。

当竖直长度 $h_1 \geqslant l_{aE}$ 时，柱插筋锚固为直锚形式，即柱角筋伸至基础底部配筋上表面水平弯折90°角，水平弯折长度 a，柱中部钢筋可插至 l_{aE}（或 l_a）深度后直接截断。因此，锚固长度取值为：

$$\text{角筋锚固长度} = \text{竖直长度} h_1 + a \tag{4.5}$$

$$\text{中部插筋锚固长度} = \text{最小锚固长度} l_{aE} \tag{4.6}$$

当竖直长度 $h_1 < l_{aE}$ 时，柱插筋锚固为弯锚形式，即柱插筋伸至基础底部配筋上表面水平弯折90°角，水平弯折长度 a。因此，锚固长度取值为：

$$\text{所有钢筋锚固长度} = \text{竖直长度} h_1 + a \tag{4.7}$$

3) 弯折长度 a 取值参见表4.3。

4) 基础插筋非连接区：$H_n/3$。

5) 连接方式的影响

当柱纵筋采用机械连接时，纵筋长度按未加括号的公式计算，当采用绑扎连接时，应计入纵筋的搭接长度 l_{lE}，下同。

6) 插筋错层搭接

柱插筋采用绑扎连接时，纵向钢筋接头中心错开间距为不小于1.3倍的搭接长度；柱插筋采用机械连接时，纵向钢筋接头错开间距为不小于500mm；柱插筋采用焊接连接时，纵向钢筋接头错开间距为不小于500mm，且不小于35d。钢筋接头错开可引起的钢筋下料长度不同，此时，应计入不同接头对钢筋长度的影响。因此，错开间距取值分别为：

机械连接：错开间距=500mm

焊接连接：错开间距=max（500mm，35d）

绑扎连接：错开间距=0.3l_{lE}

由于接头错开间距不影响钢筋计算的总工程量，当计算钢筋总工程量时可不考虑错层搭接问题。

注意：当层高连接区范围内的长度小于2.3l_{lE} 时，柱的钢筋不能采用绑扎连接，而改变连接方式。

7) 基础插筋根数

钢筋总根数、角筋和中间钢筋根数，根据图纸中标注内容数出即可；纵向钢筋的接头错开百分率应符合规范的要求。

4.3.1.2 地下室纵筋计算

地下室纵筋长度计算方法如图4.28所示，其计算公式为：

$$\text{纵筋长度} = \text{地下室层高} - \text{本层非连接区} + \text{上层非连接区}(+l_{lE}) \tag{4.8}$$

分析：

1) 非连接区取值

本层非连接区长度取值：基础顶面嵌固部位的非连接区长度 $H_n/3$，中间层地下室非连接区 max（$H_n/6$，500mm，h_c）；

上层非连接区长度取值：上部结构（即一层）嵌固在地下室顶板位置时，上层非连接区长度为 $H_n/3$；上层仍为下部结构时其非连接区为 max（$H_n/6$，500mm，h_c），如图4.28所示。

4.3 柱钢筋量计算方法

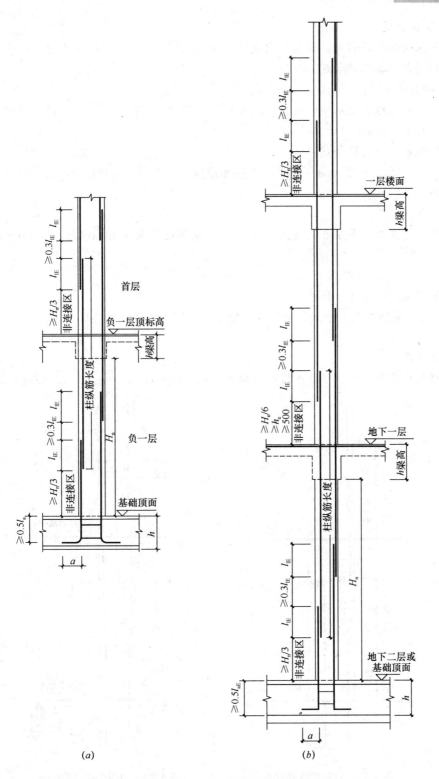

图 4.28 地下室柱纵筋计算
(a) 一层地下室；(b) 二层以上地下室

2) 搭接长度

钢筋采用绑扎连接时，取括号内数值，且当上下两层钢筋直径变化时，应采用的较小直径的钢筋计算其搭接长度，下同。

3) 钢筋根数

钢筋总根数根据图纸中标注内容数出即可，下同。

4.3.1.3 首层纵筋计算

首层纵筋长度计算公式：

$$纵筋长度 = 首层层高 - 本层非连接区 + 上层非连接区（+l_{lE}） \qquad (4.9)$$

分析：

非连接区

根据构造要求，首层非连接区 $\geqslant H_n/3$，上层非连接区为 $\max(H_n/6, 500mm, h_c)$，如图 4.29 所示。

4.3.1.4 中间层纵筋计算

中间层纵筋长度计算公式：

$$纵筋长度 = 中间层层高 - 本层非连接区 + 上层非连接区（+l_{lE}） \qquad (4.10)$$

分析：

非连接区

根据构造要求，中间层非连接区全部为 $\max(H_n/6, 500mm, h_c)$，如图 4.30 所示。

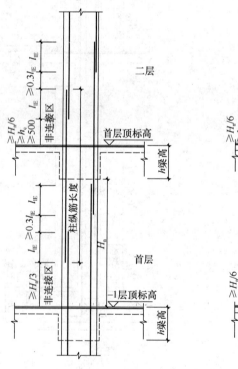

图 4.29 首层柱纵筋计算

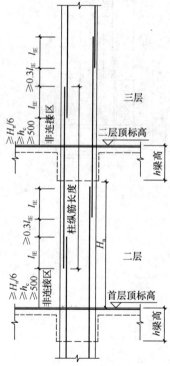

图 4.30 中间层柱纵筋计算

4.3.1.5 变截面纵筋计算

根据框架柱截面变化尺寸与梁高的相对比值的大小，变截面位置纵向钢筋的构造要求有两种常用的锚固措施：纵筋贯通锚固和非贯通锚固。

1) 纵筋贯通锚固

当 $c/h_b \leqslant 1/6$ 时，纵筋在节点位置采用贯通锚固，如图 4.31 所示，此时，忽略因变截面导致的纵向钢筋的长度变化，其纵筋长度同中间层纵筋长度计算方法。

2) 纵筋非贯通锚固

当 $c/h_b > 1/6$ 时，纵筋在节点位置采用内非贯通构造，即下柱纵筋向上伸至梁纵筋之下弯折，上柱纵筋采用插筋形式锚入节点，如图 4.32 所示，其长度计算方法为：

下柱纵筋长度＝层高－本层非连接区－梁保护层＋200＋截面变化值 c －柱保护层 (4.11)

上层柱插筋长度＝$1.5l_{aE}$＋上层非连接区（＋l_{lE}） (4.12)

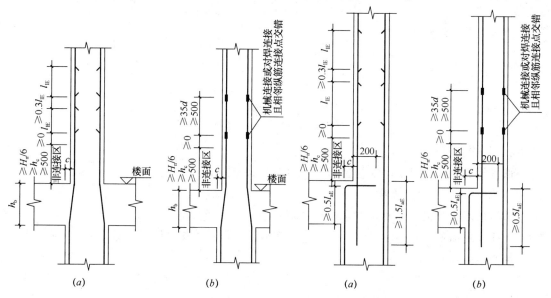

图 4.31 中间层变截面纵筋
（纵筋贯通锚固 $c/h_b \leqslant 1/6$）
(a) 绑扎连接；(b) 机械连接或焊接

图 4.32 中间层变截面纵筋（$c/h_b > 1/6$ 纵筋非贯通锚固）
(a) 绑扎连接；(b) 机械连接或焊接

4.3.1.6 顶层纵筋计算

由于顶层框架柱与梁的锚固要求，顶层柱内侧纵筋与外侧纵筋的构造要求不同，如图 4.33 所示，其计算方法也有区别。

顶层外侧纵筋长度计算公式：

外侧纵筋长度＝顶层层高－本层非连接区－顶层梁高＋柱外侧纵筋锚固长度 (4.13)

顶层内侧纵筋长度计算公式：

内侧纵筋长度＝顶层层高－本层非连接区－顶层梁高＋柱内侧纵筋锚固长度 (4.14)

分析：

1) 长短钢筋的区别

公式中给出的公式是基础中①号钢筋延伸至顶层后，顶层纵筋的长度计算方法，②号钢筋的长度计算与顶层①钢筋号相比，数值减少 $2.3l_{lE}$。

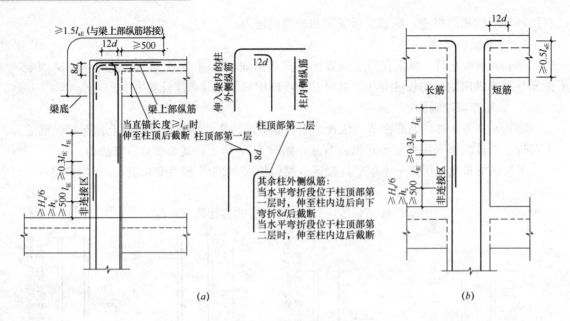

图 4.33 顶层柱纵筋

(a) 顶层角柱或边柱；(b) 顶层中柱

2) 非连接区

根据构造要求，顶层非连接区为 max ($H_n/6$, 500mm, h_c)。

3) 柱外侧纵筋锚固长度

根据顶层梁柱锚固的构造要求，柱外侧纵筋其锚固长度的计算有以下几种形式：

当柱外侧纵筋锚入梁中不小于 $1.5l_{aE}$，且纵筋伸出柱内侧边缘不小于 500mm 时：

柱外侧纵筋锚入梁中：

$$锚固长度 = 1.5l_{aE} \quad (\geqslant 65\% \text{或} 100\% \text{的柱外侧纵筋}) \tag{4.15}$$

柱外侧纵筋伸至柱内侧截断（或向下弯折 8d）：

$$锚固长度 = h_c - 2 \times 柱保护层（+8d） \tag{4.16}$$

当柱外侧纵筋配筋率大于 1.2% 时，柱外侧的两批截断的钢筋锚固长度：

$$锚固长度 = 1.5l_{aE} + 20d \tag{4.17}$$

当柱外侧纵筋锚入梁中不小于 $1.5l_{aE}$，且纵筋伸出柱内侧边缘小于 500mm 时：

$$锚固长度 = 顶层梁高 - 保护层 + 柱沿梁截面尺寸 h_c + 500 \tag{4.18}$$

工程中常用的为柱外侧纵筋全部锚入柱中的锚固形式。

4) 柱内侧纵筋锚固长度

根据顶层梁柱锚固的构造要求，柱内侧纵筋的构造措施为：

当梁高 − 保护层 $\geqslant l_{aE}$ 时，柱内侧纵筋采用直锚形式，锚固长度计算公式为：

$$锚固长度 = 梁高 - 保护层 \tag{4.19}$$

当梁高 − 保护层 $< l_{aE}$ 时，柱内侧纵筋采用弯锚形式，锚固长度计算公式为：

$$锚固长度 = 梁高 - 保护层 + 12d \tag{4.20}$$

5) 错开搭接的影响

当基础插筋考虑了错开搭接时，顶层纵筋计算也应考虑错开搭接的问题，错开长度与基础层相同。当基础插筋没有考虑错开搭接问题则顶层亦不用考虑错开搭接问题。

6）柱内、外侧纵筋根数

柱内、外侧纵筋根数的确定方法分别为：

角柱：外侧纵筋根数为3根角筋、b边一侧中部钢筋、h边一侧中部钢筋；内侧纵筋根数为1根角筋、b边一侧中部钢筋、h边一侧中部钢筋。

边柱：外侧纵筋根数为2根角筋、b边（或h边）一侧中部钢筋；内侧纵筋根数为2根角筋、b边（或h边）一侧中部钢筋、h（或b边）边两侧中部钢筋。

中柱：全部纵筋均为内侧纵筋。

4.3.2 柱箍筋和拉筋计算方法

柱箍筋计算包括柱箍筋长度计算及柱箍筋根数计算两大部分内容，框架柱箍筋布置要求主要应考虑以下几个方面：

1）沿复合箍筋周边，箍筋局部重叠不宜多于两层，并且，尽量不在两层位置的中部设置纵筋；

2）抗震设计时，柱箍筋的弯钩角度为135°，弯钩平直段长度为 $\max(10d, 75\text{mm})$；

3）为使箍筋强度均衡，当拉筋设置在旁边时，可沿竖向将相邻两道箍筋按其各自平面位置交错放置；

4）柱纵向钢筋布置尽量设置在箍筋的转角位置，两个转角位置中部最多只能设置一根纵筋。

4.3.2.1 柱箍筋长度计算

箍筋常用的复合方式为 $m \times n$ 肢箍形式，由外封闭箍筋、小封闭箍筋和单肢箍形式组成，箍筋长度计算即为复合箍筋总长度的计算，其各自的计算方法为：

单肢箍（拉筋）长度计算方法为：

$$长度 = 截面尺寸 b 或 h - 柱保护层 c \times 2 + 2 \times d_{箍筋} + 2 \times d_{拉筋} + 2 \times l_w \quad (4.21)$$

外封闭箍筋（大双肢箍）长度计算方法为：

$$长度 = (b - 2 \times 柱保护层 c + 2d_{箍筋}) \times 2 + (h - 2 \times 柱保护层 c + 2 \times d_{箍筋}) \times 2 + 2 \times l_w \quad (4.22)$$

小封闭箍筋（小双肢箍）长度计算方法为：

$$长度 = \left[\frac{b - 2 \times 柱保护层 c - d_{纵筋}}{纵筋根数 - 1} \times 间距个数 + d_{纵筋} + 2 \times d_{小箍筋} \right] \times 2 + (h - 2 \times 柱保护层 + 2 \times d_{箍筋}) \times 2 + 2 \times l_w \quad (4.23)$$

分析：

1）单肢箍

$m \times n$ 箍筋复合方式，当肢数为单数时由若干双肢箍和一根单肢箍形式组合而成，该单肢箍的构造要求为：同时勾住纵筋与外封闭箍筋。

2）小封闭箍筋（小双肢箍）

纵筋根数决定了箍筋的肢数，纵筋在复合箍筋框内按均匀、对称原则布置，计算小箍筋长度时应考虑纵筋的排布关系进行计算：最多每隔一根纵筋应有一根箍筋或拉筋进行拉结；箍筋的重叠不应多于两层；按柱纵筋等间距分布排列设置箍筋，如图4.34所示。

3）箍筋长度的取值

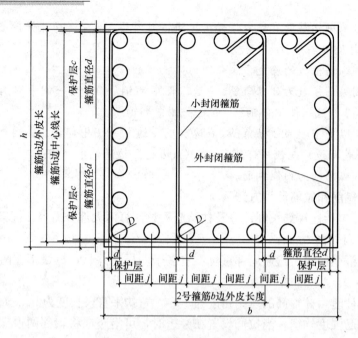

图 4.34 柱箍筋图计算示意图

钢筋弯折后的具体长度与原始长度不等，原因是弯折过程有钢筋损耗。计算中，箍筋长度计算是按箍筋外皮计算，则箍筋弯折 90°位置的度量长度差值不计，箍筋弯折 135°弯钩的量度差值为 $1.9d$。因此，箍筋的弯钩长度统一取值为 $l_w = \max(11.9d, 75+1.9d)$。

4.3.2.2 柱箍筋根数计算

柱箍筋在楼层中，按加密与非加密区分布。其计算方法为：

1) 基础插筋在基础中箍筋

$$根数 = \frac{插筋竖直锚固长度 - 基础保护层}{500} + 1 \tag{4.24}$$

分析：

a) 插筋竖直锚固长度取值

插筋竖直长度同柱插筋长度计算公式的分析相同，要考虑基础的高度，插筋的最小锚固长度等因素。

当基础高度<2000mm 时，插筋竖直长度 h_1 = 基础高度 - 基础保护层；

当基础高度≥2000mm 时，插筋竖直长度 h_1 = 0.5×基础高度

b) 箍筋间距

基础插筋在基础内的箍筋设置要求为：间距≤500mm，且不少于两道外封闭箍筋。

c) 箍筋根数

按文中给的公式计算出的每部分数值应取不小于计算结果的整数；且不小于 2。

2) 基础相邻层或一层箍筋

$$根数 = \frac{\dfrac{H_n}{3}-50}{加密间距} + \frac{\max\left(\dfrac{H_n}{6}, 500, h_c\right)}{加密间距} + \frac{节点梁高}{加密间距}$$

$$+\left(\frac{\text{非加密区长度}}{\text{非加密区间距}}\right)+\left(\frac{2.3l_{lE}}{\min(100,5d)}\right)+1 \qquad (4.25)$$

分析：

a) 箍筋加密区范围

箍筋加密区范围：基础相邻层或首层部位 $H_n/3$ 范围，楼板下 $\max(H_n/6, 500\text{mm}, h_c)$ 范围，梁高范围。

b) 箍筋非加密区长度

非加密区长度＝层高－加密区总长度，即为非加密区长度。

c) 搭接长度

若钢筋的连接方式为绑扎连接，搭接接头百分率为 50% 时，则搭接连接范围 $2.3l_{lE}$ 内，箍筋需加密，加密间距为 $\min(5d, 100\text{mm})$。

d) 框架柱需全高加密情况

以下应进行框架柱全高范围内箍筋加密：按非加密区长度计算公式所得结果小于 0 时，该楼层内框架柱全高加密，一、二级抗震等级框架角柱的全高范围，及其他设计要求的全高加密的柱。

另外，当柱钢筋考虑搭接接头错开间距以及绑扎连接时绑扎连接范围内箍筋应按构造要求加密的因素后，若计算出的非加密区长度不大于 0 时，应为柱全高应加密。

柱全高加密箍筋的根数计算方法为：

机械连接：
$$\text{根数}=\frac{\text{层高}-50}{\text{加密间距}}+1 \qquad (4.26)$$

绑扎连接：$\text{根数}=\dfrac{\text{层高}-2.3l_{lE}-50}{\text{加密间距}}+\dfrac{2.3l_{lE}}{\min(5d,100\text{mm})}+1 \qquad (4.27)$

e) 箍筋根数值

按文中公式计算出的每部分数值应取不小于计算结果的整数，然后再求和，下同。

f) 拉筋根数值

框架柱中的拉筋（单肢箍）通常与封闭箍筋共同组成复合箍筋形式，其根数与封闭箍筋根数相同，下同。

g) 刚性地面箍筋根数

当框架柱底部存在刚性地面时，需计算刚性地面位置箍筋根数，计算方法为：

$$\text{根数}=\frac{\text{刚性地面厚度}+1000}{\text{加密间距}}+1 \qquad (4.28)$$

h) 刚性地面与首层箍筋加密区相对位置关系

刚性地面设置位置一般在首层地面位置，而首层箍筋加密区间通常是从基础梁顶面（无地下室时）或地下室板顶（有地下室时）算起，因此，刚性地面和首层箍筋加密区间的相对位置有下列三种形式：

刚性地面在首层非连接区以外时，两部分箍筋根数分别计算即可；

当刚性地面与首层非连接区全部重合时，按非连接区箍筋加密计算（通常非连接区范围大于刚性地面范围）；

当刚性地面和首层非连接区部分重合时，根据两部分重合的数值，分别确定重合部分和非重合部分的箍筋根数。

3) 中间层及顶层箍筋

$$根数 = \frac{\max(H_n/6, 500, h_c) - 50}{加密间距} + \frac{\max(H_n/6, 500, h_c)}{加密间距} \\ + \frac{节点梁高 - c}{加密间距} + \left(\frac{非加密区长度}{非加密区间距}\right) + \left(\frac{2.3l_{1E}}{\min(5d, 100mm)}\right) + 1 \tag{4.29}$$

4.4 柱钢筋工程量计算实例

4.4.1 四层有地下室框架角柱钢筋计算实例

【已知条件】

框架角柱地下室一层至地上四层，采用强度等级为 C30 的混凝土，框架结构抗震等级二级，环境类别为：地下部分为二 b 类，其余为一类。钢筋采用电渣压力焊接连接形式，基础高度 800，柱截面尺寸为 600×600，基础梁顶标高为 −3.200，基础底板板顶标高为 −3.800，框架梁截面尺寸为 250×600。角柱的截面注写内容如图 4.35 所示，结构层楼面标高和结构层高如表 4.4 所示。

【要求】 计算该 KZ1 钢筋量。

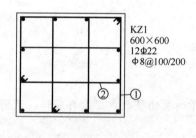

图 4.35 框架柱 1 截面注写方式

框架角柱楼面标高和结构层高　　表 4.4

顶层	14.050	
4	10.750	3.30
3	7.450	3.30
2	4.150	3.30
1	−0.050	4.20
−1	−3.800	3.750
层号	标高(m)	层高(m)

【解析】

要计算的内容有：基础插筋、地下室纵筋、一层至三层纵筋、顶层纵筋以及从基础至顶层的箍筋、纵向钢筋接头个数。

计算要点：基础插筋的锚固形式，地下室纵筋的长度计算，首层纵筋的长度计算，顶层纵筋的锚固形式，箍筋的长度与根数的计算。

框架角柱，有地下室，一层至四层，共 5 层。楼层每层层高范围内设置一电渣压力焊接接头，单根框架柱钢筋的接头共有 5 个。

【计算过程】

一、纵筋长度和根数的计算

1. 基础层插筋计算

二级抗震等级：$l_{aE} = 34d = 34 \times 22 = 748$mm

竖直段长度：$h = 800 - 40 = 760$mm $> l_{aE} = 748$mm

因此，基础层插筋在基础梁内采用直锚形式，角柱的角筋伸至基础底部弯折 max(6d，150)，而其他钢筋锚入基础梁内满足最小锚固长度 l_{aE} 要求即可。

地下室柱净高 $H_n = -0.050 - (-3.200) = 3.150$m

max（6d，150）= 150mm；

地下室非连接区长度 $\dfrac{H_n}{3} = \dfrac{3150-600}{3} = 850$mm

基础插筋长度：角筋 = 800 - 40 + 150 + 850 = 1760mm（4 Φ 22）

中部插筋 = 748 + 850 = 1598mm（8 Φ 22）

2. 地下室纵筋长度计算

首层非连接区 $\dfrac{H_n}{3} = \dfrac{4200-600}{3} = 1200$mm

地下室纵筋长度 = 3150 - 850 + 1200 = 3500mm（12 Φ 22）

3. 首层纵筋长度计算

中间层非连接区 $\max\left(\dfrac{H_n}{6}, 500, h_c\right) = \max\left(\dfrac{3300-600}{6}, 500, 600\right) = 600$mm

首层纵筋长度 = 4200 - 1200 + 600 = 3600mm（12 Φ 22）

4. 标准层纵筋长度计算

标准层纵筋长度 = 3300 - 600 + 600 = 3300mm（每层 12 Φ 22，两层共 24 Φ 22）

5. 顶层纵筋长度计算

顶层梁高为 600mm，$h_b - c = 600 - 30 = 570$mm $< l_{aE}$

至梁顶弯折 12d，其长度计算方法为：

内侧纵筋长度 = 3300 - 600 - 600 + 570 + 12×22 = 4134mm（5 Φ 22）

外侧钢筋采用全部锚入梁中 $1.5l_{aE}$ 的构造要求，注意，此时还应验算外侧钢筋自柱内侧边缘算起是否大于 500mm：

梁高 - 保护层 + 柱截面尺寸 h_c + 500 = 600 - 30 + 600 + 500 = 1670mm < 1.5×748 = 1122mm

故，柱外侧纵筋的计算方法为：

外侧纵筋长度 = 3300 - 600 - 600 + 1670 = 4970mm（7 Φ 22）

二、箍筋长度和根数计算

1. 箍筋长度计算

框架角柱中，箍筋 $\phi 8@100/200$：

箍筋弯钩长度 = max（11.9×8, 75 + 1.9×8）= 95.2mm

①号箍筋长度 =（600 - 2×30 + 2×8）×2 +（600 - 2×30 + 2×8）×2
　　　　　　+ 2×95.2 = 2414mm

②号箍筋长度 = $\left(\dfrac{600-2\times30-22}{3} + 22 + 2\times8\right) \times 2$ +（600 - 2×30 + 2×8）×2
　　　　　　+ 2×95.2 = 1723.7mm

箍筋总长度 = 1723.7×2 + 2414.4 = 5861.8mm

2. 箍筋根数计算：

基础插筋在基础中的箍筋根数：$\frac{800-40}{500}+1=3$，此时箍筋为非复合箍筋形式。

地下室箍筋根数计算：

地下室柱上部非连接区的长度计算为：

$\max(H_n/6, 500, h_c)=600mm$

非加密区长度=3150－600－850－600=1100mm

地下室柱箍筋根数=$\frac{850-50}{100}+\frac{600-25}{100}+\frac{600}{100}+\frac{1100}{200}+1=26$

一层箍筋根数计算：非加密区长度=4200－1200－600－600=1800mm

一层箍筋根数=$\frac{1200-50}{100}+\frac{600-25}{100}+\frac{600}{100}+\frac{1800}{200}+1=34$

标准层及顶层箍筋根数计算：非加密区长度=3300－600－600－600=1500mm

标准层箍筋根数=$\frac{600-50}{100}+\frac{600-25}{100}+\frac{600}{100}+\frac{1500}{200}+1=25$

箍筋总根数=26+34+25×3=135根（4×4复合箍筋）

三、纵筋接头个数

该框架角柱，有地下室，一层至四层，共5层。楼层每层层高范围内设置一电渣压力焊接接头，单根框架柱钢筋的接头共有5个。柱截面钢筋根数为12根，沿全截面不变，因此，接头个数共有5×12=60个。

四、钢筋汇总列表

各类钢筋的米重计算：

$0.00617 \times 22^2 = 2.99$ kg/m

$0.00617 \times 8^2 = 0.395$ kg/m

该框架柱中的钢筋长度、根数，箍筋长度和根数以及接头的个数汇总于表4.5中。

钢 筋 列 表　　　表4.5

序号	钢筋位置	钢筋级别	钢筋直径	单根长度(mm)	钢筋根数	总长度(m)	总重量(kg)
1	插筋（角部插筋）	HRB335	Φ22	1760	4	7.04	21.05
2	插筋（中部插筋）	HRB335	Φ22	1598	8	12.784	38.22
3	地下室纵筋	HRB335	Φ22	3500	12	42.0	125.59
4	一层纵筋	HRB335	Φ22	3600	12	43.2	129.168
5	标准层纵筋（含二、三层）	HRB335	Φ22	3300	12×2=24	79.2	236.81
6	四层外侧纵筋	HRB335	Φ22	4970	7	34.79	104.022
6	四层内侧纵筋	HRB335	Φ22	4134	5	20.685	61.848
7	①号箍筋	HPB235	φ8	2414	3+135=138	333.132	135.4
8	②号箍筋	HPB235	φ8	1723.7	135×2=270	465.399	189.28
9	接头个数	电渣压力焊接接头，5×12=60个					

五、钢筋材料及接头汇总表（表 4.6）

钢筋材料及接头汇总　　　　　　　　　　　　　　　　表 4.6

钢筋类型	钢筋直径	总长度（m）	总重量（kg）
纵筋	Φ22	180.448	716.704
箍筋	Φ8	798.531	315.42
接头		Φ22 电渣压力焊接接头 60 个	

【知识拓展】

1. 基础插筋中的长短筋问题

当基础插筋需考虑钢筋接头面积百分率不应超过 50%，此时，钢筋应分批采用电渣压力焊接连接形式。由于分批焊接引起的插筋钢筋长度不同。焊接连接接头需错开间距为 max（35d，500mm），因此，长短钢筋的长度差值即为 max（35d，500mm）。

2. 整体计算单根钢筋的长度

由于该题目中，框架柱的连接形式为焊接连接，且每层设置一个连接接头，钢筋直径和根数、框架柱截面尺寸等条件都没有变化，因此，单根钢筋长度计算时，可直接从基础插筋计算至顶层。计算时需注意：基础插筋内纵筋的锚固和顶层钢筋的锚固问题。

3. 层高和净高的问题

首层层高是指室内地面标高至上层楼地面标高的高差值（此时，楼地面标高为不含装饰装修层的结构层标高）。

地下室层高是指基础板顶标高至上层楼面标高的高差值。

首层框架柱的净高是指嵌固端至上层楼面的距离，嵌固端当有基础梁时，从基础梁顶算起，没有基础梁时，从基础板顶算起。

4.4.2 三层无地下室边柱钢筋计算实例

【已知条件】　边柱绑扎连接，框架结构抗震等级一级，首层层高 4.5m。二层、三层层高为 3.6m。混凝土强度等级 C30，环境类别一类，基础高度 $h=1200$mm，基础顶面标高为 −0.030，框架梁高 650mm。如图 4.36、表 4.7 所示：

框架边柱楼面标高和结构层高　　表 4.7

顶层	11.67	
3	8.07	3.6
2	4.47	3.6
1	−0.030	4.5
层号	标高（m）	层高（m）

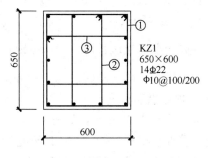

图 4.36　边柱 1 截面注写方式

【解析】

要计算的内容有：基础插筋、一层至三层纵筋及从基础至顶层的箍筋。

计算要点：纵筋采用绑扎连接方式，顶层钢筋的锚固形式，小封闭箍筋的长度计算，箍筋根数计算等。

框架边柱，共 3 层。楼层层高范围内纵筋采用绑扎连接，单根框架柱钢筋的接头共有

3个，因采用绑扎连接，计算时将钢筋的搭接长度计入纵筋长度，此时接头的个数可不做统计。

【计算过程】

一、纵筋长度和根数的计算

1. 基础层插筋计算

一级抗震等级：$l_{aE}=34d=34×22=748$mm

竖直段长度：$h=1200-40=1160$mm$>l_{aE}$

$$l_{lE}=1.4l_{aE}=1.4×748=1047.2\text{mm}$$

因此，基础层插筋在基础梁内采用直锚形式，基础插筋的角筋为满足施工要求，应伸至基础底部弯折 max（6d，150），而其他钢筋锚入基础梁内满足最小锚固长度 l_{aE} 要求即可。

max(6d,150)=150mm；首层非连接区长度：

$$\frac{H_n}{3}=\frac{4500-650}{3}=1283\text{mm}$$

基础插筋长度：

$$角筋 = h+\max(6d,150)+l_{lE}+\frac{H_n}{3}$$

$$=1160+150+1047.2+\frac{4500-650}{3}$$

$$=3640.5\text{mm}(4\ \Phi\ 22)$$

$$中部插筋 = l_{aE}+l_{lE}+\frac{H_n}{3}=748+1047.2+\frac{4500-650}{3}=3078.5\text{mm}\quad(10\ \Phi\ 22)$$

2. 首层纵筋计算

首层非连接区长度为1283mm，二层非连接区长度为 $\max\left(h_c,500,\frac{H_n}{6}\right)=650$mm

首层纵筋长度＝4500－1283＋650＋1047.2＝4914.2（14 Φ 22）

3. 二层纵筋长度

中间层非连接区长度均为：$\max\left(h_c,500,\frac{H_n}{6}\right)=650$mm

二层纵筋长度＝3600－650＋650＋1047.2＝4647.2mm（14 Φ 22）

4. 顶层纵筋长度

顶层梁高为650mm，$h_b-c=650-25=625<l_{aE}$，框架柱内侧钢筋采用弯锚形式，即内侧钢筋伸至梁顶弯折12d，其长度计算方法为：

内侧纵筋长度＝3600－650－650＋620＋12×22＝3184mm（9 Φ 22）

外侧钢筋采用全部锚入梁中 $1.5l_{aE}$ 的构造要求，注意，此时还应验算外侧钢筋自柱内侧边缘算起是否大于500mm：

梁高－保护层＋柱截面尺寸 h_c＋500＝650－30＋600＋500＝1720mm$<1.5×748$＝1122mm

故，柱外侧纵筋的计算方法为：

外侧纵筋长度＝3600－650－650＋1720＝4020mm（5 Φ 22）

二、箍筋长度和根数计算

1. 箍筋长度计算

框架边柱中，箍筋 ϕ10@100/200，箍筋水平段长度计算为：

$$l_\mathrm{w} = \max(75+1.9d, 11.9d) = 11.9 \times 10 = 119\mathrm{mm}$$

箍筋长度计算：

①号箍筋长度＝$(600-2\times30+2\times10)\times2+(650-2\times30+2\times10)\times2+2\times119$
＝2578mm

②号箍筋长度＝$(\dfrac{600-2\times30-22}{3}+22+2\times10)\times2+(650-2\times30+2\times10)\times2+2\times119 = 1187.3\mathrm{mm}$

③号箍筋长度＝$(600-2\times30+2\times10)\times2+((\dfrac{650-2\times30-22}{3})\times2+22+2\times10)\times2+2\times119 = 2010\mathrm{mm}$

箍筋总长度＝2578＋1187.3＋2010＝5775.3mm

2. 箍筋根数计算

基础插筋中箍筋根数＝$\dfrac{1160}{500}+1=4$ 根（①号外封闭箍筋长度为2578mm）

首层中箍筋根数：非加密区长度＝4500－1283－650－2.3×1047.2－650＜0，因此，首层柱无非加密区，应全高加密。

根数＝$\dfrac{1283-50}{100}+\dfrac{650}{100}+\dfrac{1047.2}{100}+\dfrac{650-250}{100}+1=38$ 根（4×4 复合箍筋长度5775.3mm）

二、三层中箍筋根数：非加密区长度＝3600－65－650－2.3×1047.2－650＜0 故，二层和三层柱箍筋全高加密。

二层箍筋根数＝$\dfrac{650-50}{100}+\dfrac{650}{100}+\dfrac{650}{100}+\dfrac{1047.2}{100}+1=31$ 根

（二、三层箍筋共 62 根，4×4 复合箍筋长度为 5775.3mm）

三、钢筋汇总表

各类钢筋的米重计算：

$0.00617\times22^2=2.99\mathrm{kg/m}$

$0.00617\times10^2=0.617\mathrm{kg/m}$

该框架柱中的钢筋长度、根数，箍筋长度和根数以及接头的个数汇总于表4.8中。

钢 筋 列 表　　　　　　表 4.8

序号	钢筋位置	钢筋级别	钢筋直径	单根长度(mm)	钢筋根数	总长度(m)	总重量(kg)
1	插筋（角部插筋）	HRB335	Φ 22	3640.5	4	14.56	43.534
2	插筋（中部插筋）	HRB335	Φ 22	3075.5	10	30.76	91.97

续表

序号	钢筋位置	钢筋级别	钢筋直径	单根长度(mm)	钢筋根数	总长度(m)	总重量(kg)
3	一层纵筋	HRB335	Φ22	4914.2	14	68.80	205.712
4	二层纵筋	HRB335	Φ22	4647.2	14	65.06	194.53
5	三层外侧纵筋	HRB335	Φ22	4020	5	20.1	60.1
6	三层内侧纵筋	HRB335	Φ22	3184	9	28.7	85.813
7	①号箍筋	HPB235	φ10	2578	4+38+62=104	268.112	165.425
8	②号箍筋	HPB235	φ10	1187.3	38+62=100	118.73	73.256
9	③号箍筋	HPB235	φ10	2010	38+62=100	201.0	124.02

四、钢筋材料汇总表（表4.9）

钢筋材料汇总　　　　　　　　　　　　　　　　　　　　表4.9

钢筋类型	钢筋直径（mm）	总长度（m）	总重量（kg）
纵筋	Φ22	227.98	681.66
箍筋	φ10	587.842	362.7

【知识拓展】

1. 柱全高加密时箍筋根数计算

当某层内非加密区长度经计算为负数时，则为柱全高加密，此时，可按下列公式4.25或4.26计算。当然，按不同的计算方法得到的数据有所不同，应根据具体的情况选择合适的计算公式。

2. 绑扎连接区间讨论

框架边柱各层的可连接区区间为：

一层可连接区＝4500－1280－650－650＝1917mm

二层可连接区＝3600－650－650－650＝1650mm

三层可连接区＝3600－1280－650－650＝1650mm

框架柱采用绑扎连接时要求接头应相互错开$0.3l_{lE}$，接头搭接面积百分率为50%。此时，需要的搭接范围为$2.3l_{lE}=2.3×1047.2=2408.56$mm，大于各层可连接区的范围，因此，该框架柱钢筋不能采用绑扎连接。此题目仅适于课堂教学解析之用。

4.4.3 七层变截面框架角柱钢筋计算实例

【已知条件】

框架角柱采用的混凝土强度等级为C40，梁混凝土强度等级C30，受力钢筋HRB335，其他钢筋HPB235，钢筋接头采用锥螺纹套筒连接形式。框架结构抗震等级二级，基础高度2100mm，基础梁顶面标高－1.200，楼层框架梁和顶层框架梁高均为700mm。KZ2的柱表表示内容如表4.10所示，表4.11是其结构层楼面标高和结构层高。钢筋类型如图4.37、图4.38所示。

KZ2 柱表内容   表 4.10

柱号	标高	b×h	b1	b2	h1	h2	全部纵筋	角筋	b边一侧中部筋	h边一侧中部筋	箍筋类型1	箍筋
KZ2	−0.03～19.470	750×700	300	450	300	400	24Φ25	—	—	—	1(5×4)	ϕ10@100/200
	19.470～26.670	550×500	300	250	300	200		4Φ22	5Φ22	4Φ20	2(4×4)	ϕ8@100/200

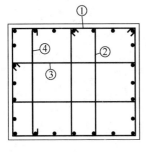 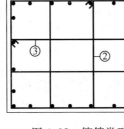

图 4.37 箍筋类型 1   图 4.38 箍筋类型 2

结构层楼面标高和结构层高   表 4.11

顶层	26.670	
7	23.070	3.60
6	19.470	3.60
5	15.870	3.60
4	12.270	3.60
3	8.670	3.60
2	4.470	4.20
1	−0.300	4.50
层号	标高（m）	层高（m）

【要求】 计算全部的钢筋量。

【解析】

要计算的内容有：基础插筋、一层至七层纵筋及从基础至顶层的箍筋。

计算要点：纵筋采用机械连接方式，由于纵向钢筋在 19.470m 位置根数和直径发生变化，截面尺寸变化，箍筋直径变化等因素，钢筋的长度计算和根数的确定是本题的难点；箍筋在 19.470m 标高上下，箍筋的肢数变化，每种箍筋的长度也不同，应分别计算。

框架柱 2，共七层，楼层每层层高范围内设置一锥螺纹套筒连接接头，单根框架柱钢筋的接头共有 7 个，考虑变截面后钢筋根数发生变化，从而整体接头个数为：

$$5\times24+2\times22-11=153 \text{ 个}。$$

【计算过程】

一、纵筋长度和根数的确定

1. 基础插筋计算

基础高度为 2100mm＞2000mm，基础板中部按构造要求需设置横向纵向钢筋网，因此，基础插筋只能锚入基础中部。故，

竖直锚固长度 $l_{aE} = 1.15\times0.14\times\dfrac{300}{1.43}\times25 = 706\text{mm} < 2100\times0.5 = 1050\text{mm}$

竖向钢筋伸至基础中采用直锚形式，即：基础插筋的角筋为满足施工要求，应伸至基础底部弯折 max(6d,150)，而其他钢筋锚入基础梁内满足最小锚固长度 l_{aE} 要求即可。

水平弯折长度 max(6d,150)=150mm

$$H_n = 4470-(-1200)-700 = 4970\text{mm}$$

$$\dfrac{H_n}{3} = \dfrac{4970}{3} = 1657\text{mm}$$

角筋长度=1050+150+1657=2857mm（4Φ25）

中部插筋长度=706+1657=2363mm（20Φ25）

2. 首层钢筋

首层层高＝4470+1200＝5670mm

首层非连接区长度＝1657mm

二层非连接区长度＝750mm

首层纵筋长度＝5670-1657+750＝4763mm（24Φ25）

3. 二层纵筋长度

二层纵筋长度＝4200+750-750＝4200mm（24Φ25）

4. 三、四层纵筋长度

三、四层纵筋长度＝3600-750+750＝3600mm（24×2＝48Φ25）

5. 五层纵筋（变截面位置）

五层非连接区长度：

$$\max\left(\frac{3600-700}{6}, 750, 500\right) = 750\text{mm}$$

六层非连接区长度：

$$\max\left(\frac{3600-700}{6}, 750, 500\right) = 550\text{mm}$$

在19.470m标高位置，柱截面尺寸发生变化，由原来的750×700变为550×500，从柱表的标注尺寸关系可看出，此位置，$c/h_b=200/700>1/6$，钢筋采用当前锚固和插筋的形式连接上下层钢筋。需要计算的钢筋有以下几种形式：

1) 直接伸入上层的钢筋

外侧钢筋可延伸至19.470m以上，与上层柱纵向钢筋直接连接。下层柱外侧纵向钢筋2至12号直接向上延伸至19.470m以上，与上层柱纵筋2至12号钢筋直接连接。即直接伸入上层的钢筋为11Φ25。

直接伸入上层纵筋长度＝3600-750+550＝3400mm（11Φ25）

2) 当前锚固钢筋和上层插筋

下层内侧钢筋由于截面尺寸变化相对值较大，需要采用当前锚固和插筋的形式完成钢筋的连接。

图4.39中，下层钢筋13至18号钢筋、20至24号钢筋（共计11根钢筋）当前锚固，构造要求为伸至上层柱底部水平弯折，水平弯折200mm。即下柱进行当前锚固钢筋为11Φ25。

当前锚固纵筋长度＝3600-750-25+200+（200-30）＝3195mm（11Φ25）

图4.40中，1号、13至22号钢筋（共计11根插筋），应进行插筋，插筋自梁顶向下层锚固，锚固长度为$1.5l_{aE}$。由于上层钢筋的柱边钢筋和角部钢筋直径不同，应分别计算。1号、13至18号钢筋直径为22mm，19至22号钢筋直径为20mm。即上柱插筋为7Φ22和4Φ20。

插筋长度1＝$1.5l_{aE}$+550＝1.5×29×22+550＝1507mm（7Φ22）

插筋长度2＝$1.5l_{aE}$+550＝1.5×29×20+550＝1420mm（4Φ20）

3) 下层多余的钢筋

下柱钢筋总根数为24根，上柱钢筋总根数变为22根，有两根钢筋不需伸至上层，从

图 4.39 可看出，1 号和 19 号钢筋未与上层钢筋连接，属于多余的钢筋，可根据构造要求，将这两根钢筋进行锚固，锚固要求为下层多余钢筋伸至上柱，自梁底算起，锚固长度不小于 $1.2l_{aE}$。

多余筋长度＝$3600-750-700+1.2l_{aE}=2997.2$mm（2 Φ 25）

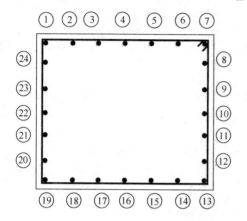 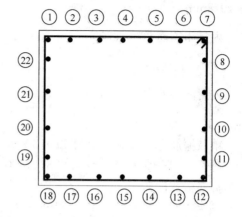

图 4.39 19.470m 以下截面柱纵向钢筋布置编号　　图 4.40 19.470m 以上截面柱纵向钢筋布置编号

6. 六层纵筋长度

六层纵筋长度＝层高＝3600mm（8 Φ 20，14 Φ 22）

7. 顶层纵筋长度

$$\rho = \frac{4\times20+2\times22}{650\times600}\times100\% = 0.03\% < 1.2\%$$

$$\rho = \frac{7\times22}{650\times600}\times100\% = 0.04\% < 1.2\%$$

因此，采用外侧钢筋采用全部伸入梁内，自梁底部算起，锚固长度为 $1.5l_{aE}$，柱内侧纵筋为直锚伸至柱顶直接截断。

$$h_c - c = 700 - 25 - l_{aE}$$

$$1.5l_{aE} = 1.5\times1.15\times0.14\times\frac{300}{1.43}\times22 = 1115\text{mm}$$

$$1.5l_{aE} = 1.5\times1.15\times0.14\times\frac{300}{1.43}\times20 = 1013\text{mm}$$

外侧纵筋长度 $1 = 3600-550-700+1115 = 3465$mm（8 Φ 22）

外侧纵筋长度 $2 = 3600-550-700+1013 = 3363$mm（4 Φ 20）

内侧纵筋长度 $1 = 3600-550-700+700-25+12\times20 = 3265$mm（4 Φ 20）

内侧纵筋长度 $2 = 3600-550-700+700-25+12\times22 = 3289$mm（6 Φ 22）

二、箍筋长度和根数计算

1. 基础插筋中箍筋

箍筋长度＝$(b-2c+2d_{箍})2+(h-2c+2d_{箍})2+2l_w$

$l_w = \max(11.9d, 75+1.9d) = 119$mm

长度＝$(750-2\times30+2\times10)\times2+(700-2\times30+2\times10)\times2+2\times119 = 2978$mm

根数＝1050/500+1=4 根

2. 一～五层中箍筋

箍筋长度计算：

外封闭箍筋① =(750－2×30+2×10)×2+(700－2×30+2×10)×2+2×119 = 2978mm

内封闭箍筋② =(700－2×30+2×10)×2+$\left(\dfrac{750－2×30－25}{6}+25+2×10\right)$+2×119 = 1870mm

内封闭箍筋③ =(750－2×30+2×10)×2+$\left(\dfrac{700－2×30－25}{6}×2+25+2×10\right)$+2×119 = 2158mm

单肢箍筋④ = 700－2×30+2×10+2×10+2×119 = 918mm

总长=①+②+③+④=2978+1870+2158+918=7924mm

箍筋根数计算：

一层非加密区长度=5670－1657－828－700=2485mm

一层箍筋根数为：

$\dfrac{1657-50}{100}+\dfrac{828}{100}+\dfrac{700-25}{100}+\dfrac{2485}{200}+1=47$ 根

二层非加密区长度=2200×2=4400mm

二层箍筋根数=$\dfrac{750-50}{100}+\dfrac{750}{100}+\dfrac{700-25}{100}+\dfrac{2000}{200}+1=33$ 根

三～五层非加密区长度=3600－750－750－700=1400mm

三～五层箍筋根数=$\dfrac{750-50}{100}+\dfrac{750}{100}+\dfrac{700-25}{100}+\dfrac{1400}{200}+1=30$ 根

5×4复合箍筋的总根数为：47+33+30×3=170 根

3. 六～七层中箍筋

外封闭箍筋①号长度计算：

① =(550－2×30+2×8)×2+(500－2×30+2×8)×2+2×11.9×8 = 2114.4mm

内封闭箍筋②号长度计算：

② =(500－2×30+2×8)×2+$\left(\dfrac{550-2×30-22}{6}×2+22+2×8\right)$×2+2×11.9×8 = 1490.4mm

内封闭箍筋③号长度计算：

③ =(550－2×30+2×8)×2+$\left(\dfrac{500-2×30-22}{6}×1+22+2×8\right)$×2+2×11.9×8 = 1445.6mm

总长=①+②+③=2114.4+1490.4+1445.6=5050.4mm

六、七层中非加密区长度=3600－550－550－700=1800mm

六（七）层中箍筋根数=$\dfrac{550-50}{100}+\dfrac{550}{100}+\dfrac{700-25}{100}+\dfrac{1800}{200}+1=28$ 根

4×4复合箍筋的总根数为：28×2＝56 根

三、纵筋接头个数

该框架角柱，7层。楼层每层层高范围内设置一锥螺纹套筒连接接头，19.470m以下（1～5层）单根框架柱钢筋的接头共有5个，纵筋接头共5×24＝120个；19.470m以上（6、7层）。单根框架柱钢筋的接头共2个，纵筋接头共2×22＝44个。该框架柱截面钢筋接头共有120＋44＝164个。

四、钢筋汇总列表

各类钢筋的米重计算：

$0.00617 \times 25^2 = 3.856$ kg/m

$0.00617 \times 22^2 = 2.99$ kg/m

$0.00617 \times 20^2 = 2.468$ kg/m

$0.00617 \times 10^2 = 0.617$ kg/m

$0.00617 \times 8^2 = 0.395$ kg/m

该框架柱中的钢筋长度、根数，箍筋长度和根数以及接头的个数汇总于表4.12中。

钢 筋 列 表　　　　　　表 4.12

序号	钢筋位置	钢筋级别	钢筋直径	单根长度(mm)	钢筋根数	总长度(m)	总重量(kg)
1	插筋（角部插筋）	HRB335	Φ25	2857	4	11.428	44.066
2	插筋（中部插筋）	HRB335	Φ25	2363	20	47.26	182.235
3	一层纵筋	HRB335	Φ25	4763	24	114.312	440.787
4	二层纵筋	HRB335	Φ25	4200	24	100.8	388.685
5	三、四层纵筋	HRB335	Φ25	3600	48	172.8	666.32
6	五层直伸上层钢筋	HRB335	Φ25	3400	11	37.4	144.214
7	五层当前锚固钢筋	HRB335	Φ25	3195	11	35.145	135.52
8	五层多余钢筋	HRB335	Φ25	2997.2	2	5.9944	23.114
9	六层插筋1	HRB335	Φ22	1507	7	10.549	31.54
10	六层插筋2	HRB335	Φ20	1420	4	5.68	14.02
11	六层纵筋	HRB335	Φ20	3600	8	28.8	71.08
12	六层纵筋	HRB335	Φ22	3600	14	50.4	150.7
13	七层外侧纵筋1	HRB335	Φ22	3465	8	27.72	82.88
14	七层外侧纵筋2	HRB335	Φ20	3363	4	13.452	33.2
15	七层内侧纵筋1	HRB335	Φ20	3265	4	13.06	32.23
16	七层内侧纵筋2	HRB335	Φ22	3289	6	19.734	59.0
17	5×4型①号箍筋	HPB235	φ10	2978	174	518.172	319.71
18	5×4型②号箍筋	HPB235	φ10	1490.4	170	253.368	156.33
19	5×4型③号箍筋	HPB235	φ10	2158	170	366.86	226.35
20	5×4型④号箍筋	HPB235	φ10	918	170	156.06	96.29

续表

序号	钢筋位置	钢筋级别	钢筋直径	单根长度(mm)	钢筋根数	总长度(m)	总重量(kg)
21	4×4型①号箍筋	HPB235	φ8	2114.4	56	118.4064	46.77
22	4×4型②号箍筋	HPB235	φ8	1490.4	56	83.4624	32.97
23	4×4型③号箍筋	HPB235	φ8	1445.6	56	80.9536	31.98
24	接头个数	锥螺纹套筒连接接头，153个					

五、钢筋材料及接头汇总表（表4.13）

钢筋材料及接头汇总　　　　　　　　　　　　表 4.13

钢筋类型	钢筋直径（mm）	总长度（m）	总重量（kg）
纵筋	Φ25	525.1394	2024.94
	Φ22	108.403	324.12
	Φ20	60.992	150.53
箍筋	Φ10	1294.46	798.68
	Φ8	282.8224	111.72
接头	锥螺纹套筒连接接头，153个		

【知识拓展】

柱截面的变化引起的钢筋构造要求不同，本题中除例题中说明的钢筋锚固方式外，同学们再思考一下，在变截面处，纵向钢筋还有怎样的设置方式。

4.5　柱钢筋工程量计算实战训练

【实训教学课题】

计算钢筋混凝土柱的钢筋工程量

【实训目的】

通过识图练习，熟练掌握现浇框架平面整体表示法以及对标准构造详图的理解。在读懂建筑平面施工图基础上，根据实际的任何一套框架结构平法表示图，能熟练理解框架柱的配筋情况并计算指定柱的钢筋工程量。

【实训要求】

读图要求：读懂读熟平面整体表示方法中，对框架柱编号、各段柱的起止标高、截面尺寸、柱纵筋、箍筋类型、箍筋注写、箍筋图形所表示的含义。找出一个具有代表性的柱进行进一步分析其配筋情况，特别是：纵向钢筋的接头位置，连接区段的长度，纵筋在顶层端节点和中间节点的锚固长度的节点构造详图；复合箍筋形式，加密区的范围、每层起止位置、加密区箍筋的直径和间距的构造要求。

算量要求：能熟练计算框架柱中所有钢筋量。

【实训资料】
附录图纸、图集 03G101-1、04G101-3 等。
【实训指导】
1. 了解钢筋混凝土框架结构的受力情况。
2. 明确框架柱一般构造要求和抗震构造要求。
3. 明确框架柱平面整体表示方法的制图规则，读懂标准构造详图。
【实训内容】
熟悉指定的 KZ1、KZ2 及其相关构造要求，计算 KZ1、KZ2 的钢筋工程量。计算书要求：有计算过程。

本 章 知 识 小 结

本章着重介绍了柱平法施工图的表示方法：截面注写和列表注写方式、柱常见的标准构造要求和框架结构中柱纵筋和箍筋的计算公式。

基本知识要求：掌握柱平法施工图的两种表示法；常用柱标准构造详图框架柱纵向钢筋连接构造，柱顶纵向钢筋构造，变截面柱纵向钢筋构造，柱箍筋加密构造要求等；掌握框架柱纵筋和箍筋钢筋量的计算方法。

基本技能要求：熟练、准确识读各类柱平法施工图，看懂看透施工图包含的构造要求，绘制柱钢筋布置图和柱断面图，熟练计算各类柱钢筋长度。

综合素质要求：熟练、准确读懂一整套实际工程图纸中的柱构件施工图，熟练计算出柱的各类钢筋量，绘制钢筋列表、钢筋汇总表；通过知识拓展部分的自学和互学，培养自学能力，沟通能力等。

思 考 题

1. 框架柱柱根伸入基础梁中的构造要求有哪些？
2. 梁柱顶层节点位置钢筋的构造要求有哪些？
3. 框架结构中，上下柱钢筋量或钢筋根数不同时，其构造要点有哪些？
4. 什么是芯柱，芯柱的纵向钢筋和箍筋有哪些构造要求？
5. 什么是刚性地面，钢筋混凝土柱在刚性地面位置箍筋有哪些特殊要求？
6. 如何理解嵌固部位、基础顶面和柱根三者的关系。
7. 框架柱纵向受力钢筋非连接区的位置如何确定，有何构造要求？
8. 箍筋根数计算的要点有哪些，箍筋的长度如何计算？柱箍筋中小封闭箍筋的计算方法是什么？
9. 基础平板中，柱插筋的锚固要求是什么，当基础底板厚度大于 2000mm 时，构造要求有何变化？

疑难知识点链接与拓展

1. 文中重点介绍的是抗震时框架柱的构造要求，链接知识点：非抗震时的锚固构造与抗震时有何不同？
2. 什么是框支柱，框支结构中的框支柱的构造要求有哪些？
3. 文中重点介绍的是框架结构中的框架柱的钢筋量计算，框支结构中的框支柱的计算方法要点有哪些？

4. 框架结构中，梁上柱、墙上柱的钢筋量如何计算？

5. 框架结构中，上下柱钢筋量或钢筋根数不同时，其柱钢筋量如何计算？

6. 框架结构中的芯柱布置位置和构造要求是什么，芯柱的钢筋量如何计算？

7. 不同的基础类型中，柱的锚固要求不同，当基础主梁中有侧腋时，与无侧腋相比，柱插筋计算有哪些不同？

第5章 梁平法施工图识读与钢筋量计算

【学习目标】
1. 熟悉框架梁平法施工图的表示方法；
2. 掌握常用框架梁标准构造详图；
3. 掌握框架梁钢筋量的计算方法。

【学习重点】
1. 框架梁平法施工图的两种表示方法。
2. 常用的框架梁标准构造详图：
   框架梁纵向钢筋连接构造；
   框架梁中间支座纵向钢筋构造；
   箍筋、附加箍筋、吊筋构造。
3. 框架梁钢筋量的计算方法：
   钢筋翻样图绘制；
   框架梁纵筋长度以及根数计算方法；
   框架梁箍筋、附加箍筋、吊筋长度以及根数计算方法；
   纵向构造钢筋、受扭钢筋、拉筋长度以及根数计算方法。

5.1 梁施工图制图规则

梁平法施工图设计规则为在梁平面布置图上采用平面注写方式或截面注写方式表达梁结构设计内容的方法。介绍的主要内容有：

1) 梁平法施工图的表示方法；
2) 平面注写方式；
3) 截面注写方式。

5.1.1 梁平法施工图的表示方法

梁平法施工图设计的第一步是按梁的标准层绘制梁平面布置图。设计人员可以采用平面注写方式或截面注写方式，直接在梁平面布置图上表达梁的截面尺寸、配筋等相关设计信息。

在梁平法施工图中通常包含结构层楼面标高、结构层高及相应的结构层号表，便于明确图纸所表达梁标准层所在的层数，并提供梁顶面相对标高高差的基准标高。一般，梁平法施工图中标注的尺寸以毫米（mm）为单位，标高以米（m）为单位。

5.1.2 梁平面注写方式

5.1.2.1 梁平面注写方式的含义

所谓梁平面注写方式，是指在梁平面布置图上，分别在不同编号的梁中各选一根梁，在其上注写截面尺寸和配筋具体数值的方式来表达梁的平法施工图,如图 5.1 所示。平面注写方式的内容包括集中标注内容和原位标注内容两部分。下面分别介绍两种标注形式。

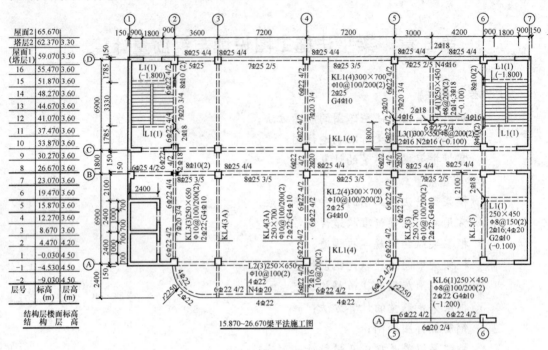

图 5.1 梁平面注写示意图

5.1.2.2 梁集中标注的具体内容

集中标注内容主要表达通用于梁各跨的设计数值,通常有五项必注内容和一项选注内容。集中标注内容从梁中任一跨引出,将其需要集中标注的全部内容注明。

1) 注写梁编号

梁编号由代号、序号、跨数及有无悬挑等几项组成。梁类型与相应的编号见表 5.1,该项为必注项。

梁 编 号   表 5.1

梁类型	代 号	序 号	跨数及有无悬挑
楼层框架梁	KL	XX	
屋面框架梁	WKL	XX	
框支梁	KZL	XX	(XX)跨数
非框架梁	L	XX	(XXA)跨数及一端有悬挑
悬挑梁	XL	XX	(XXB)跨数及两端有悬挑
井字梁	JZL	XX	

【例 5.1】

1. KL3(3A)的含义:框架梁 3,有三跨,一端有悬挑;

2. WKL2(5B)的含义:屋面框架梁 2,有五跨,两端有悬挑;

3. KZL1(2)的含义:框支梁 1,有两跨,没有悬挑。

2) 注写梁截面尺寸

注写梁截面尺寸 $b×h$，其中，b 为梁宽，h 为梁高。

当梁有加腋构造时，注写为 $b×hYc_1×c_2$，其中，c_1 为腋长，c_2 腋高；当梁为变截面悬挑梁时，用斜线分隔根部与端部的高度值，注写方式为 $b×h_1/h_2$，其中，h_1 为梁根部较大高度值，h_2 为梁端部较小高度值，如图 5.2 和图 5.3 所示。

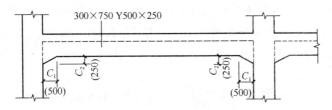

图 5.2 加腋梁截面尺寸注写示意图

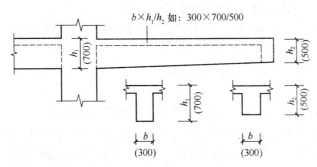

图 5.3 悬挑梁不等高截面尺寸注写示意图

3) 注写梁箍筋

梁箍筋注写包含箍筋级别、直径、加密区与非加密区箍筋间距，肢数。箍筋在抗震和非抗震设计时不同，因此，表示方法略有差异。

当为抗震设计时，箍筋根据抗震等级的要求对加密和非加密区的要求也不同，在平法表示中，箍筋加密区与非加密区间距用"/"区分，箍筋的肢数写在后面"（　）"内，箍筋加密区与非加密区的布置范围也有明确规定（在构造详图中介绍）。

【例 5.2】 $\phi 8@100/200$ (2)，表示：箍筋级别为 HPB235 钢筋，直径为 8mm，加密区间距为 100mm，非加密区间距为 200mm，箍筋肢数为双肢箍。

当为非抗震设计时，箍筋没有明确的加密与非加密要求，但是根据两斜截面受剪承载力要求，在同一跨度内可能采用不同箍筋间距。此时，梁两端与跨中部分的箍筋同样用"/"分开，箍筋的肢数注写在括号内。由于非抗震时，箍筋没有明确的加密与非加密范围的要求，因此，设计中将靠近梁端的箍筋在图纸中注明根数。

【例 5.3】 $9\phi 8@100/200$ (2)，表示：箍筋级别为 HPB235 钢筋，直径为 8mm，梁两端箍筋间距为 100mm，两边附近各布置 9 根；跨中间距为 200mm，箍筋肢数为双肢箍。

4) 注写梁上部通长钢筋或架立钢筋

梁上部通长钢筋一般仅需 2 根，可以由直径相同或直径不同的钢筋连接而成。

当抗震框架梁箍筋采用 4 肢箍或更多肢数时，需补充设置架立筋，即同排中既有通长钢筋又有架立钢筋时，应用"＋"将通长筋和架立筋相连，采用"通长筋＋（架立筋）"方式表达，角部纵筋写在加号的前面，架立筋写在加号后面的括号内。当全部采用架立筋时，则将其全部写入括号内。

当梁下部纵向受力钢筋配置沿全跨相同时，可在集中标注梁上部通长钢筋或架立筋后面连续注写梁下部通长钢筋，并用";"将上部钢筋与下部钢筋隔开，少数跨不同者采用原位标注修正。

【例5.4】 解释KL1梁上部通常钢筋表达内容：

1. 2Φ25：上部贯通钢筋为2根HRB335的钢筋，直径25mm。

2. 2Φ25+(2φ16)：上部钢筋有两种：2根HRB335的钢筋，直径25mm，为上部贯通钢筋，位于框架梁角部，2根HPB235的钢筋，直径16mm，为上部跨中位置的架立钢筋。

3. 2Φ25；4Φ25：框架梁上部贯通钢筋为2根HRB335的钢筋，直径25mm，；下部贯通钢筋为4根HRB335的钢筋，直径25mm。

5) 注写梁侧面纵向构造钢筋或受扭钢筋

当梁腹板高度h_w≥450mm时，须配置纵向构造钢筋，梁侧面构造钢筋以G打头，连续注写设置在梁两个侧面的总配筋值，且对称配置。

当梁侧面须配置受扭钢筋时，注写以大写字母N打头，连续注写设置在梁两个侧面的总配筋值，且对称配置。

受扭钢筋与构造钢筋不需重复设置。这里需要着重注意的是：梁侧面构造钢筋的搭接长度和锚固长度按构造要求处理，取值均为15d；受扭钢筋的搭接长度和锚固长度按受力钢筋处理，需按计算确定，即搭接长度为l_{lE}（l_l），锚固长度同框架梁下部纵筋的锚固要求相同。

【例5.5】 图5.1中KL5中部钢筋的表示内容。

KL5，梁高700mm，梁中部配有纵向构造钢筋HPB235钢筋，直径10mm，左右两侧各2根，共4根。

6) 注写梁顶面相对标高高差

该项为选注项，梁顶面相对标高高差为相对于结构层楼面标高的高差值，有高差时，将其注写在"（ ）"内，无高差时不注。注意：标高的单位是米（m）。

【例5.6】 图5.1中KL6、L1中标高高差的表示内容。

KL6，梁顶标高比所在楼层标高低1.2m；

L1，梁顶标高比所在楼层标高低0.1m。

以上是梁的集中标注注明各跨的设计内容，而在梁的很多部位仅用集中注写的内容不能全面、清晰地表达出所有的设计内容，比如，在梁支座上部增加的负弯矩钢筋、梁截面尺寸的局部改变等信息，此时，平法中用到了原位标注。

5.1.2.3 梁原位标注的具体内容

原位标注内容主要是表达梁本跨内的设计数值以及修正集中标注内容中不适用于本跨的内容。因此，读图时，当集中注写与原位注写不一致时，原位注写取值在先。

梁原位标注的内容有：梁支座上部纵筋，梁下部纵筋，附加箍筋或吊筋，修正集中标注内容中不适用于本跨的内容等。

1) 梁支座上部纵筋

框架梁支座上部负弯矩值较大，通常，支座上部钢筋由贯通钢筋和非贯通钢筋组成。

支座上部的非贯通钢筋配置与集中标注的梁上部通长钢筋相同时，跨中通长钢筋实际为该跨两端支座角筋延伸至跨中 1/3 净跨范围内搭接形成；当支座上部的非贯通钢筋配置与集中标注的梁上部通长钢筋不相同时，跨中直径较小的通长钢筋分别与该跨两端支座的非贯通钢筋搭接完成钢筋的贯通。

当梁的两大跨中间为一小跨，且小跨净跨值小于左右两大跨净跨值之和的 1/3 时，小跨上部纵筋采用贯通全跨的方式布置，此时，将贯通小跨的纵筋内容注写在小跨中部。如图 5.1 示，KL5B、C 跨上部钢筋 6Φ22 4/2。

当梁上部纵筋原位标注在跨中时，表示该标注值全跨贯通。如图 5.1 示，KL1 的第一跨原位标注 8Φ25 4/4。

同时，应注意，梁支座附近的非贯通值较大，支座附近是非贯通值的控制截面所在部位，因此，支座附近的非贯通钢筋不宜截断和连接，如需截断则应满足相关的构造要求。

梁支座上部钢筋的表达方式有：

a) 多排钢筋

当梁支座上部纵筋多于一排时，用"/"将各排纵筋自上而下分开。

【例 5.7】　6Φ25　4/2

表示梁支座上部配筋为 6 根 HRB335 钢筋，直径为 25，分两排布置，上面第一排 4 根，第二排 2 根。

b) 两种直径

当同排纵筋有两种直径时，用"+"将两种直径的纵筋相连，并将角筋注写在前面。

【例 5.8】　2Φ25+2Φ22

表示梁的上部配筋为 4 根，2Φ25 放在第一排角部，2Φ22 放在第一排中部。

c) 对称或不对称标注

当梁支座两边上部的纵筋不同时，须在支座两边分别标注各自的纵筋配筋；当梁支座两边上部的纵筋相同时，可仅在支座一边标注配筋值，另一边省去不注。

2) 梁下部纵筋

框架梁的下部纵筋用以承受由于弯矩产生的拉应力，跨中部分为最大弯矩值，是控制截面所在部位。因此，框架梁下部纵筋在跨中部位不应连接。框架梁下部纵筋如需连接则宜设置在弯矩值较小的支座附近。

梁下部钢筋的表达方式有：

a) 多排钢筋

当梁下部纵筋多于一排时，用"/"将各排纵筋自上而下分开。

【例 5.9】　6Φ25　2/4

表示梁下部配筋为 6 根 HRB335 级钢筋，直径为 25mm，分两排布置，自上而下，第一排 2 根，第二排 4 根。

b) 两种直径

当同排纵筋有两种直径时，用"+"将两种直径的纵筋相连，并将角筋注写在前面。

【例 5.10】　2Φ25+2Φ22

表示梁的下部配筋为 4 根，2Φ25 放在第一排角部，2Φ22 放在第一排中部。

【例 5.11】　2Φ22/2Φ25+3Φ22

表示梁下部共配置钢筋为 7 根，其中，下部第一排 2Φ22；下部第二排 2Φ25 放在角部，3Φ22 放在中部。

c）不伸入支座的钢筋

当梁下部纵筋不全部伸入支座时，将不伸入支座纵筋的数量写在括号内。

【例 5.12】　　6Φ25　2(-2)/4

表示梁下部第一排纵筋为 2Φ25 并且均不伸入支座，下部第二排纵筋为 4Φ25，全部伸入支座。

【例 5.13】　　2Φ25+3Φ22(-3)/5Φ25

表示下部第一排钢筋为 2Φ25 和 3Φ22，共 5 根钢筋，2Φ25 伸入支座，3Φ22 不伸入支座，下部第二排钢筋 5Φ25 全部伸入支座。

3）附加箍筋或吊筋

在主次梁相交处，由于次梁直接将荷载集中作用于主梁上，为防止主梁发生破坏，在主次梁相交处，次梁作用在主梁位置的两侧设计附加箍筋或附加吊筋。附加箍筋或附加吊筋直接绘制在梁平面布置图上，用线引注总配筋值。

应注意：附加箍筋和附加吊筋的几何尺寸等构造是结合主次梁相交处的主次梁截面尺寸确定。

当多数附加箍筋或吊筋相同时，可在梁平法施工图中统一注明，少数与统一注明不同的内容在原位直接引注。

4）修正内容

当在梁上集中标注的内容梁截面尺寸、箍筋、上部通长钢筋、或架立钢筋、梁侧面纵向构造钢筋或受扭钢筋、梁顶面标高高差中的一项或几项内容不适用于某跨或某悬挑端时，则将其不同数值信息内容原位标注在该跨或该悬挑部位，施工时，按原位标注优先选用。

【例 5.14】　　图 5.1 中 KL4 钢筋的原位标注内容

梁支座上部负弯矩钢筋的表示：支座上部负弯矩钢筋为第一排钢筋为 4Φ22，第二排 2Φ22。

梁下部钢筋的表示：AB 跨，下部纵向受力钢筋 6Φ22，第一排 2 根，第二排 4 根，BC 跨下部受力钢筋 2Φ20，CD 跨下部纵向受力钢筋 7Φ20，第一排 3 根，第二排 4 根。

悬挑端下部构造钢筋的表示：悬挑部位下部构造钢筋为 2φ16。

悬挑端箍筋的设置：悬挑部位箍筋为 φ10，间距 200mm，双肢箍。

5.1.2.4　井字梁平面注写方式

井字梁通常由非框架梁构成，并以框架梁为支座，在此，为明确区别井字梁与框架梁或作为井字梁支座的其他类型梁，井字梁用单粗虚线表示（当井字梁顶面高出板面时可用单粗实线表示），框架梁或作为井字梁的其他支座梁用双细实虚线表示（当梁顶面高出板面时可用双细实线表示）。

井字梁的分布范围成为"矩形平面网格区域"，在由四根框架梁或其他大梁围起的一片网格区域中的两项井字梁各为一跨，当有多片网格区域相连时，贯通 n 片网格区域的井字梁为 n 跨，且相邻两片网格区域的分界梁即为该井字梁的中间支座。

井字梁的注写规则与普通梁相同，但在原位标注的梁上部支座纵筋值后加注其向跨内的延伸长度。

5.1.3 梁截面注写方式

梁截面注写方式是在分标准层绘制的梁平面布置图上，分别在不同编号的梁中各选一根梁用剖面号引出配筋图，并在其上注写截面尺寸和配筋等具体数值的方式来表达梁平法施工图。在截面注写的配筋图中可注写的内容有：梁截面尺寸、上部钢筋和下部钢筋、侧面构造钢筋或受扭钢筋、箍筋等，其表达方式与梁平面注写方式相同，如图5.4所示。

一般，截面注写方式可单独使用，也可与平面注写方式结合使用。

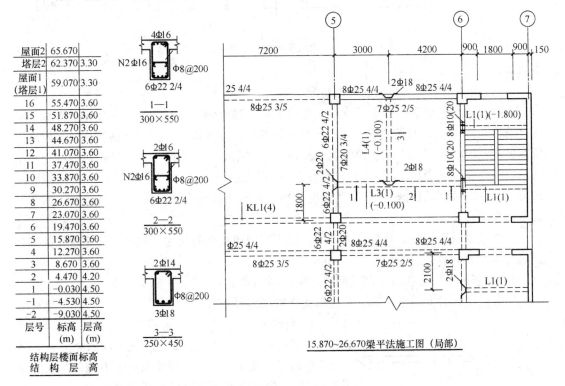

图 5.4 梁平法施工图截面注写方式示意图（局部）

5.2 梁标准构造详图

5.2.1 楼层框架梁纵向钢筋构造

5.2.1.1 抗震楼层框架梁纵向钢筋构造

一至四级抗震等级的楼层框架梁纵向钢筋的构造要求包括：上部纵筋构造、下部纵筋构造和节点锚固要求，如图5.5所示。其主要内容有：

1) 框架梁端支座和中间支座上部非通长纵筋的截断位置

框架梁端部或中间支座上部非通长纵筋自柱边算起，其长度统一取值：非贯通纵筋位于第一排时为$l_0/3$，非贯通纵筋位于第二排时为$l_0/4$，若由多于三排的非通长钢筋设计，则依据设计确定具体的截断位置。

l_0取值：端支座处，l_0取值为本跨净跨值，中间支座处，l_0取值为左右两跨梁净跨值

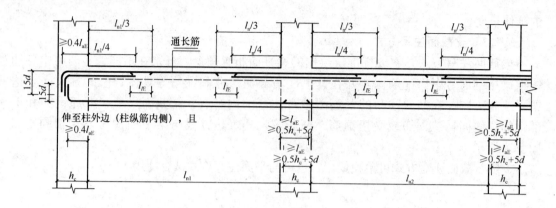

图 5.5　一～四级抗震等级楼层框架梁钢筋构造

的较大值。

2) 抗震框架梁上部通长筋的构造要求

当跨中通长钢筋直径小于梁支座上部纵筋时，通常钢筋分别与梁两端支座上部纵筋搭接，搭接长度为 l_{lE}，且按 100% 接头面积百分率计算搭接长度。当通长钢筋直径与梁端上部纵筋相同时，将梁端支座上部纵筋中按通长筋的根数延伸至跨中 1/3 净跨范围内交错搭接、机械连接或者焊接。当采用搭接连接时，搭接长度为 l_{lE}，且当做同一连接区段时按 100% 搭接接头面积百分率计算搭接长度，当不在同一区段内时，按 50% 搭接接头面积百分率计算搭接长度。

当框架梁设置箍筋的肢数多于 2 根，且当跨中通长钢筋仅为 2 根时，补充设计的架立钢筋与非贯通钢筋的搭接长度为 150mm。

3) 抗震框架梁上部与下部纵筋在端支座锚固要求

抗震楼层框架梁上部与下部纵筋在端支座的锚固要求有：

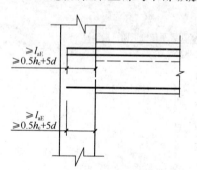

图 5.6　一至四级抗震等级
纵筋在端支座直锚构造

a) 直锚形式

楼层框架梁中，当柱截面沿框架方向的高度 h_c 比较大，即 h_c 减柱保护层 c 大于等于纵向受力钢筋的最小锚固长度时，纵筋在端支座可以采用直锚形式。直锚长度取值应满足条件 $\max(l_{aE}, 0.5h_c+5d)$，工程中的做法为：直锚的纵筋直伸至柱截面外侧钢筋的内侧。如图 5.6 所示。

b) 弯锚形式

当柱截面沿框架方向的高度 h_c 比较小，即 h_c 减柱保护层 c 小于纵向受力钢筋的最小锚固长度时，纵筋在端支座应采用弯锚形式。纵筋伸入梁柱节点的锚固要求为水平长度取值 $\geq 0.4 l_{aE}$，竖直长度 15d。通常，弯锚的纵筋直伸至柱截面外侧钢筋的内侧，再向下弯折 15d。

应注意：弯折锚固钢筋的水平长度取值 $\geq 0.4 l_{aE}$，是设计构件截面尺寸和配筋时要考虑的条件而不是钢筋量计算的依据。

4) 抗震框架梁下部纵筋在中间支座锚固和连接的构造要求

抗震框架梁下部纵筋在中间支座的锚固要求为：纵筋伸入中间支座的锚固长度取值为 $\max(l_{aE}, 0.5h_c+5d)$。弯折锚入的纵筋与同排纵筋净距不应小于25mm。

抗震框架梁下部纵筋可贯通中柱支座，在内力较小的位置连接，连接范围为抗震箍筋加密区以外至柱边缘 $l_n/3$ 位置（l_n 为梁净跨长度值），钢筋连接接头百分率不应大于50%。

5.2.1.2 非抗震楼层框架梁纵向钢筋构造

非抗震楼层框架梁纵向钢筋的构造要求根据图集内容，分为两个部分介绍：上部纵筋、下部纵筋构造和节点锚固要求，如图5.7和图5.8所示。

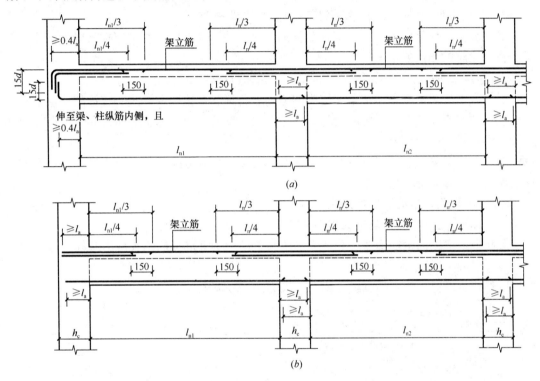

图5.7 非抗震框架梁钢筋构造
(a) 端支座弯锚；(b) 端支座直锚

1) 框架梁端支座和中间支座上部非通长纵筋的截断位置

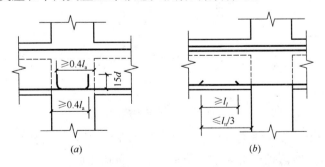

图5.8 非抗震楼层框架梁中间支座锚固形式示意图
(a) 中间支座弯锚；(b) 中间支座外连接

框架梁端部或中间支座上部非通长纵筋自柱边算起,其长度统一取值同抗震框架梁支座上部非通长纵筋的截断位置相同。

2) 非抗震框架梁上部通长筋和下部受力钢筋的构造要求

非抗震框架梁的架立钢筋分别与梁两端支座上部纵筋构造搭接,长度为150mm,且应有一道箍筋位于该长度范围内,同时与构造搭接的两根钢筋交叉绑扎在一起。

非框架梁的下部纵筋可采用搭接、机械连接或焊接等方式在梁靠近支座 $l_{ni}/3$ 范围内连接,即:支座范围内 $l_{ni}/3$ 的位置为下部纵筋在支座和节点范围之外的连接区域,连接的根数不应多于总根数的50%。

3) 非抗震框架梁上部与下部纵筋在端支座的锚固要求

非抗震楼层框架梁上部与下部纵筋在端支座的锚固要求同抗震楼层框架梁上部与下部纵筋在端支座的锚固要求。

4) 非抗震框架梁下部纵筋在中间支座锚固和连接的构造要求

非抗震框架梁下部纵筋在中间支座的锚固有直锚和弯锚两种形式。直锚的构造措施为纵筋伸入中间支座的锚固长度取值为 l_a;弯锚的构造要求为下部纵筋伸入中间节点柱内侧边缘(水平段的构造要求为 $\geq 0.4 l_a$),竖直弯折15d。

非抗震框架梁下部纵筋可贯通中柱支座,梁端 $l_n/3$ 范围内连接(l_n 为梁净跨长度值),钢筋连接接头百分率不宜大于50%。

5.2.2 屋面框架梁纵向钢筋构造

5.2.2.1 屋面框架梁端纵向钢筋构造

屋面框架梁纵向钢筋构造,分柱纵筋锚入梁中和梁上部纵筋锚入柱中两种构造类型。

1) 柱外侧纵筋锚入梁中

柱外侧纵筋锚入梁中的梁纵筋构造要求如图5.9所示。

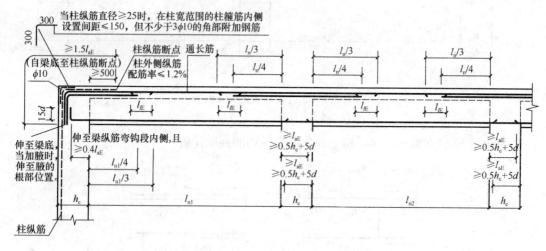

图5.9 柱外侧纵筋锚入梁中的梁纵筋构造要求

梁上部纵筋伸至柱外侧纵筋内侧,弯折伸至梁底,当梁有加腋时伸至腋的根部位置。梁下部纵筋的构造措施同楼层框架梁上下部纵筋的构造措施。

柱外侧纵筋向上伸至梁顶水平弯折,锚固长度自梁底算起不小于 $1.5 l_{aE}$(l_a 表示非抗震时的锚固长度),且从柱内侧边缘算起,不小于500mm,当柱外侧纵筋配筋率大于

1.2%时，锚入梁中的柱纵筋分两批截断，锚固长度自梁底算起大于等于 $1.5l_{aE}$（l_a），两批钢筋的截断为 $20d$。柱外侧钢筋配筋率计算方法为：

$$柱外侧钢筋配筋率 = \frac{柱外侧全部纵筋截面面积}{柱截面面积\ b \times h} \times 100\% \tag{5.1}$$

竖向弯折的梁上部纵筋与柱外侧纵筋的净距，或者延伸入梁或板内的柱外侧纵筋与梁上部纵筋之间的净距均为 25mm。为保证节点部位钢筋和混凝土较好的粘结，节点部位梁柱在顶层的钢筋通常有两种布置形式：一种是梁柱顶面保持水平，即柱外侧纵筋向上伸至梁上部纵筋之下，净距 25mm，弯折后向梁内延伸；另一种构造措施是梁柱节点顶面微凸，即柱外侧纵筋向上伸至梁上部纵筋之上，净距 25mm，弯折后向梁内延伸。两种构造措施施工单位可自主选择，当为较高的抗震等级时，宜选择梁柱节点顶面微凸的构造形式。

2）梁上部纵筋锚入柱中

梁上部纵筋锚入柱中的梁纵筋构造要求如图 5.10 所示。

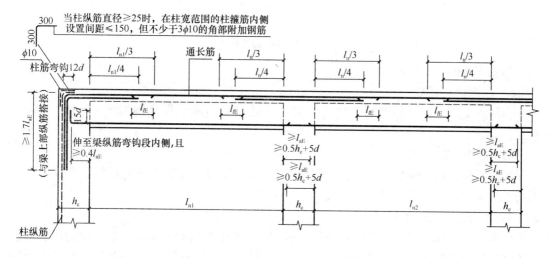

图 5.10 梁上部纵筋锚入柱中的梁纵筋构造要求

梁上部纵筋伸至柱外侧纵筋内侧向下弯折，竖直搭接长度大于等于 $1.7l_{aE}$（l_a）；当梁上部纵筋配筋率大于 1.2% 时，锚入柱中的梁上部纵筋分两批截断，竖直搭接长度大于等于 $1.7l_{aE}$（l_a），两批钢筋的截断为 $20d$。梁外侧钢筋配筋率计算方法为：

$$梁上部钢筋配筋率 = \frac{梁上部全部纵筋截面面积}{梁有效截面面积\ b \times h_0} \times 100\% \tag{5.2}$$

梁下部纵筋的构造措施同楼层框架梁上下部纵筋的构造措施。

柱外侧纵筋的构造措施为：伸至柱顶水平弯折 $12d$。梁柱节点顶层的钢筋通常有两种布置形式：柱外侧纵筋向上伸至梁顶部外侧纵筋以上（柱顶微凸）或以下（梁柱顶水平），水平弯折 $12d$。施工可自主选择梁柱顶面的钢筋布置形式，但当结构抗震等级较高时，宜采用柱顶微凸的构造形式。

为保证节点部位钢筋和混凝土较好的粘结，梁上部纵筋与柱外侧纵筋的净距，或者延伸入梁或板内的柱外侧纵筋与梁上部纵筋之间的净距均为25mm。

5.2.2.2 屋面框架梁中纵向钢筋构造

抗震与非抗震时屋面框架梁中纵向钢筋构造措施同楼层框架梁要求相同,不再重述。

5.2.3 框架梁根部加腋构造

加腋部位的配筋按设计标注,当设计未注明时,加腋部位斜筋可按构造要求设置,如图5.11所示。

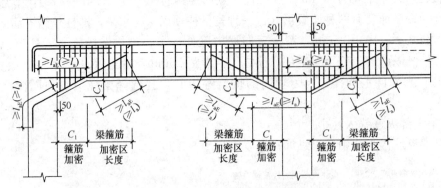

图5.11 加腋部位斜筋构造要求

加腋钢筋的构造要求:

1) 加腋钢筋根数

当伸入支座的梁下部纵筋根数为n时,该处加腋斜筋的根数则为$n-1$根,并插空布置。

2) 锚固长度

锚固长度自截面变化位置算起$\geq l_{aE}(l_a)$,中柱两侧腋底部斜筋可采用贯通方式,也可采用与端柱相同的分离方式。

3) 加腋范围内箍筋设置

加腋范围内的箍筋设置与梁端箍筋配置相同。当为抗震框架梁时,加腋梁的抗震箍筋加密区长度包含两部分:一部分是加腋部位c_1的长度,另一部分为按非加腋梁截面高度计算的加密区长度。

5.2.4 框架梁、屋面框架梁等中间支座梁截面变化时的纵向钢筋构造

5.2.4.1 框架梁中间支座两边梁顶或梁底有高差的梁钢筋构造

屋面框架梁和楼层框架梁梁底或梁顶构造要求主要内容为:

1) 屋面框架梁

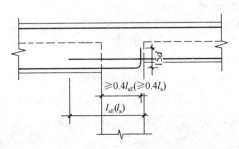

图5.12 屋面框架梁顶部齐平

屋面框架梁顶部保持水平,底部不平时的构造要求:支座上部纵筋贯通布置,梁截面高度大的梁下部纵筋锚固同端支座锚固构造要求相同,梁截面小的梁下部纵筋锚固同中间支座锚固构造要求相同,如图5.12所示。

屋面框架梁底部保持水平,顶部不平时的构造要求:梁截面高大的支座上部纵筋锚固要求同端支座锚固构造要求,需注意到是,弯折后的竖

直段长度15d是从截面高度小的梁顶面算起；梁截面高度小的支座上部纵筋锚固要求为伸入支座锚固长度$1.6l_{aE}(1.6l_a)$；下部纵筋的锚固措施同梁高度不变时相同，如图5.13所示。

2) 楼层框架梁

楼层框架梁顶部不平时的构造要求：梁截面高度大的支座上部纵筋锚固要求同端支座锚固构造要求；梁截面高度小的支座上部纵筋锚固要求为伸入支座锚固长度$l_{aE}(l_a)$。

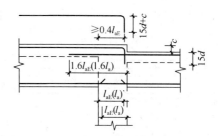

图5.13 屋面框架梁底部齐平

楼层框架梁顶部保持水平，底部不平时的构造要求：当中间支座两端梁高差值c与柱截面沿框架梁方向的高度h_c的比值较小，即$c/(h_c-50) \leqslant 1/6$时，支座两边相同直径的下部纵筋可连续布置；当中间支座两端梁高差值c与柱截面沿框架梁方向的高度h_c的比值较大，即$c/h_c > 1/6$时，梁底部标高小的下部纵向钢筋伸入支座的锚固长度与端支座锚固要求相同，梁底部标高大的下部纵向钢筋伸入支座的锚固长度为$l_{aE}(l_a)$，如图5.14所示。

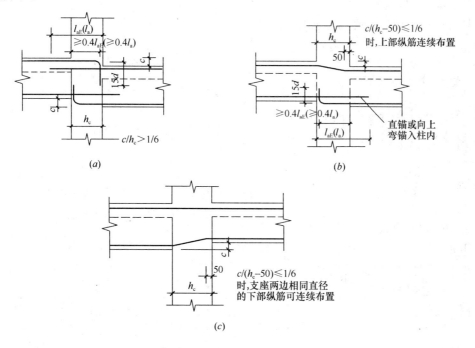

图5.14 楼层框架梁中间支座钢筋构造
(a) 梁顶部不平构造1；(b) 梁顶部不平构造2；(c) 梁底部不平构造

5.2.4.2 中柱两边框架梁宽度不同钢筋构造

屋面框架梁和楼层框架梁中间支座两边框架梁宽度不同时，无法直锚的纵筋弯锚入柱内，锚固的构造要求为平直段长度$\geqslant 0.4l_{aE}(l_a)$，弯折长度为$15d$。当柱截面沿框架梁方向的高度h_c值较大，纵筋直锚入柱内的平直段长度$\geqslant l_{aE}(l_a)$时，可采用直锚，如图5.15和图5.16所示。

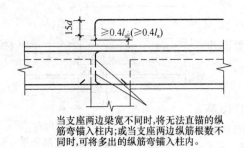
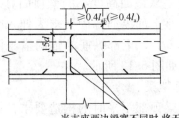

图 5.15 屋面框架梁梁宽度不同示意图　　图 5.16 楼层框架梁梁宽度不同示意图

5.2.4.3 中柱两边框架梁纵筋根数不同的钢筋构造

当中间支座两边纵筋根数不同时，可将多出的纵筋弯锚入柱中，锚固的构造要求为平直段长度为$\geq 0.4l_{aE}$（l_a），弯折长度为$15d$。当柱截面沿框架梁方向的高度 h_c 值较大，纵筋直锚入柱内的平直段长度$\geq l_{aE}$（l_a）时，可采用直锚。

5.2.5 悬挑梁与各类悬挑端配筋构造

5.2.5.1 悬挑梁上部受力钢筋构造要求

悬挑梁有延伸悬挑梁和纯悬挑梁两种类型，悬挑梁钢筋分受力钢筋和构造钢筋，如图5.17 和图 5.18 所示，其构造要求为：

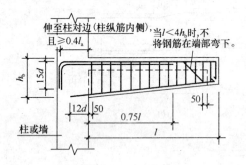

图 5.17 纯悬挑梁钢筋构造

1）上部受力钢筋的锚固

当悬挑梁纵向受力钢筋的直锚长度即柱 h_c 减柱保护层 c 大于等于其最小锚固长度时，可采用直锚形式，直锚长度取值为 $\max$（l_a，$0.5h_c$ $+5d$）；

当不能采用直锚时，采用弯锚，上部受力钢筋在根部伸至柱对边柱纵筋内侧，水平长度大于等于 $0.4l_a$，竖直锚固 $15d$，弯锚长度取值

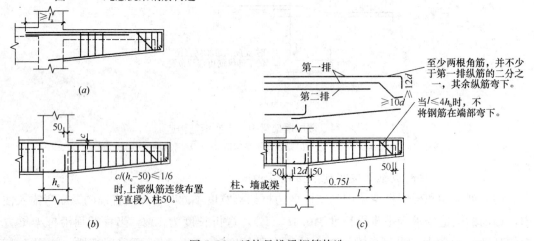

图 5.18 延伸悬挑梁钢筋构造
（a）悬挑梁上部截面齐平；（b）悬挑梁上部截面不平；（c）悬挑梁中钢筋的构造

为水平段 h_c — 柱保护层 c，竖直端 15d；

当悬挑梁的钢筋由屋面框架梁延伸出来时，其配筋要求由设计者注明。当悬挑梁净长 $l<4h_b$ 时，悬挑梁上部全部纵筋在第一排延伸至悬挑端头下弯 12d；当悬挑梁净长 $l \geqslant 4h_b$ 时，悬挑梁上部部分纵筋（至少两根角筋，且不少于第一排纵筋的一半）在第一排延伸至悬挑端头下弯 12d，其余纵筋在悬挑梁端部斜弯向下，然后水平锚固长度为 $\geqslant 10d$。

2) 上部受力钢筋布置

当悬挑梁的纵筋分两排布置时，第二排纵筋的截断位置为 0.75l，梁上部设置第三排纵筋时，其截断位置由设计注明。

5.2.5.2 悬挑梁其他钢筋的构造要求

1) 锚固长度

悬挑梁下部构造钢筋伸入支座的锚固长度：当梁下部为肋形钢筋时，锚固长度为 12d，当为光面钢筋时为 15d。

2) 箍筋设置

悬挑梁箍筋的构造要求通常与非框架梁相同。

5.2.6 梁箍筋的构造要求

5.2.6.1 抗震框架梁和屋面框架梁箍筋构造要求

一级和二至四级抗震等级的框架梁加密箍筋构造要求，如图 5.19 和图 5.20 所示，主要有以下几点：

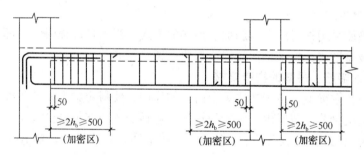

图 5.19 一级抗震等级框架梁箍筋构造

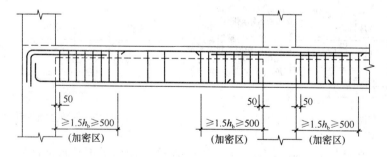

图 5.20 二至四级抗震等级框架梁箍筋构造

1) 箍筋加密范围

抗震框架梁梁端箍筋加密区范围：一级抗震等级为 max（$2h_b$，500mm），如图 5.19 所示。二至四级抗震等级为 max（$1.5h_b$，500mm），如图 5.20 所示。其中，h_b 为梁截面高度。弧形框架梁中心线展开计算梁端部箍筋加密区范围，其箍筋间距按其凸面度量。

抗震通长纵筋在梁端加密区以外的搭接长度的范围内应进行箍筋加密,箍筋加密间距为 min(5d, 100mm),d 为搭接钢筋直径的较小值。

2)箍筋位置

框架梁第一道箍筋距离框架柱边缘为 50mm。注意在梁柱节点内,框架梁的箍筋不设。

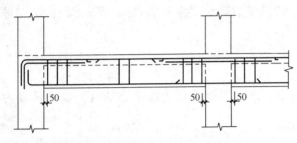

图 5.21 非抗震框架梁、屋面框架梁箍筋

3)箍筋复合方式

多于两肢箍的复合箍筋应采用外封闭大箍筋加内封闭小箍筋的复合方式。

5.2.6.2 非抗震框架梁和屋面框架梁箍筋构造要求

非抗震框架梁箍筋构造要求,如图 5.21 所示。主要有以下几点:

1)箍筋直径

非抗震框架梁通常全跨仅配置一种箍筋;当全跨配有两种箍筋时,其注写方式为在跨两端设置直径较大或间距较小的箍筋,并注明箍筋的根数,然后在跨中设置配置较小的箍筋。

2)箍筋复合方式

多肢复合箍筋采用外封闭大箍筋加小箍筋的方式,当为现浇板时,内部的小箍筋可为上开口箍或单肢箍形式。井字梁箍筋构造与非框架梁相同。

5.2.7 附加箍筋、吊筋的构造要求

当次梁作用在主梁上,由于次梁集中荷载的作用,使得主梁上易产生裂缝。为防止裂缝的产生,在主次梁节点范围内,主梁的箍筋(包括加密与非加密区)正常设置,除此以外,再设置上相应的构造钢筋:附加箍筋或附加吊筋,其构造要求如图 5.22 和图 5.23 所示。

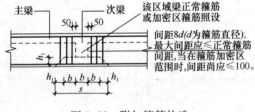

图 5.22 附加箍筋构造

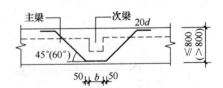

图 5.23 附加吊筋钢筋构造

附加箍筋的构造要求:间距 8d(d 为箍筋直径)且小于正常箍筋间距,当在箍筋加密区范围内时,还应小于 100mm。第一根附加箍筋距离次梁边缘的距离为 50mm,布置范围为 $s=3b+2h_1$(b 为次梁宽,h_1 为主次梁高差)。

附加吊筋的构造要求:梁高≤800mm 时,吊筋弯折的角度为 45°,梁高>800mm 时,吊筋弯折的角度为 60°;吊筋在次梁底部的宽度为 $b+2\times50$,在次梁两边的水平段长度为 20d。

5.2.8 侧面纵向构造钢筋及拉筋的构造要求

梁侧面钢筋（腰筋）有侧面纵向构造钢筋（G）和受扭钢筋（N）。其构造要求如图 5.24 和图 5.25 所示。当梁侧面钢筋为构造钢筋时，其搭接和锚固长度均为 $15d$，当为受扭钢筋时，其搭接长度为 l_{lE} 或 l_l，相邻受扭钢筋搭接接头应相互错开，错开的间距为 $0.3l_{lE}$ 或 $0.3l_l$，其锚固长度与方式和框架梁下部纵筋相同。

梁侧面纵筋构造钢筋的设置条件：当梁腹板高度≥450mm 时，须设置构造钢筋，纵向构造钢筋间距要求≤200mm。当梁侧面设置受扭钢筋且其间距不大于 200mm 时，则不需重复设置构造钢筋。

梁中拉筋直径的确定：梁宽≤350 时，拉筋直径为 6mm，梁宽＞350mm 时，拉筋直径为 8mm。拉筋间距的确定：非加密区箍筋间距的两倍，当有多排拉筋时，上下两排拉筋竖向错开设置。

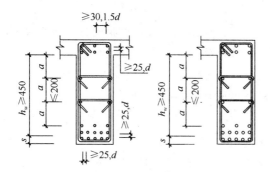
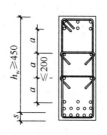

图 5.24 梁板结构中梁侧面纵向钢筋和拉筋　　　图 5.25 无板时梁侧面纵向钢筋和拉筋

5.2.9 不伸入支座梁下部纵向钢筋构造要求

当梁（不包括框支梁）下部纵筋不全部伸入支座时，不伸入支座的梁下部纵筋截断点距支座边的距离，统一取为 $0.1l_{ni}$（l_{ni} 为本跨梁的净跨值），如图 5.26 所示。

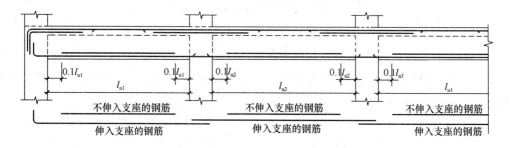

图 5.26 梁侧面纵向构造钢筋和拉筋

5.3 钢筋工程量计算方法

梁的钢筋包括纵筋和箍筋两大类。纵筋按分布位置和作用不同，有上部钢筋（上部贯通钢筋，支座非贯通钢筋，架立钢筋）；中部钢筋（侧面纵向构造钢筋，抗扭钢筋）；下部钢筋。其他钢筋形式有箍筋和拉筋。

5.3.1 梁上部钢筋长度计算方法

梁上部钢筋的形式：上部贯通钢筋、支座非贯通钢筋、架立钢筋。

5.3.1.1 上部通长钢筋长度

上部通长钢筋长度计算公式：

$$长度 = 各跨净跨值 l_n 之和 + 各支座宽度 + 左、右锚固长度 \tag{5.3}$$

分析：

1) 当为楼层框架梁时，锚固长度取值讨论

根据楼层框架梁纵筋在端支座的锚固要求可知：

当端支座宽度 h_c — 柱保护层 $c \geqslant l_{aE}$ 时，锚固长度 = 端支座宽度 h_c — 柱保护层 c (5.4)

当端支座宽度 h_c — 柱保护层 $c < l_{aE}$ 时，锚固长度 = 端支座宽度 h_c — 柱保护层 $c + 15d$

$$\tag{5.5}$$

2) 当为屋面框架梁时，锚固长度取值讨论

根据屋面框架梁纵筋与框架柱纵筋的构造要求：柱纵筋锚入梁中和梁纵筋锚入柱中两种形式，顶层屋面框架梁纵筋的锚固长度计算也有两种形式。

当采用柱纵筋锚入梁中的锚固形式时，

$$锚固长度 = 端支座宽度 h_c + 柱保护层 c + 梁高 - 梁保护层 c \tag{5.6}$$

当采用梁纵筋锚入柱中的锚固形式时，

$$锚固长度 = 端支座宽度 h_c - 柱保护层 c + 1.7 l_{aE} \tag{5.7}$$

3) 端支座范围内不同纵筋的净距问题

框架梁纵筋的上部、下部的各排纵筋锚入柱内均应满足构造要求，同时，保证混凝土与钢筋更好的握裹，不同位置的纵筋弯折长度 $15d$ 之间应有不小于 25mm 的净距要求。若梁纵筋的钢筋直径按 25mm 计，各排框架梁纵筋锚入柱内的水平段长度差值可取为 50mm。

5.3.1.2 支座非贯通钢筋长度

端支座非贯通钢筋长度计算公式：

$$长度 = 负弯矩钢筋延伸长度 + 锚固长度 \tag{5.8}$$

中间支座非贯通钢筋长度计算公式：

$$长度 = 2 \times 负弯矩钢筋延伸长度 + 支座宽度 \tag{5.9}$$

当支座间净跨值较小，左右两跨值较大时，常将支座上部的负弯矩钢筋在中间较小跨贯通设置，此时，负弯矩钢筋的长度计算方法为：

$$长度 = 左跨负弯矩钢筋延伸长度 + 右跨负弯矩钢筋延伸长度 +$$
$$中间较小跨净跨值 + 2 \times 中间支座宽度 \tag{5.10}$$

分析：

1) 非贯通钢筋的延伸长度

非贯通纵筋位于上部纵筋第一排时，其延伸长度为 $l_n/3$，非贯通纵筋位于第二排时为 $l_n/4$，若由多于三排的非通长钢筋设计，则依据设计确定具体的截断位置。端支座处，l_n 取值为本跨净跨值；中间支座处，l_n 取值为左右两跨梁净跨值的较大值。

2) 锚固长度

同上部通长钢筋长度计算公式中的锚固长度 5.3.1.1 中 1)、3) 分析内容。

5.3.1.3 架立钢筋长度

架立钢筋长度计算公式:

$$长度 = 本跨净跨值 - 左右非贯通纵筋伸出长度 + 2 \times 搭接长度 \quad (5.11)$$

分析:

1) 搭接长度

当梁上部纵筋既有贯通筋又有架立钢筋时,架立钢筋与非贯通钢筋的搭接长度为 150mm。

2) 非贯通纵筋伸出长度同 5.3.1.2 分析内容。

5.3.2 梁下部钢筋长度计算方法

梁下部钢筋的形式:下部贯通钢筋,下部非贯通钢筋、下部不伸入支座的钢筋。

5.3.2.1 下部通长钢筋长度

下部通长钢筋长度计算公式同上部通长钢筋长度计算公式。

5.3.2.2 下部非通长钢筋长度

下部非通长钢筋长度计算公式:

$$长度 = 净跨值 + 左锚固长度 + 右锚固长度 \quad (5.12)$$

分析:锚固长度值

1) 梁纵筋在端支座的锚固要求同 5.3.1.1 分析内容;

2) 梁纵筋在中间支座锚固取值为 $\max(0.5h_c + 5d, l_{aE})$,当梁的截面尺寸变化时,则应参考相应的标准构造要求取值。

5.3.2.3 下部不伸入支座钢筋长度

下部不伸入支座钢筋长度计算公式:

$$长度 = 净跨值 l_n - 2 \times 0.1 l_{ni} = 0.8 l_{ni} \quad (5.13)$$

5.3.3 梁中部钢筋长度计算方法

梁中部钢筋的形式:构造钢筋(G)和受扭钢筋(N)。

构造钢筋长度计算公式:

$$长度 = 净跨值 + 2 \times 15d \quad (5.14)$$

受扭钢筋长度计算公式:

$$长度 = 净跨值 + 2 \times 锚固长度 \quad (5.15)$$

分析:

1) 锚固长度取值

构造钢筋的锚固长度值为 $15d$,受扭钢筋的锚固长度取值与下部纵向受力钢筋相同,通常取 $\max(0.5h_c + 5d, l_{aE})$。

2) 梁中部钢筋宜分跨布置

当梁中部钢筋各跨不同时,应分跨计算,当全跨布置完全相同时,可整体计算。

5.3.4 箍筋和拉筋计算方法

箍筋和拉筋计算包括箍筋和拉筋的长度、根数计算。箍筋和拉筋长度的计算方法与框架柱相同,此处省略。下面介绍箍筋与拉筋根数计算方法。

箍筋根数计算公式:

$$根数 = 2 \times \left(\frac{加密区长度 - 50}{加密区间距} + 1\right) + \left(\frac{非加密区长度}{非加密区间距} - 1\right) \quad (5.16)$$

拉筋根数计算公式：

$$根数 = \frac{梁净跨 - 2 \times 50}{非加密区箍筋间距 \times 2} + 1 \quad (5.17)$$

分析：

1) 加密区长度

梁箍筋加密区范围：一级抗震等级为 max（$2h_b$，500mm）；二至四级抗震等级为 max（$1.5h_b$，500mm），其中，h_b 为梁截面高度。

2) 拉筋间距与直径

拉筋直径：梁宽≤350 时，拉筋直径为 6mm，梁宽＞350mm 时，拉筋直径为 8mm。

拉筋间距的确定：拉筋间距为非加密区箍筋间距的两倍，当有多排拉筋时，上下两排拉筋竖向错开设置。

纵筋根数决定了箍筋的肢数，纵筋在复合箍筋框内按均匀、对称原则布置，计算小箍筋时应考虑上下纵筋的排布关系，可采用按箍筋肢距等分、按主筋根数多的主筋等分、按上部纵筋的根数等分等多种计算方式。工程计算过程中，可根据具体的工程实际采用一种相对比较模糊的算法计算。

5.3.5 悬臂梁钢筋计算方法

悬臂梁钢筋形式：上部第一排钢筋、上部第一排下弯钢筋、上部第二排钢筋、下部构造钢筋。

上部第一排钢筋长度计算公式：

$$长度 = 悬挑梁净长 - 梁保护层 + 12d + 锚固长度 \, l_a \quad (5.18)$$

上部第一排下弯钢筋长度设计计算公式（当按图纸要求需要向下弯折时）：

$$长度 = 悬挑梁净长 - 梁保护层 + 斜段长度增加值 + 锚固长度 \, l_a \quad (5.19)$$

$$斜段长度增加值 = (梁高 - 2 \times 保护层) \times (\sqrt{2} - 1) \quad (5.20)$$

上部第二排钢筋长度计算公式：

$$长度 = 0.75 \times 悬挑梁净长 + 锚固长度 \, l_a \quad (5.21)$$

下部钢筋长度计算公式：

$$长度 = 悬挑梁净长 - 梁保护层 + 锚固长度 \, 12d(15d) \quad (5.22)$$

分析：

1) 悬挑端一般不考虑抗震耗能，因此，其受力钢筋的锚固长度通常取值 l_a。

2) 悬挑梁上部受力钢筋的锚固要求与框架梁纵向受力钢筋在柱中的锚固要求相同。

3) 当悬挑梁长度不小于 4 倍梁高时（$l \geq 4h_b$），悬挑端上部钢筋中，至少有两根角筋并不少于第一排纵筋的一半的钢筋应伸至悬挑端端头，其余钢筋可弯下，梁末端水平段长度不小于 $10d$，如图 5.18 所示。

4) 悬挑端下部钢筋伸入支座的锚固长度为：梁下部带肋钢筋锚固长度取 12d，当为光面钢筋时锚固长度取 15d。

5.3.6 其他形式钢筋计算方法

吊筋长度计算公式：

$$\text{长度} = \text{次梁宽度} + 2 \times 50 + \text{斜段长度} \times 2 + 20d \times 2 \tag{5.23}$$

加腋钢筋有端部加腋钢筋和中间支座加腋钢筋两种形式,其长度计算公式为:

$$\text{端部加腋钢筋长度} = \text{加腋斜长} + 2 \times l_{aE} \tag{5.24}$$

$$\text{中间支座加腋钢筋长度} = \text{支座宽度} + \text{加腋斜长} \times 2 + 2 \times l_{aE} \tag{5.25}$$

分析:

1) 吊筋斜段长度

斜段长度根据加腋尺寸,由数学中的三角函数求出。

2) 加腋钢筋根数

加腋钢筋根数为梁下纵筋 $n-1$ 根,且不少于 2 根,并插空放置,其箍筋的设置与梁端部箍筋相同。

5.4 钢筋工程量计算实例

5.4.1 单跨楼层框架梁钢筋计算实例

【已知条件】

楼层框架梁 KL5 采用的混凝土强度等级为 C30,所在环境类别为一级,抗震等级为一级,两侧柱截面尺寸分别为 600×600 和 500×500,如图 5.27 所示。

【要求】 计算该 KL5 中的所有钢筋。

【解析】

KL5 有一跨,上部只有一排,是 4Φ16 贯通钢筋,在左右两端支座锚固。下部也只有 4Φ16 钢筋伸入端支座锚固。箍筋为双肢箍,加密区间距为 100mm,非加密区间距为 150mm,加密区间为 max($2h_b$, 500mm)。

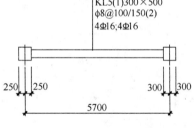

图 5.27 KL5 平法标注内容

【计算过程】

1. 计算净跨

$$l_{n1} = 5700 - 250 - 300 = 5150 \text{mm}$$

2. 锚固长度

$$d = 16\text{mm} \quad l_{aE} = 0.14 \times \frac{300}{1.43} \times 1.15 \times 16 = 540 \text{mm}$$

右端支座 $h_c - c = 600 - 30 = 570 > 540$ 因此,右支座处钢筋采用直锚

左端支座 $h_c - c = 500 - 30 = 470 < 540$ 因此,左支座处钢筋采用弯锚,弯折长度 $15d = 15 \times 16 = 240$mm

3. 纵筋长度计算,如图 5.28 所示。

4. 箍筋计算

$$\max(11.9d, 75 + 1.9d) = 95.2 \text{mm}$$

单根箍筋长度③ = $(266 + 466 + 95.2) \times 2 = 1654.4$mm

一级抗震等级,箍筋加密区范围为:max($2h_b$, 500) = 1000mm

$$\text{箍筋根数} = \left(\frac{1000 - 50}{100} + 1\right) \times 2 + \left(\frac{5150 - 2000}{150} - 1\right) = 42 \text{ 根}$$

5. 框架梁钢筋翻样图

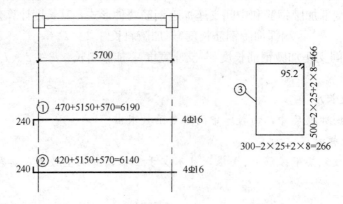

图 5.28 KL5 钢筋翻样图

6. 钢筋列表

各类钢筋的米重计算：

$0.00617 \times 16^2 = 1.580 \text{kg/m}$

$0.00617 \times 8^2 = 0.395 \text{kg/m}$

梁内各钢筋长度和重量汇总于表 5.2。

钢 筋 列 表　　　　　　　　　　　表 5.2

编号	钢筋形状	级别	直径 (mm)	根数	单根长 (mm)	总长 (m)	重量 (kg)
①	240⌐──6190──	HRB335	16	4	6430	25.72	40.64
②	240⌐──6140──	HRB335	16	4	6380	25.52	40.32
③	□	HPB235	8	42	1654.4	69.48	27.44

7. 钢筋材料汇总表（表 5.3）

钢 筋 材 料 汇 总　　　　　　　　　表 5.3

钢筋级别	直径 (mm)	总长 (m)	总重 (kg)
HRB335	16	51.24	80.96
HPB235	8	69.48	27.44
合计			108.4

5.4.2 两跨楼层框架梁钢筋计算实例

【已知条件】

如图 5.29 所示，楼层框架梁 KL1 采用混凝土等级 C30，环境类别一类，抗震等级一级，柱截面尺寸 600×600。

【要求】 计算该 KL1 中的所有钢筋。

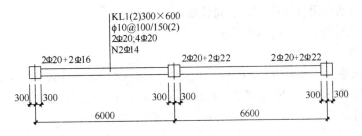

图 5.29 KL1 平法标注内容

【解析】

由已知可知：框架梁混凝土保护层厚度为 25mm，柱的保护层度为 30mm。KL1 有两跨，上部有 2Φ20 贯通钢筋，只有一排钢筋，第一跨左端有 2Φ16 非贯通钢筋，伸入梁内的长度是本跨净跨的 1/3，右端有 2Φ22 非贯通钢筋，伸入梁内的长度是相邻两跨净跨较大值的 1/3；第二跨左端有 2Φ22 非贯通钢筋，伸入梁内的长度是左右两跨净跨值的较大值（本跨较大）的 1/3，右端有 2Φ22 非贯通钢筋，伸入梁内的长度是本跨净跨的 1/3。

中部有 2Φ14 受扭钢筋，伸入支座内锚固长度是 15d。左右两侧各 1 根，端支座锚固构造要求同下部受力钢筋。

下部钢筋只有一排，4 根 HRB335 钢筋，直径 20mm 伸入端支座锚固。

箍筋为双肢箍，加密区间距为 100mm，非加密区间距为 150mm，加密区间为 max($2h_b$, 500)。由于在实际工程中，箍筋布置时，应满足其间距要求，所以，为考虑其实际布置间距，计算箍筋根数时，遇到小数时，进位取整。拉筋根数计算也执行此原则。其他例题也同理，不再赘述。

【计算过程】

1. 计算净跨

$$l_{n1} = 6000 - 300 \times 2 = 5400\text{mm} \quad \frac{l_{n1}}{3} = 1800\text{mm}$$

$$l_{n2} = 6600 - 300 \times 2 = 6000\text{mm} \quad \frac{l_{n2}}{3} = 2000\text{mm}$$

2. 锚固长度

$$h_c - c = 600 - 30 = 570\text{mm}$$

当 $d = 20$ 时 $l_{aE} = 0.14 \times \frac{300}{1.43} \times 1.15 \times 20 = 676\text{mm} > 570\text{mm}$

端支座处钢筋采用弯锚形式，$15d = 15 \times 20 = 300\text{mm}$

当 $d = 22$ 时 $l_{aE} = 0.14 \times \frac{300}{1.43} \times 1.15 \times 22 = 743\text{mm} > 570\text{mm}$

端支座处钢筋采用弯锚形式，$15d = 15 \times 22 = 330\text{mm}$

当 $d = 14$ 时 $l_{aE} = 0.14 \times \frac{300}{1.43} \times 1.15 \times 14 = 473\text{mm} < 570\text{mm}$

端支座处钢筋采用直锚形式，锚固长度 $h_c - c = 570\text{mm}$

当 $d = 16$ 时 $l_{aE} = 0.14 \times \frac{300}{1.43} \times 1.15 \times 16 = 540\text{mm} < 570\text{mm}$

端支座处钢筋采用直锚形式，锚固长度 $h_c-c=570$mm

3. 纵筋长度计算，如图 5.30 所示。

4. 箍筋计算

箍筋弯钩长度为：$\max(11.9d, 75+1.9d) = \max(11.9\times10, 75+1.9d) = 119$mm

箍筋长度计算：箍筋长度 $=(270+570)\times2+119\times2=1918$mm

箍筋根数计算：

$$加密区长度 = \max(2h_b, 500) = \max(2\times600, 500) = 1200\text{mm}$$

$$第一跨箍筋根数 = \left(\frac{1200-50}{100}+1\right)\times2+\left(\frac{6000-600-2400}{150}-1\right)=45 \text{ 根}$$

$$第二跨箍筋根数 = \left(\frac{1200-50}{100}+1\right)\times2+\left(\frac{6000-600-2400}{150}-1\right)=49 \text{ 根}$$

箍筋总根数为：$45+49=94$ 根

5. 拉筋计算

拉筋间距为箍筋非加密间距的 2 倍，拉筋直径当梁宽不大于 350mm，拉筋直径 $d=6$mm。

$$拉筋弯钩长度 = \max(11.9d, 75+1.9d) = (11.9\times6, 75+1.9\times6) = 86.4\text{mm}$$

$$拉筋长度 = 282+86.4\times2 = 454.8\text{mm}$$

$$拉筋根数 = \frac{6000-2\times50}{150\times2}+1+\frac{5400-2\times50}{150\times2}+1 = 40 \text{ 根}$$

6. 框架梁钢筋翻样图（图 5.30）

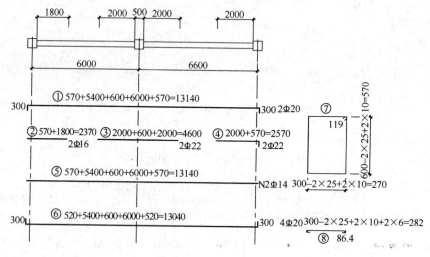

图 5.30 KL1 钢筋翻样图

7. 钢筋列表

各类钢筋的米重计算：

$0.00617\times20^2=2.468$kg/m

$0.00617\times16^2=1.580$kg/m

$0.00617\times22^2=2.986$kg/m

$0.00617 \times 14^2 = 1.209 \text{kg/m}$

$0.00617 \times 10^2 = 0.617 \text{kg/m}$

$0.00617 \times 6^2 = 0.395 \text{kg/m}$

梁内各钢筋长度和重量汇总于表5.4。

钢 筋 列 表 表5.4

编号	钢筋形状	级别	直径(mm)	根数	单根长(mm)	米重(kg/m)	总长(m)	重量(kg)
①	300⌐ 13140 ⌐300	HRB335	20	2	13740	2.468	27.48	67.82
②	2370	HRB335	16	2	2370	1.580	4.74	7.49
③	4600	HRB335	22	2	4600	2.986	9.20	27.47
④	2570 ⌐330	HRB335	22	2	2900	2.986	5.80	17.32
⑤	13140	HRB335	14	2	13140	1.209	26.28	31.77
⑥	300⌐ 13040 ⌐300	HRB335	20	4	13640	2.468	54.56	134.65
⑦	570×270 119	HPB235	10	94	1918	0.617	180.29	111.23
⑧	282 86.4	HPB235	6	40	454.8	0.395	18.192	7.19

8. 钢筋材料汇总表（表5.5）

钢 筋 材 料 汇 总 表5.5

钢筋级别	直径（mm）	总长（m）	总重（t）
HRB335	20	82.04	0.202
HRB335	16	4.74	0.008
HRB335	22	15.00	0.045
HRB335	14	26.28	0.032
HPB235	10	180.29	0.111
HPB235	6	18.192	0.07
合计			0.405

【知识拓展】

当考虑此框架梁为屋面框架梁时，分别采用柱外侧纵筋全部锚入梁内的形式和梁上部钢筋锚入柱中两种形式，试考虑框架梁钢筋计算有何异同。

屋面框架梁与楼层框架梁的钢筋量计算主要区别在于上层钢筋在端支座位置的锚固要求发生变化。当采用柱外侧纵筋锚入梁内的锚固形式时，梁上部纵筋应伸至梁底部，而当采用梁上部钢筋锚入柱内的锚固形式时，梁上部纵筋应伸至柱中，自柱顶算起不小于$1.7l_{aE}$。因此，其计算过程为：

1) 柱外侧纵筋锚入梁内

梁上部纵筋长度 = 各跨净跨值l_n之和 + 支座宽度 + (梁高 − 梁保护层c)×2

2) 梁上部钢筋锚入柱中

梁上部纵筋长度 = 各跨净跨值l_n之和 + 支座宽度 + $1.7l_{aE}$×2

两种形式的计算过程如图5.31所示：

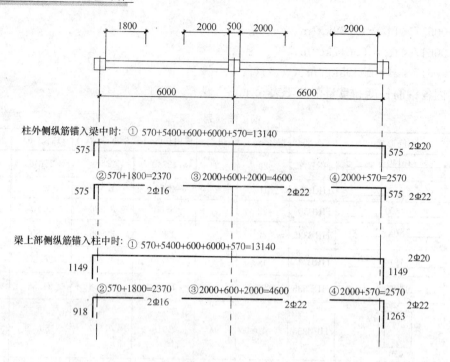

图 5.31 屋面框架梁上部纵向钢筋长度计算

5.4.3 三跨楼层框架梁钢筋计算实例

【已知条件】

KL8 采用强度等级为 C30 的混凝土，抗震等级为二级，环境类别为一类。试计算该 KL 内的全部钢筋。其余条件如图 5.32 所示。

【要求】 计算该 KL8 中的所有钢筋。

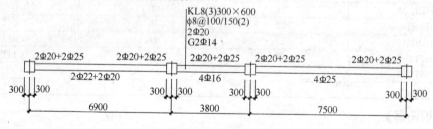

图 5.32 KL8 平法标注内容

【解析】

KL8 有三跨，上部钢筋只有一排，为 2Φ20 贯通钢筋；第一跨左端有 2Φ25 非贯通钢筋，伸入梁内的长度是本跨净跨的 1/3，右端有 2Φ25 非贯通钢筋，伸入梁内的长度是相邻两跨净跨较大值的 1/3；第二跨为短跨，所以，2Φ25mm 钢筋在第二跨通跨布置，并和左右端第一跨和第三跨的有 2Φ25 非贯通钢筋连通；第三跨左端有 2Φ25 非贯通钢筋，伸入梁内的长度是相邻两跨净跨较大值的 1/3，右端有 2Φ25 非贯通钢筋，伸入梁内的长度是本跨净跨的 1/3。

中部有 2Φ14 构造钢筋，伸入支座内锚固长度是 $15d$。

下部钢筋有一排，第一跨有 2Φ22mm 和 2Φ20 钢筋，其中 2 根直径为 22mm 钢筋在角部设置,直径 20mm 钢筋在中部设置;第二跨为短跨,有 4 Φ 16mm 钢筋;第三跨有 4 Φ 25 钢筋。下部钢筋在端支座锚固为弯锚,伸入中间支座的取值为 $\max(0.5h_c+5d, l_{aE})$,由于各跨钢筋直径均不同,所以,下部没有贯通钢筋。

箍筋为双肢箍,加密区间距为 100mm,非加密区间距为 150mm,抗震等级为二级,加密区间为 $\max(1.5h_b, 500)$。

【计算过程】

1. 计算净跨

$$l_{n1} = 6900 - 600 = 6300\text{mm} \qquad \frac{l_{n1}}{3} = 2100\text{mm}$$

$$l_{n2} = 3800 - 600 = 3200\text{mm}$$

$$l_{n3} = 7500 - 600 = 6900\text{mm} \qquad \frac{l_{n3}}{3} = 2300\text{mm}$$

2. 锚固长度

$d=16\text{mm}$ $\quad l_{aE} = 0.14 \times \dfrac{300}{1.43} \times 16 \times 1.15 = 540\text{mm}$ 钢筋在中间支座的直锚长度应满足:

$$\max(0.5h_c+5d, l_{aE}) = 540\text{mm}$$

$d=20\text{mm}$ $\quad l_{aE} = 0.14 \times \dfrac{300}{1.43} \times 20 \times 1.15 = 676\text{mm} > h_c - c = 600 - 30 = 570\text{mm}$,端支座处钢筋应采用弯锚,弯折 $15d = 15 \times 20 = 300\text{mm}$,钢筋在中间支座的直锚长度应满足: $\max(0.5h_c+5d, l_{aE}) = 676\text{mm}$

$d=22\text{mm}$ $\quad l_{aE} = 0.14 \times \dfrac{300}{1.43} \times 22 \times 1.15 = 743\text{mm} < h_c - c = 600 - 30 = 570\text{mm}$,端支座处钢筋应采用弯锚,弯折 $15d = 15 \times 22 = 330\text{mm}$,钢筋在中间支座的直锚长度应满足: $\max(0.5h_c+5d, l_{aE}) = 743\text{mm}$

$d=25\text{mm}$ $\quad l_{aE} = 0.14 \times \dfrac{300}{1.43} \times 25 \times 1.15 = 844\text{mm} < h_c - c = 600 - 30 = 570\text{mm}$,端支座处钢筋应采用弯锚,弯折 $15d = 15 \times 25 = 375\text{mm}$,钢筋在中间支座的直锚长度应满足: $\max(0.5h_c+5d, l_{aE}) = 844\text{mm}$

3. 纵筋长度计算,如图 5.33 所示。

4. 箍筋计算

$$\max(11.9d, 75+1.9d) = (11.9 \times 8, 75+1.9 \times 8) = 95.2\text{mm}$$

箍筋 ⑩ 长度 $= (266+566+95.2) \times 2 = 1854.4\text{mm}$

加密区间 $\max(1.5h_b, 500) = 900\text{mm}$

$$\text{根数} = \left(\frac{900-50}{100}+1\right) \times 2$$
$$+ \left(\frac{6300-1800}{150}-1\right) + \left(\frac{900-50}{100}+1\right) \times 2 + \left(\frac{3200-1800}{150}-1\right)$$
$$+ \left(\frac{900-50}{100}+1\right) \times 2 + \left(\frac{6900-1800}{100}-1\right)$$
$$= 148 \text{ 根}$$

5. 拉筋计算

梁宽=300mm<350mm，拉筋直径 $d=6$mm

拉筋的弯钩长度 = $\max(11.9d, 75+1.9d) = (11.9\times6, 75+1.9\times6)$
           = 86.4mm

拉筋长度 = $278+86.4\times2 = 450.8$mm

根数 = $\dfrac{6300-100}{150\times2}+1+\dfrac{3200-100}{150\times2}+1+\dfrac{6900-100}{150\times2}+1 = 58$ 根

6. 框架梁钢筋翻样图（图 5.33）

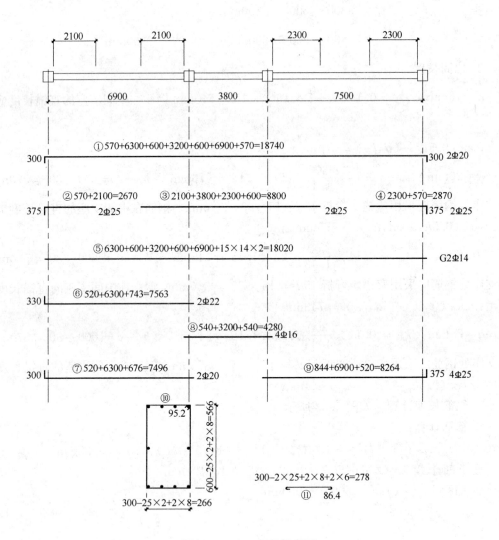

图 5.33 KL8 钢筋翻样图

7. 钢筋列表

各类钢筋的米重按公式 $0.00617\times d^2$ 计算，将梁内各钢筋长度和重量汇总于表5.6。

5.4 钢筋工程量计算实例

钢 筋 列 表　　　　　　　　　　表5.6

编号	钢筋形状	级别	直径(mm)	根数	单根长(mm)	总长(m)	米重(kg/m)	重量(kg)
①	300 ⌐18740¬ 300	HRB335	20	2	19340	38.68	2.468	95.46
②	375 ⌐2670	HRB335	25	2	3045	6.09	3.856	23.48
③	8800	HRB335	25	2	8800	17.6	3.856	67.87
④	2870 ¬375	HRB335	25	2	3245	6.49	3.856	25.03
⑤	18020	HRB335	14	2	18020	36.04	1.209	43.58
⑥	330 ⌐7563	HRB335	22	2	7893	15.786	2.986	47.14
⑦	300 ⌐7496	HRB335	20	2	7796	15.592	2.468	38.48
⑧	4280	HRB335	16	4	4280	17.12	1.58	27.05
⑨	8264 ¬375	HRB335	25	4	8639	34.556	3.856	133.25
⑩	566×266 (95.2)	HPB235	8	148	1854.4	274.45	0.395	108.41
⑪	278 (86.4)	HPB235	6	58	450.8	26.146	0.222	5.80

8. 钢筋材料汇总表（5.7）

材 料 汇 总　　　　　　　　　　表5.7

钢筋级别	直径（mm）	总长（m）	总重（t）
HRB335	25	64.736	0.250
HRB335	20	54.272	0.134
HRB335	22	15.786	0.047
HRB335	14	36.04	0.044
HRB335	16	17.12	0.027
HPB235	8	274.45	0.108
HPB235	6	26.146	0.006
合计			0.616

5.4.4 带悬挑框架梁钢筋计算实例

【已知条件】

楼层框架梁 KL4 共 3 跨，一端带悬挑，混凝土强度等级为 C25，抗震等级为一级，环境类别一类。标注内容如图 5.34 所示。

【要求】 计算梁内全部钢筋。

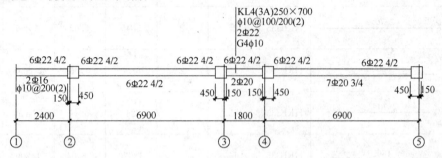

图 5.34 KL4 平法标注内容

【解析】

KL4 有三跨且一端带悬挑。

上部钢筋有两排，贯通钢筋 2Φ22，是第一排钢筋的两个角筋。

上部非贯通钢筋：②轴处上部第一排非贯通钢筋 2Φ22，位于第一排中间，从②轴左侧本跨净跨值的 1/3 起，延伸至悬挑端部向下弯折 12d。②轴处上部第二排角部非贯通钢筋 2Φ22，从②轴左侧本跨净跨值的 1/4 起延伸至②轴左侧悬挑端净长的 3/4 处。

③~④轴处上部第一排非贯通钢筋 2Φ22，位于第一排中间，从③轴左侧距柱边为相邻两跨净跨较大值的 1/3 开始，延伸至④轴右侧距柱边为相邻两跨净跨较大值的 1/3 结束。③~④轴处上部第二排非贯通钢筋 2Φ22，位于第二排角部，从③轴左侧距柱边为相邻两跨净跨较大值的 1/4 开始，延伸至④轴右侧距柱边为相邻两跨净跨较大值的 1/4 结束。此处，上部非贯通钢筋不应连接或截断。

⑤轴处上部第一排非贯通钢筋 2Φ22，位于第一排中间，从⑤轴左侧柱边伸入梁内的长度为本跨净跨值的 1/3；上部第二排非贯通钢筋 2Φ22，位于第二排角部，从⑤轴左侧柱边伸入梁内的长度为本跨净跨值的 1/4。

下部钢筋有两排，全部伸入支座。伸入支座锚固长度取值为 $\max(0.5h_c+5d, l_{aE})$，悬挑端下部构造钢筋伸入支座锚固长度取值为 $12d$。

箍筋为双肢箍，加密区间距为 100mm，非加密区间距为 200mm，加密区间为 $\max(2h_b, 500)$，悬挑端箍筋间距均为 200mm。

【计算过程】

1. 计算净跨

$l_{n1} = l_{n3} = 6900 - 450 - 450 = 6000\text{mm}$ $\quad \dfrac{l_{n1}}{3} = \dfrac{l_{n3}}{3} = 2000\text{mm} \quad \dfrac{l_{n1}}{4} = \dfrac{l_{n3}}{4} = 1500\text{mm}$

$l_{n悬} = 2400 - 150 = 2250\text{mm} \quad 0.75 l_{n悬} = 0.75 \times 2250 = 1687.5\text{mm}$

$l_{n2} = 1800 - 300 = 1500\text{mm}$

2. 锚固长度

当 $d=22$ 时，$l_{aE}=0.14\times\dfrac{300}{1.27}\times 22\times 1.15=837\text{mm}>h_c-c=600-30=570\text{mm}$

纵筋在端支座采用弯锚形式，弯折长度 $15d=330\text{mm}$，悬挑端部弯折长度 $12d=264\text{mm}$，中间支座位置的锚固长度应满足：$\max(0.5h_c+5d,l_{aE})=837\text{mm}$。

当 $d=20$ 时，$l_{aE}=0.14\times\dfrac{300}{1.27}\times 20\times 1.15=761\text{mm}>h_c-c=600-30=570\text{mm}$

纵筋在端支座采用弯锚形式，弯折长度 $15d=300\text{mm}$，中间支座位置的锚固长度应满足：$\max(0.5h_c+5d,l_{aE})=761\text{mm}$。

当 $d=16$ 时，$l_{aE}=0.14\times\dfrac{300}{1.27}\times 16\times 1.15=609\text{mm}>h_c-c=600-30=570\text{mm}$

纵筋在端支座采用弯锚形式，弯折长度 $15d=240\text{mm}$。

当 $d=10$ 时，构造钢筋的锚固长度为 $15d=150\text{mm}$。

3. 纵筋长度计算，如图 5.35 所示。
4. 箍筋计算

$$\max(11.9d,75+1.9d)=(11.9\times 10,75+1.9\times 10)=119\text{mm}$$

箍筋长度 $=(220+670+119)\times 2=2018\text{mm}$

加密区间 $\max(2h_b,500)=1400\text{mm}$

根数 $=\left[\left(\dfrac{1400-500}{100}+1\right)\times 2+\dfrac{6000-2800}{200}-1\right]\times 2+\dfrac{1800-100}{100}+1$
$+\dfrac{2250-25-50}{200}+1=100$ 根

5. 拉筋计算

梁宽 $=250\text{mm}<350\text{mm}$，拉筋直径 $d=6\text{mm}$

$$\max(11.9d,75+1.9d)=(11.9\times 6,75+1.9\times 6)=86.4\text{mm}$$

拉筋长度 $=232+86.4\times 2=404.8\text{mm}$

根数 $=\dfrac{6000-100}{200\times 2}+1+\dfrac{1500-100}{200\times 2}+1+\dfrac{2250-50-25}{200\times 2}+1=28$ 根

两排拉筋根数：$28\times 2=56$ 根

6. 框架梁钢筋翻样图，如图 5.35 所示。
7. 钢筋列表（表 5.8）

钢 筋 列 表　　　　　　　表 5.8

编号	钢筋形状	级别	直径	根数	单根长(mm)	米重(kg/m)	总长(m)	重量(kg)
①	264⌐ 18095 ⌐330	HRB335	22	2	18689	2.986	37.378	116.61
②	264⌐ 4825	HRB335	22	2	5089	2.986	10.178	30.39
③	6700	HRB335	22	2	6700	2.986	13.40	40.01

续表

编号	钢筋形状	级别	直径	根数	单根长(mm)	米重(kg/m)	总长(m)	重量(kg)
④	2570 ⌐330	HRB335	22	2	2900	2.986	5.80	17.32
⑤	3787.5	HRB335	22	2	3787.5	2.986	7.575	22.62
⑥	5700	HRB335	22	2	5700	2.986	11.4	34.04
⑦	2020 ⌐330	HRB335	22	2	2350	2.986	4.70	14.03
⑧	17675	HPB235	10	4	17675	0.617	70.7	43.62
⑨	2465	HRB335	16	2	2465	1.580	4.93	7.79
⑩	7674	HRB335	22	6	7674	2.986	46.044	137.49
⑪	9331 ⌐300	HRB335	20	2	9631	2.468	19.262	47.54
⑫	7231 ⌐300	HRB335	20	5	7531	2.468	37.655	92.93
⑬	670×220 (119)	HPB235	10	100	2018	0.617	201.8	124.51
⑭	232 / 86.4	HPB235	6	56	404.8	0.222	22.66	5.04

8. 钢筋材料汇总表（表5.9）

材料汇总　　　　　　　表5.9

钢筋级别	直径	总长（m）	总重（t）
HRB335	22	136.475	0.408
HRB335	16	4.93	0.008
HRB335	20	56.917	0.140
HPB235	10	272.5	0.168
HPB235	6	22.66	0.006
			0.73

5.4 钢筋工程量计算实例

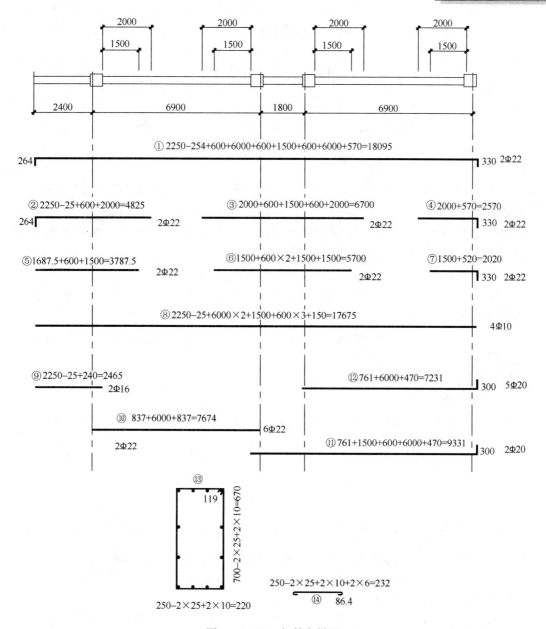

图 5.35 KL4 钢筋翻样图

5.4.5 框架梁（含不伸入支座的下部钢筋）钢筋计算实例

【已知条件】 楼层框架梁 KL6 采用强度等级为 C30 的混凝土，环境类别为一类，抗震等级为一级，柱截面尺寸为 700mm×700mm，如图 5.36 所示。

【要求】 计算梁中所有钢筋用量，并绘制钢筋翻样图。

【解析】 KL6 有三跨，其中第一跨和第三跨钢筋布置完全相同，所以，只分析第一跨和第二跨，第三跨不再赘述。上部钢筋有两排。第一排有 2Φ25 贯通钢筋；第一跨左端有 3Φ25 非贯通钢筋，伸入梁内的长度是本跨净跨的 1/3，右端有 3Φ25 非贯通钢筋，伸入梁内的长度是相邻两跨净跨较大值的 1/3；由于箍筋为四肢箍，集中标注中，在跨中有 2Φ12 架立筋和非贯通筋搭接。第二跨为短跨，所以，3Φ25 在第二跨通跨布置，并

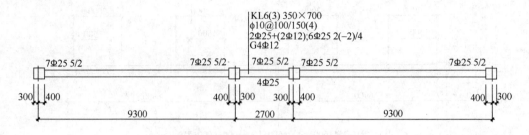

图 5.36 KL6 平法标注内容

和左右端第一跨和第三跨的 3Φ25 非贯通钢筋连通。第一跨上部第二排左端有 2Φ25 非贯通钢筋，伸入梁内的长度是本跨净跨的 1/4，右端有 2Φ25 非贯通钢筋，伸入梁内的长度是相邻两跨净跨较大值的 1/4；第二跨为短跨，所以，2Φ25 在第二跨通跨布置，并和左右端第一跨和第三跨的 2Φ25 非贯通钢筋连通。

中部有 4Φ12 构造钢筋，伸入支座内锚固长度是 $15d$。

下部钢筋也有两排。下部第一排中，第一跨有 2Φ25 钢筋不伸入支座，在距支座 0.1 倍本跨净跨值处截断；下部第二排中，有 4Φ25 钢筋，在整个梁中贯通布置。

箍筋为四肢箍，加密区间距为 100mm，非加密区间距为 150mm，抗震等级为一级，加密区间为 $\max(2h_b, 500)$。

【计算过程】

1. 计算净跨

$$l_{n1} = l_{n3} = 9300 - 800 = 8500\text{mm} \quad 0.1l_{n1} = 0.1 \times 8500 = 850\text{mm}$$

$$\frac{l_{n1}}{3} = \frac{l_{n3}}{3} = 2833\text{mm} \quad \frac{l_{n1}}{4} = \frac{l_{n3}}{4} = 2125\text{mm}$$

$$l_{n2} = 2700 - 600 = 2100\text{mm}$$

2. 锚固长度

当 $d = 25$ 时，$l_{aE} = 0.14 \times \frac{300}{1.43} \times 25 \times 1.15 = 844\text{mm} > h_c - c = 700 - 30 = 670\text{mm}$

钢筋在端支座位置采用弯折锚固，弯折长度为 $15d = 15 \times 25 = 375\text{mm}$。

当 $d = 12$ 时，架立钢筋的锚固长度为 $15d = 180\text{mm}$。

3. 纵筋长度计算，如图 5.37 所示。

4. 箍筋计算

$$\max(11.9d, 75 + 1.9d) = (11.9 \times 10, 75 + 1.9 \times 10) = 119\text{mm}$$

长度(1) = $(350 - 50 + 2 \times 10) \times 2 + (700 - 50 + 2 \times 10) \times 2 + 119 \times 2 = 2218\text{mm}$

长度(2) = $\left(\frac{350 - 50 - 25}{3} + 25 + 2 \times 10\right) \times 2 + (700 - 50 + 20) \times 2 + 238$

$= 1851.3\text{mm}$

箍筋长度 = (1) + (2) = 2218 + 1851.3 = 4069.3mm

加密区间 $\max(2h_b, 500) = 1400\text{mm}$

箍筋根数 = $\left[\left(\frac{1400 - 50}{100} + 1\right) \times 2 + \frac{8500 - 2800}{150} - 1\right] \times 2 + \frac{2100 - 100}{100} + 1 = 155$ 根

5. 拉筋计算

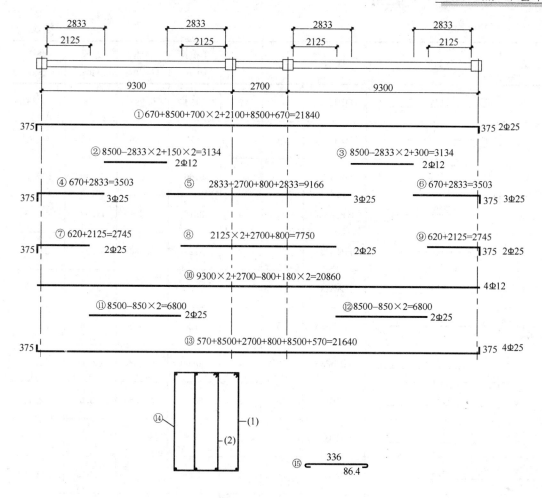

图 5.37 KL6 钢筋翻样图

梁宽 = 350mm ≤ 350mm 拉筋直径为 $\phi 6$

$$\max(11.9d, 75+1.9d) = (11.9 \times 6, 75 + 1.9 \times 6) = 86.4\text{mm}$$

拉筋长度 = $350 - 50 + 2 \times 10 + 2 \times 6 + 86.4 \times 2 = 504.8$mm

$$根数 = \left(\frac{8500-100}{150 \times 2} + 1\right) \times 2 + \frac{2100-100}{150 \times 2} + 1 = 66 \text{ 根}$$

6. 框架梁钢筋翻样图，如图 5.37 所示。

7. 钢筋列表（表 5.10）

钢 筋 列 表　　　　　　　　表 5.10

编号	钢筋形状	级别	直径	根数	单根长 (mm)	米重 (kg/m)	总长 (m)	重量 (kg)
①	375 ⌐ 21840 ⌐ 375	HRB335	25	2	22590	3.856	45.18	174.21
②	3134	HRB335	12	2	3134	0.888	6.268	5.57

续表

编号	钢筋形状	级别	直径	根数	单根长(mm)	米重(kg/m)	总长(m)	重量(kg)
③	3134	HRB335	12	2	3134	0.888	6.268	5.57
④	375 ⌐ 3503	HRB335	25	3	3875	3.856	11.625	44.83
⑤	9166	HRB335	25	3	9166	3.856	27.498	106.03
⑥	3503 ⌐ 375	HRB 335	25	3	3875	3.856	11.625	44.83
⑦	375 ⌐ 2745	HRB335	25	2	3120	3.856	6.24	24.06
⑧	7750	HRB335	25	2	7750	3.856	15.5	59.77
⑨	2745 ⌐ 375	HRB335	25	2	3120	3.856	6.24	24.06
⑩	20860	HPB235	12	4	20860	0.888	83.44	74.09
⑪	6800	HRB335	25	2	6800	3.856	13.6	52.44
⑫	6800	HRB335	25	2	6800	3.856	13.6	52.44
⑬	375 ⌐ 21640 ⌐ 375	HRB335	25	4	22390	3.856	89.56	345.34
⑭	(1)(2)	HPB235	10	155	4069.3	0.617	630.7	389.14
⑮	336 / 86.4	HPB235	6	16	504.8	0.222	33.32	7.40

8. 钢筋材料汇总表（表5.11）

钢 筋 材 料 汇 总　　　　　　表5.11

钢筋级别	直径	总长（m）	总重（t）
HRB335	25	240.668	0.928
HRB335	12	12.536	0.011
HPB235	12	83.44	0.074
HPB235	10	630.7	0.389
HPB235	6	33.32	0.007
合计			1.409

5.5 梁钢筋工程量计算实战训练

【实训教学课题】
计算钢筋混凝土梁的钢筋工程量
【实训目的】
通过识图练习，熟练掌握框架梁平面整体表示法以及对标准构造详图的理解。在读懂建筑平面施工图基础上，根据实际一套框架结构平法施工图，能熟练理解框架梁的配筋情况并计算指定梁的钢筋工程量。
【实训要求】
读图要求：读懂读熟平面整体表示法中，对框架梁中集中标注和原位标注的理解，在附图中分别找出一屋面和楼面框架梁进行分析，认识其配筋表示方法和构造要求，特别是：每一编号纵向钢筋起止位置，注意支座上部纵筋截断点位置和搭接位置和搭接长度要求，纵筋在节点锚固要求，纵筋在顶层端节点与框架柱纵筋锚固要求；加密区的范围加密区箍筋的直径和间距的构造要求。
算量要求：能熟练计算框架梁、屋面框架梁中所有钢筋量。
【实训资料】
附录图纸，图集 03G101-1 平法
【实训指导】
1. 了解钢筋混凝土框架结构的受力情况。
2. 明确框架梁一般构造要求和抗震构造要求。
3. 明确框架梁平面整体表示方法的制图规则，读懂标准构造详图。
4. 掌握常见梁标准构造详图的内容。
5. 将框架结构平面整体表示方法表示的梁构件配筋图还原成传统表示的梁详图。
【实训内容】
熟悉指定的框架梁及其相关构造要求，计算框架梁的钢筋工程量。计算书要求：有计算过程，钢筋翻样图，钢筋列表，材料汇总表。

本 章 知 识 小 结

本章介绍了抗震框架梁平法施工图的表示方法、标准构造详图、钢筋量计算实例分析。

基本知识要求：掌握抗震框架梁中钢筋的平法施工图表示方法；抗震框架梁纵向受力钢筋、中间支座纵向钢筋连接构造；箍筋、附加箍筋、吊筋构造；抗震框架梁中纵向构造钢筋、受扭钢筋、拉筋的连接构造。

基本技能要求：熟练、准确识读各类框架梁平法施工图，看懂施工图包含的构造要求，熟练计算抗震框架梁的钢筋量。

综合素质要求：熟练、准确读懂抗震框架梁平法施工图，熟练计算出抗震框架梁的钢筋量，绘制钢筋列表、钢筋材料汇总表；通过抗震框架梁的算量学习，自学非抗震框架梁、框支梁、非框架梁的钢筋工程量，培养自学能力，增强知识的灵活运用能力等。

思 考 题

1. 框架梁上部负弯矩钢筋的长度如何确定?
2. 楼层框架梁上、下部纵筋在端支座内的锚固有哪些构造要求?
3. 梁肋（梁的腹板高度）如何确定，腰筋和拉筋的设置要求有哪些?
4. 当框架梁中的上部设置有通长纵向钢筋的直径不同时，应如何处理? 支座上部的负弯矩钢筋与通长钢筋和架立钢筋应该怎样连接?
5. 梁中有集中荷载时，是否要同时设置附加箍筋和吊筋? 附加箍筋和吊筋的布置范围为多少，如何设置。
6. 框架梁下部钢筋在中间支座不能连通设置时，在支座内如何锚固?
7. 当为梁侧面受扭纵向钢筋时伸入端支座时，其锚固要求是什么?

疑难知识点链接与拓展

1. 梁中纵向钢筋的最小净距是多少?
2. 加腋梁的加腋钢筋的构造在 03G0101-1 和 06G901-1 图集中表示的方法有差异，请问其依据是什么?
3. 在框架结构中，为何有时梁的根部要加高加宽（形成加腋梁）? 对于有抗震设防要求时，箍筋加密区的长度应从哪里算起?
4. 框架梁钢筋锚固在边支座 $0.4l_{aE}+15d$，可否减少弯钩长度增加直锚长度来替代?
5. "只要满足拐直角弯 $15d$ 和直锚长度不小于 $0.4l_{aE}$ 的要求，则钢筋锚入支座的总长度不足 l_{aE} 也不要紧。"这句话是否正确?
6. 已知混凝土强度等级为 C30，试计算图 5.1 中 L3 钢筋量。

第6章 剪力墙平法施工图识读与钢筋量计算

【学习目标】
1. 熟悉剪力墙的平面表示方法；
2. 掌握剪力墙钢筋量的计算方法。

【本章重点】
1. 剪力墙平法施工图的两种表示方法。
2. 掌握常用的剪力墙标准构造详图
   剪力墙身水平钢筋构造；
   剪力墙身竖向钢筋构造；
   约束边缘构件构造；
   构造边缘构件构造；
   剪力墙连梁、暗梁、边框梁配筋构造；
   剪力墙连梁斜向交叉暗撑和斜向交叉钢筋构造；
   剪力墙洞口补强构造。
3. 掌握钢筋量的计算方法
   剪力墙柱、梁、墙身钢筋以及其他钢筋计算方法。

6.1 剪力墙施工图制图规则

剪力墙平法施工图制图规则将介绍以下几个问题：剪力墙平面布置图、剪力墙编号规定、剪力墙截面注写方式、剪力墙列表注写方式等。

6.1.1 剪力墙平面布置图

剪力墙平面布置图主要包含两部分：剪力墙平面布置图和剪力墙各类构造和节点构造详图。

6.1.1.1 剪力墙各类构件

为了表达简便、清晰，平法施工图中将剪力墙分为剪力墙柱、剪力墙身和剪力墙梁，如图 6.1 所示。

剪力墙柱（简称墙柱）包含纵向钢筋和横向箍筋，其连接方式与柱相同。

剪力墙梁（简称墙梁）可分为剪力墙连梁、剪力墙暗梁和剪力墙边框梁三类，其由纵向钢筋和横向箍筋组成，绑扎方式与梁基本相同。

剪力墙身（简称墙身）包含竖向钢筋、横向钢筋、拉筋。

图 6.1 剪力墙结构图示

6.1.1.2 边缘构件

根据《建筑抗震设计规范》GB 50011—2010 要求，剪力墙两端和洞口两侧应设置边缘构件。边缘构件包括：暗柱、端柱和翼墙。

对于剪力墙结构，底层墙肢底截面的轴压比不大于抗震规范要求的最大轴压比的一、二、三级剪力墙和四级抗震墙，墙肢两端可设置构造边缘构件。

对于剪力墙结构，底层墙肢底截面的轴压比大于抗震规范要求的最大轴压比的一、二、三级抗震等级剪力墙，以及部分框支剪力墙结构的抗震墙，应在底部加强部位及相邻的上一层设置约束边缘构件，在以上的部位可设置构造边缘构件。

6.1.1.3 两种表达方式

剪力墙的两种表达方式为：截面注写方式和列表注写方式。

列表注写方式可在一张图纸上将全部剪力墙内容表达清楚，也可按剪力墙标准层逐层表达。截面注写方式需要首先划分剪力墙标准层后再按标准层分别绘制。两种表达方式完成的设计图纸实质上完全相同。

6.1.1.4 剪力墙的定位

通常，轴线位于剪力墙中央，当轴线未居中布置时，应在剪力墙平面布置图上直接标注偏心尺寸。由于剪力墙暗柱与短肢剪力墙的宽度与剪力墙身同厚，因此，剪力墙偏心情况定位时，暗柱及小墙肢位置亦随之确定。

6.1.2 剪力墙编号规定

剪力墙中剪力墙柱、剪力墙梁、剪力墙身等构件的编号及其相应的构件特征和表 6.4 洞口与壁龛编号简述如下：

1) 剪力墙柱编号

剪力墙柱编号由墙柱类型代号和序号组成，其表示方法和相关的构件类型特征见表 6.1 剪力墙柱编号。墙柱有端柱、边缘翼墙、边缘转角墙、边缘暗柱等形式。

剪 力 墙 柱 编 号　　　　　　　　表 6.1

类型		代号	序号	说明
端柱	约束端柱	YDZ	XX	设置在剪力墙转角、丁字相交、端部等部位突出墙身的柱
	构造端柱	GDZ	XX	
边缘翼墙	约束边缘翼墙	YYZ	XX	设置在剪力墙转角、丁字相交、端部等部位的与墙身等厚度的暗柱、翼墙暗柱、L形转角暗柱
	构造边缘翼墙	GYZ	XX	
边缘转角墙	约束边缘转角墙	YJZ	XX	
	构造边缘转角墙	GJZ	XX	
边缘暗柱	约束边缘暗柱	YAZ	XX	
	构造边缘暗柱	GAZ	XX	
墙	短肢剪力墙	DZQ	XX	墙肢截面高度与厚度之比为 5~8 的剪力墙
	小墙肢	XQZ	XX	墙肢截面高度与厚度之比为 3~5 的剪力墙
	普通剪力墙	Q	XX	墙肢截面高度与厚度之比大于 8 的剪力墙
非边缘暗柱		AZ	XX	当楼面和屋面梁支撑在剪力墙上时，可根据具体情况设置，以减少梁端部弯矩对墙的不利影响
扶壁柱		FBZ	XX	

2）剪力墙身编号

剪力墙身编号由墙身代号、序号以及墙身所配置的水平分布钢筋与竖向分布钢筋的排数组成。其中，排数注写在括号内，表达形式为：QXX（X），见表6.2剪力墙身编号。

剪力墙身编号　　　　　　　　　表6.2

类型	代号	序号	说　明
剪力墙身	Q（X）	XX	为剪力墙除去端柱、边缘暗柱、边缘翼墙、边缘转角墙的墙身部分，（X）表示剪力墙配置钢筋网的排数

墙身内部钢筋网排数的确定：非抗震时，墙厚大于160mm，应配置双排，墙厚不大于160mm，宜配置双排；抗震时，墙厚不大于400mm，应配置双排，墙厚大于400mm，但不大于700mm时，宜配置三排，当墙厚度大于700mm时，宜配置四排，如图6.2所示。

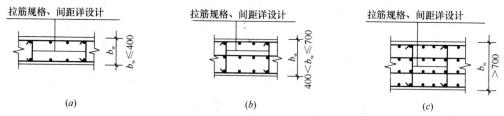

图6.2　剪力墙身水平钢筋网排数
（a）双排钢筋网；（b）三排钢筋网；（c）四排钢筋网

3）剪力墙梁编号

剪力墙梁编号，由墙类型代号和序号组成，表达形式见表6.3剪力墙梁编号。在具体工程中，当某些墙身需设置暗梁或边框梁时，宜在剪力墙平面布置图中绘制暗梁或边框梁的平面布置简图并编号，以明确其具体位置。

剪力墙梁编号　　　　　　　　　表6.3

类型	代号	序号	说　明
连梁	LL	XX	设置在剪力墙洞口上方，宽度与墙同厚
交叉钢筋连梁	LL（JG）	XX	交叉钢筋可在一、二级抗震墙，跨高比不大于2，且墙厚不小于200的连梁中设置
交叉暗撑连梁	LL（JC）	XX	交叉暗撑可在一、二级抗震墙，跨高比不大于2，且墙厚不小于300的连梁中设置
暗梁	AL	XX	设置在剪力墙楼面和屋面位置，并嵌入剪力墙身内
边框梁	BKL	XX	设置在剪力墙楼面和屋面位置，并部分突出剪力墙身

4）洞口和壁龛编号

洞口和壁龛编号由类型代号和序号组成，表达形式见表6.4剪力墙洞口和壁龛编号。

剪力墙洞口与壁龛编号　　　表 6.4

类 型		代号	序号	说　　　明
洞口	矩形洞口	JD	XX	内墙墙身或连梁上的设备管道预留洞
	圆形洞口	YD	XX	
壁龛	矩形壁龛	JBK	XX	当较厚内墙墙身嵌入箱形设备时设置
	圆形壁龛	YBK	XX	

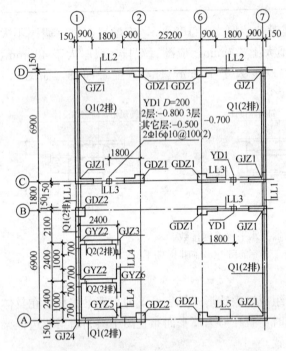

图 6.3　-0.030~59.070 剪力墙平法施工图

6.1.3　剪力墙列表注写方式

6.1.3.1　剪力墙列表注写方式一般要求

剪力墙列表注写方式，是分别对应于剪力墙平面布置图上的编号，在剪力墙柱表、剪力墙身表和剪力墙梁表以及剪力墙洞口和壁龛表中，放入截面配筋图，并在表的相应的栏中注写编号、截面几何尺寸、配筋等具体内容，来表达剪力墙平法施工图。图 6.3 为剪力墙平面布置图实例。

6.1.3.2　剪力墙柱表

剪力墙柱表如表 6.5 所示，其主要内容有：

1) 注写墙柱编号并绘制各段墙柱的截面配筋图。

2) 注写各段墙柱的起止标高

与墙柱的截面配筋图相对应，注写各段墙柱的起止标高，自墙柱根部往上以变截面位置或截面未变但配筋改变处为界分段注写。柱根部标高是指基础顶面标高（框支剪力墙结构的墙根标高为框支梁顶面标高）。

3) 纵筋和箍筋

注写各段墙柱的纵筋和箍筋，注写的纵筋根数应与表中绘制的截面配筋图对应一致。钢筋注写内容：纵筋总配筋值，箍筋规格与竖直间距。箍筋肢数与复合方式在截面配筋图中绘制准确。对于构造边缘构件注写墙柱核心部位的箍筋，对于约束边缘构件注写墙柱核心部位箍筋和墙柱扩展部位的拉筋和箍筋。

6.1.3.3　剪力墙身表

剪力墙身表如表 6.6 所示，其主要内容有：

1) 注写剪力墙身编号；

2) 注写各段墙身高度和墙厚尺寸；

3) 对应于各段墙身高度的水平分布筋、垂直分布筋和拉筋。

−0.030～65.670剪力墙平法施工图剪力墙柱表示例　　　表6.5

剪 力 墙 柱 表

截面	(图示)	(图示)	(图示)	(图示)	(图示)
编号	GDZ1	GDZ2		GJZ4	
标高	−0.030～8.670 8.670～30.270 (30.270～59.070)	−0.030～8.670 8.670～59.070	59.070～65.670	−0.030～8.670 8.670～30.270 (30.270～59.070)	59.070～65.670
纵筋	22Φ22 22Φ20 (22Φ18)	12Φ25 12Φ22	12Φ20	16Φ22 16Φ20　(16Φ18)	12Φ18
箍筋	Φ10@100 Φ10@100/200 (Φ10@100/200)	Φ10@100 Φ10@100/200	Φ10@100/200	Φ10@150 Φ10@150 (Φ10@200)	Φ8@100
截面	(图示)	(图示)	(图示)	(图示)	
编号	GJZ1	GYZ2		GJZ3	
标高	−0.030～8.670 8.670～30.270 (30.270～59.070)	−0.030～8.670	8.670～30.270 (30.270～59.070)	−0.030～8.670 8.670～30.270 (30.270～59.070)	
纵筋	24Φ20　24Φ18　(24Φ16)	20Φ20	10Φ18 (10Φ18)	20Φ20　20Φ18　(20Φ18)	
箍筋	Φ10@100　Φ10@150 (Φ10@150)	Φ10@100	Φ10@150 (Φ10@150)	Φ10@100　Φ10@150 (Φ10@150)	

−0.030～65.670剪力墙平法施工图剪力墙身表示例　　　表6.6

剪 力 墙 身 表

编号	标　高	墙厚	水平分布筋	垂直分布筋	拉筋
Q1（2排）	−0.030～30.270	300	Φ12@250	Φ12@250	Φ6@500
	30.270～59.070	250	Φ10@250	Φ10@250	Φ6@500
Q2（2排）	−0.030～30.270	250	Φ10@250	Φ10@250	Φ6@500
	30.270～59.070	200	Φ10@250	Φ10@250	Φ6@500

6.1.3.4　剪力墙梁表

剪力墙梁表如表6.7所示，其主要内容有：

a) 注写剪力墙梁编号;

b) 注写剪力墙梁所在楼层号,梁顶相对标高高差;

c) 注写墙梁截面尺寸 $b×h$ 和箍筋及其肢数;

d) 注写墙梁上部纵筋;下部纵筋;侧面纵筋(当不注时表明与墙身水平分布筋相同)。

−0.030～65.670剪力墙平法施工图剪力墙梁表示例   表6.7

剪 力 墙 梁 表

编号	所在楼层号	梁顶相对标高高差	梁截面 $b×h$	上部纵筋	下部纵筋	侧面纵筋	箍筋
LL1	2～9	0.800	300×2000	4Φ22	4Φ22	同Q1水平分布筋	Φ10@100(2)
	10～16	0.800	250×2000	4Φ20	4Φ20		Φ10@100(2)
	屋面		250×1200	4Φ20	4Φ20		Φ10@100(2)
LL2	3	−1.200	300×2520	4Φ22	4Φ22	同Q1水平分布筋	Φ10@150(2)
	4	−0.900	300×2070	4Φ22	4Φ22		Φ10@150(2)
	5～9	−0.900	300×1770	4Φ22	4Φ22		Φ10@150(2)
	10～屋面1	−0.900	250×1770	3Φ22	3Φ22		Φ10@150(2)
LL3	2		300×2070	4Φ22	4Φ22	同Q1水平分布筋	Φ10@100(2)
	3		300×1770	4Φ22	4Φ22		Φ10@100(2)
	4～9		300×1170	4Φ22	4Φ22		Φ10@100(2)
	10～屋面1		250×1170	3Φ22	3Φ22		Φ10@100(2)
LL4	2		250×2070	3Φ20	3Φ20	同Q2水平分布筋	Φ10@120(2)
	3		250×1770	3Φ20	3Φ20		Φ10@120(2)
	4～屋面1		250×1170	3Φ20	3Φ20		Φ10@120(2)
⋮							
AL1	2～9		300×600	3Φ20	3Φ20		Φ8@150(2)
	10～16		250×500	3Φ18	3Φ18		Φ8@150(2)
BKL1	屋面1		500×750	4Φ22	4Φ22		Φ10@150(2)

6.1.3.5 剪力墙洞口和壁龛

剪力墙洞口和壁龛的主要内容有:

a) 注写剪力墙洞口和壁龛的编号;

b) 注写洞口和壁龛所在楼层号,中心相对标高高差(即洞口、壁龛中心相对结构层楼面的标高);

c) 注写洞口尺寸(表达方式与截面注写相同)。

6.1.4 剪力墙截面注写方式

6.1.4.1 剪力墙截面注写方式一般要求

剪力墙截面注写方式是指在分标准层绘制的剪力墙平面布置图中,直接在剪力墙柱、剪力墙身、剪力墙梁上注写截面尺寸和配筋具体数值,整体表达该标准层的剪力墙平法施工图,如图6.4所示。

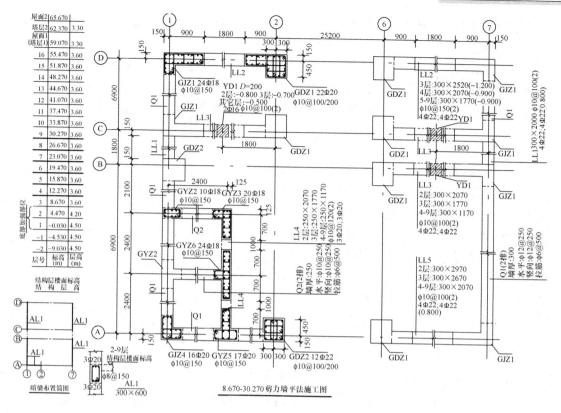

图 6.4 剪力墙截面标注示例

具体绘制时,剪力墙平面布置图需选用适当比例原位放大绘制。墙柱应绘制截面配筋图,其竖向受力纵筋、箍筋和拉筋均应在截面配筋图上绘制清楚。

6.1.4.2 剪力墙截面注写内容

剪力墙截面注写的主要内容有剪力墙柱、剪力墙梁、剪力墙身和洞口、壁龛的注写。

1) 剪力墙柱的注写内容

在选定进行标注的墙柱截面配筋图上集中注写:墙柱编号、墙柱竖向纵筋、墙柱核心部位箍筋及扩展部位拉筋。各种墙柱截面配筋图上应原位加注几何尺寸和定位尺寸。

2) 剪力墙梁的注写内容

在选定进行标注的墙梁上集中注写:墙梁编号、墙梁截面尺寸、所在楼层号(墙梁顶面相对标高高差)、墙梁箍筋(肢数)、上部纵筋、下部纵筋的具体数值、水平分布筋和竖直分布筋及拉筋。

注写说明:当连梁无斜向交叉暗撑(钢筋)时,注写内容为:墙梁编号、墙梁截面尺寸、墙梁箍筋(肢数)、上部纵筋、下部纵筋和墙梁顶面标高高差的具体数值。当连梁设有斜向交叉暗撑时,以 JC 打头附加注写一根暗撑的全部纵筋,并标注×2 标明有两根暗撑相互交错,以及箍筋的具体数值。当连梁设有斜向交叉钢筋时,以 JG 打头附加注写一道斜向钢筋的配筋值,并标注×2 标明有两道斜向钢筋相互交叉。当墙身水平分布筋不能满足墙梁的要求时,应补充注明梁侧面纵筋的具体数值,注写时以 G 打头,再注明其钢筋的直径和间距。

3) 剪力墙身的注写内容

在选定进行标注的墙身截面配筋图上注写：墙身编号、墙身厚度、水平分布筋和竖直分布筋及拉筋。

需注意：约束边缘构件墙柱的扩展部位是与剪力墙身的共同部分，该部分的水平分布筋就是剪力墙身的水平分布筋，竖向筋的强度等级和直径按剪力墙身的竖向分布筋，但其间距小于竖向分布筋的间距，具体间距数值相应于墙柱扩展部位拉筋间距的设置；拉筋应在剪力墙竖向分布筋和水平分布筋的交叉点同时拉住两方向的钢筋，且应注明双向或梅花双向布置方式。

4) 剪力墙洞口和壁龛的注写内容

剪力墙洞口和壁龛在剪力墙平面布置图上原位表达。具体的表达方法为：在剪力墙平面布置图上绘制洞口或壁龛示意图，并标注洞口或壁龛中心的平面定位尺寸。在洞口或壁龛中心位置引注内容：洞口、壁龛编号；洞口、壁龛几何尺寸；洞口、壁龛中心相对标高和洞口、壁龛每边补强钢筋。具体内容有以下几点：

洞口、壁龛编号：矩形洞口，JDXX；圆形洞口，YDXX，

矩形壁龛，JBKXX；圆形壁龛，YBKXX

洞口、壁龛几何尺寸：矩形洞口为洞宽×洞高（$b \times h$）；圆形洞口直径 D

矩形壁龛为壁龛宽×壁龛高×壁龛凹深（$b \times h \times d$）

圆形壁龛为壁龛直径×壁龛凹深（$D \times d$）

洞口中心相对标高：相对于结构层楼面标高的洞口中心标高高度。当其高于结构层楼面时为正值，低于结构层楼面时为负值。洞口每边补强钢筋按构造要求处理，当设计与标准构造详图不同时，设计应补充说明。

6.2 剪力墙标准构造详图

剪力墙钢筋，可根据墙柱、墙梁、墙身的功能、部位和具体的构造等因素将剪力墙钢筋分为剪力墙柱钢筋、剪力墙身钢筋、剪力墙梁钢筋三类，以讨论其主要构造要求和内容。

6.2.1 剪力墙柱钢筋构造

6.2.1.1 剪力墙柱插筋锚固构造

根据基础的形式和特征不同，剪力墙柱在基础中的锚固要求如图 6.5～图 6.8 所示，可从以下几个方面讨论：

1) 剪力墙柱在条形基础、筏形基础中的锚固

当条形基础和筏形基础的竖向直锚深度≥l_{aE}（l_a）时，所有阳角插筋应伸至基础底部配筋上表面水平弯折，水平弯折取值 max（$6d$，150mm）；其他插筋可伸至基础内 l_{aE}（l_a）深度后直接截断。

当条形基础、筏形基础竖向直锚深度＜l_{aE}（l_a）时，所有插筋应伸至基础内基础底部配筋上表面水平弯折，水平弯折 a 取值见第 4 章表 4.3。

2) 剪力墙柱在桩基承台中的锚固

当桩基承台竖向直锚深度≥l_{aE}（l_a）和≥$35d$ 时，所有阳角插筋应伸至基础内基础底部配筋上表面水平弯折 a，取值 max（$6d$，150mm）；其他插筋可伸至基础内 max（l_{aE}（l_a），$35d$）

6.2 剪力墙标准构造详图

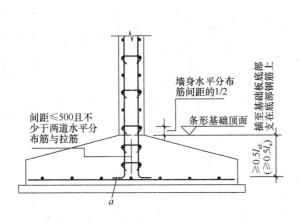

图 6.5 剪力墙柱（身）竖向钢筋在
条形基础的锚固

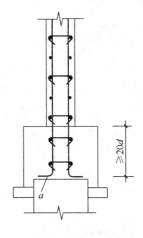

图 6.6 剪力墙柱（身）竖向钢筋
在桩基承台的锚固

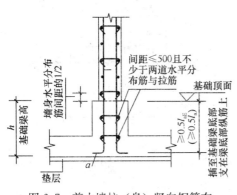

图 6.7 剪力墙柱（身）竖向钢筋在
基础主梁的锚固

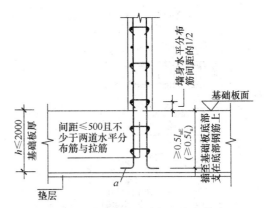

图 6.8 剪力墙柱（身）竖向钢筋在
基础平板的锚固

当桩基承台竖向直锚深度 $<l_{aE}$（l_a）或 $<35d$ 时，所有插筋应伸至基础内基础底部配筋上表面水平弯折，水平弯折取值为 $\max$（$35d$－实际竖向锚固长度，150mm）。

6.2.1.2 剪力墙柱柱身钢筋构造

1) 约束边缘构件、构造边缘构件墙柱和非边缘墙柱纵筋连接

约束边缘构件、构造边缘构件墙柱和非边缘墙柱相邻纵筋连接有两种常用的连接方式：搭接和机械连接。边缘构件纵筋连接构造如图 6.9 所示，其主要内容有：

剪力墙柱纵筋可在楼层层间任意位置搭接连接，搭接长度为 $1.2l_{aE}$，搭接接头错开距离 500mm，钢筋直径大于 28mm 时不宜采用搭接连接。

当采用机械连接时，纵筋机械连接接头错开 $35d$；机械连接的连接点距离结构层顶面（基础顶面）或底面 $\geqslant$500mm。

2) 约束边缘构件和构造边缘构件截面配筋构造要求

约束边缘构件和构造边缘构件中，端柱、翼墙、转角墙、暗柱的纵筋和箍筋，均应设置在剪力墙边缘构件的核心部位，即图 6.10～图 6.13 中的阴影部位。

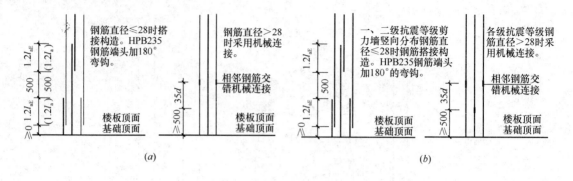

图 6.9 边缘构件钢筋纵向钢筋连接构造
(a) 构造边缘构件；(b) 约束边缘构件

注：本图引用的是现行图集 03G101-1 的图示，因抗震规范（2010 版）已经将约束边缘构件抗震等级扩至一、二、三级抗震等级，因此，(b) 图中绑扎连接构造图中的文字说明也应改为一、二、三级抗震等级剪力墙竖向分布钢筋直径≤28mm 时钢筋搭接构造。

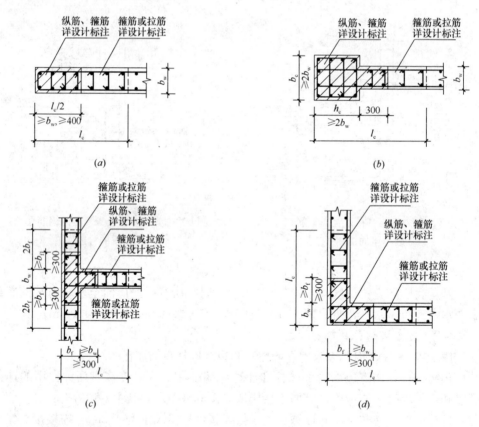

图 6.10 约束边缘构件
(a) 约束边缘暗柱；(b) 约束边缘端柱；(c) 约束边缘翼墙；(d) 约束边缘转角墙

约束边缘构件具有扩展部位，其扩展部位的纵筋和水平筋均为剪力墙身配置的竖向分布筋和水平分布筋，但应将竖向分布筋的间距根据约束边缘构件扩展部位设置的拉筋的水平分布筋间距进行调整，调整后的间距应不大于墙身竖向分布筋的间距（当拉筋的水平分布筋间距大于竖向分布筋间距时，应在中间加设一根竖向筋）。

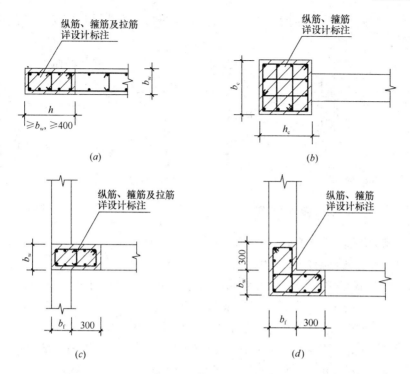

图 6.11 构造边缘构件

（a）构造边缘暗柱；（b）构造边缘端柱；（c）构造边缘翼墙；（d）构造边缘转角墙

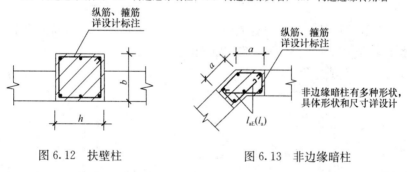

图 6.12 扶壁柱　　　　图 6.13 非边缘暗柱

6.2.1.3 剪力墙柱节点钢筋构造

1) 墙柱变截面钢筋构造

当剪力墙柱在楼层上下截面变化，端柱变截面处的钢筋构造与框架柱相同。除端柱外，其他剪力墙柱变截面构造要求，如图 6.14 所示。

变截面墙柱纵筋有两种构造形式：非贯通连接和斜锚贯通连接。

当采用纵筋非贯通连接时，下层墙柱纵筋伸至基础内变截面处向内弯折，至对面竖向钢筋处截断，上层纵筋垂直锚入下柱 $1.5l_{aE}$（$1.5l_a$）。

当采用斜弯贯通锚固时，墙柱纵筋距离结构层楼面距离 $\geqslant 6c$（c 为截面单侧尺寸差值）位置，倾斜后向上直锚贯通。

2) 墙柱柱顶钢筋构造

端柱柱顶钢筋构造同框架柱。除端柱外，墙柱纵筋构造要求如图 6.15 所示。墙柱柱顶纵筋伸至剪力墙顶部后弯折，弯折长度自顶层楼板底面算起 $\geqslant l_{aE}$（$\geqslant l_a$）；当一侧剪力墙有楼板时，墙柱钢筋均向楼板内弯折，当剪力墙两侧均有楼板时，墙柱钢筋可分别向两侧楼板内弯折。

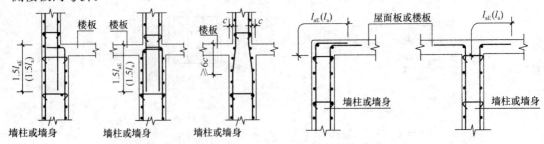

图 6.14 剪力墙柱或墙身变截面竖向钢筋构造　　　　图 6.15 剪力墙竖向钢筋顶部构造

6.2.2 剪力墙身钢筋构造

6.2.2.1 剪力墙身插筋锚固构造

根据基础的形式和特征不同，剪力墙身插筋在基础中的锚固要求可从以下两个方面讨论：

1) 剪力墙身插筋在条形基础、筏形基础中的锚固

剪力墙身插筋在条形基础和筏形基础中，如图 6.16 所示。

当条形基础和筏形基础的竖向直锚深度$\geqslant l_{aE}$（$\geqslant l_a$）时，剪力墙身部分钢筋伸至基础内 l_{aE}（$\geqslant l_a$）后水平弯折，水平弯折长度取 max（6d，150mm），其余钢筋伸至基础内 l_{aE}（$\geqslant l_a$）后直接截断；剪力墙身插筋中水平弯折部分的钢筋所占竖向分布钢筋的比例，由设计人员注明。

当条形基础和筏形基础的竖向直锚深度$<l_{aE}$（$\geqslant l_a$）时，剪力墙身所有竖向钢筋伸至基础底部水平弯折，水平弯折取值 a 与柱筋相同，见第 4 章表 4.3。

2) 剪力墙身在桩基承台中的锚固

剪力墙身插筋在桩基承台中，如图 6.17 所示。

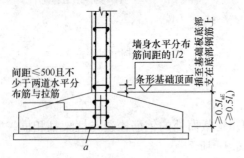　　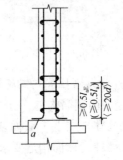

图 6.16 墙筋在条形基础中的锚固　　　　图 6.17 墙筋在承台梁中的锚固

桩基承台梁竖向直锚深度$\geqslant l_{aE}$（$\geqslant l_a$）且$\geqslant 35d$ 时，部分插筋可伸至基础内深度为 max（l_{aE}（$\geqslant l_a$），35d）后水平弯折，水平段长度为 max（6d，150mm），其他钢筋伸至基础内深度为 max（l_{aE}（$\geqslant l_a$），35d）后直接截断；剪力墙身插筋中水平弯折部分的钢筋所占竖向分布钢筋的比例由设计人员注明。

桩基承台梁竖向直锚深度$<l_{aE}$（$\geqslant l_a$）或$<35d$ 时，所有插筋伸至桩基承台梁底部配筋上表面水平弯折，水平弯折长度为 max（35d—竖向锚固长度，150mm）。

6.2.2.2 剪力墙身水平钢筋构造

剪力墙设有端柱、翼墙、转角墙时、边缘暗柱、无暗柱封边构造、斜交墙和扶壁柱等竖向约束边缘构件时，剪力墙身水平钢筋构造要求的主要内容有：

1）水平分布钢筋在端柱锚固构造

剪力墙设有端柱时，水平分布筋在端柱锚固的构造要求如图6.18所示，其主要内容有：

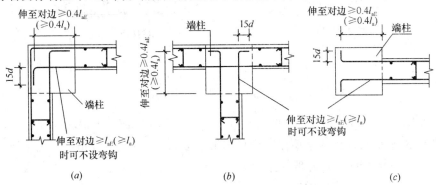

图6.18 设置端柱时剪力墙水平钢筋锚固构造
(a) 转角处；(b) 丁字相连处；(c) 端部

端柱位于转角部位时，位于端柱宽出墙身一侧的剪力墙水平分布筋伸入端柱水平长度$\geqslant 0.4l_{aE}$（$0.4l_a$），弯折长度$15d$；当直锚深度$\geqslant l_{aE}$（l_a）时，可不设弯钩。位于端柱与墙身相平一侧的剪力墙水平分布筋绕过端柱阳角，与另一片墙段水平分布筋连接；也可不绕过端柱阳角，而直接伸至端柱角筋内侧向内弯折$20d$。

非转角部位端柱，剪力墙水平分布筋伸入端柱水平长度$\geqslant 0.4l_{aE}$（$0.4l_a$），弯折长度$15d$；当直锚深度$\geqslant l_{aE}$（l_a）时，可不设弯钩。

2）水平分布钢筋在翼墙锚固构造

水平分布钢筋在翼墙的锚固构造要求如图6.19所示，其主要内容有：

翼墙两翼的墙身水平分布筋连续通过翼墙；翼墙肢部墙身水平分布筋伸至翼墙核心部位的外侧钢筋内侧，水平弯折$15d$。

3）水平分布钢筋在转角墙锚固构造

剪力墙水平分布钢筋在转角墙锚固构造要求如图6.20所示，其主要内容有：

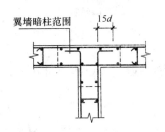

图6.19 设置翼墙时剪力墙水平钢筋锚固构造

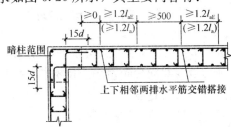

图6.20 设置转角墙时剪力墙水平钢筋锚固构造

上下相邻的墙身水平分布筋交错搭接连接，搭接长度$\geqslant 1.2l_{aE}$（$1.2l_a$），搭接范围错开间距500mm；

墙外侧水平分布筋连续通过转角，在转角墙核心部位以外与另一片剪力墙的外侧水平分布筋连接，墙内侧水平分布筋伸至转角墙核心部位的外侧钢筋内侧，水平弯折$15d$。

4）水平分布筋在边缘暗柱锚固构造和无暗柱封边构造

剪力墙水平分布钢筋在边缘暗柱锚固构造和无暗柱封边构造要求如图 6.21 所示，其主要内容有：

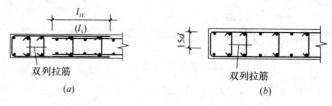

图 6.21　无暗柱时水平钢筋锚固构造
（a）封边方式 1；（b）封边方式 2

剪力墙身水平分布筋伸至边缘暗柱角筋内侧，弯折 $15d$；当无边缘暗柱时，可采用在端部设置 U 形水平筋（目的是箍住边缘竖向加强筋），墙身水平分布筋与 U 形水平搭接；也可将墙身水平分布筋伸至端部弯折 $15d$。

5）水平分布筋交错连接构造

剪力墙身水平分布筋交错连接时，同侧上下相邻的墙身水平分布筋交错搭接连接，搭接长度 $\geqslant 1.2l_{aE}$（$1.2l_a$），搭接范围交错 $\geqslant 500$mm；同层不同侧上下相邻的墙身水平分布筋交错搭接连接，搭接长度 $\geqslant 1.2l_{aE}$（$1.2l_a$），搭接范围交错 $\geqslant 500$mm。

6）水平分布筋斜交墙和扶壁柱构造

剪力墙端部或斜交部位应设置暗柱，如图 6.22、图 6.23 所示。斜交墙外侧水平分布筋连续通过阳角，内侧水平分布筋在阴角锚固长度为 $\geqslant l_{aE}$（l_a）；水平分布筋连续通过扶壁柱，不宜在扶壁柱内连接，不应在扶壁柱内锚固。

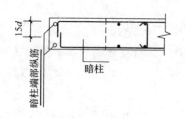

图 6.22　墙端部暗柱

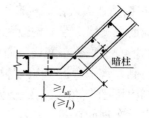

图 6.23　斜交墙暗柱

6.2.2.3　剪力墙身竖向分布钢筋构造

剪力墙身竖向分布钢筋连接构造、变截面竖向分布筋构造、墙顶部竖向分布筋构造等内容，其主要内容有：

1）竖向分布筋连接构造

剪力墙身竖向分布钢筋通常采用搭接和机械连接两种连接方式，如图 6.24 所示。

剪力墙身竖向分布钢筋采用搭接连接时的构造要求为：一二级抗震等级，搭接长度为 $1.2l_{aE}$，相邻搭接范围错开 500mm，三四级抗震等级或非抗震，搭接长度为 $1.2l_{aE}$（l_a），可在同一高度搭接；在各级抗震或非抗震设计中，竖向分布筋可在剪力墙任何部位搭接，竖向分布钢筋直径大于 28mm 时，不宜采用搭接。

剪力墙身竖向分布钢筋采用机械连接时的构造要求为：各级抗震等级或非抗震等级相邻竖

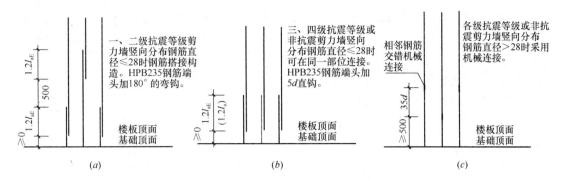

图 6.24 剪力墙身竖向分布钢筋连接构造
(a) 绑扎连接 1；(b) 绑扎连接 2；(c) 机械连接

向分布筋应交错连接，连接点距离结构层顶面或底面≥500mm；相邻钢筋连接点错开 35d。

2) 变截面竖向分布筋构造

变截面墙身纵筋有两种构造形式同墙柱相同，有非贯通连接和向内斜锚贯通连接两种形式，如图 6.14 所示。

当采用竖向分布钢筋向内斜弯贯通锚固时，竖向分布钢筋自距离结构层楼面距离≥6c（c 为截面单侧内收尺寸）点向内倾斜后向上直锚贯通。

当采用竖向分布筋非贯通连接时，下层墙柱纵筋伸至变截面处向内弯折，至对面竖向钢筋处截断，上层纵筋垂直锚入下柱 $1.5l_{aE}$（$1.5l_a$）。

3) 墙身顶部竖向分布筋构造

墙身顶部竖向分布钢筋构造与剪力墙柱相同，如图 6.15 所示。竖向分布筋伸至顶部后弯折，自顶层板底面算起，总长度为 l_{aE}（l_a）。当剪力墙一侧有楼板时，墙身竖向分布筋均向楼板内弯折；当两侧均有楼板时，竖向分布筋分别向两侧楼板内弯折。

6.2.2.4 剪力墙身拉筋构造

剪力墙身拉筋有矩形排布与梅花形排布两种布置形式，如图 6.25 所示。剪力墙身中

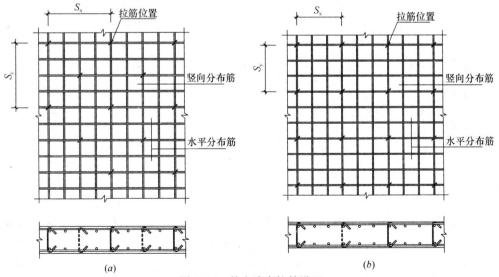

图 6.25 剪力墙身拉筋设置
(a) 梅花形排布；(b) 矩形排布

的拉筋要求布置在竖向分布筋和水平分布筋的交叉点，同时拉住墙身竖向分布筋和水平分布筋；拉筋选用的布置形式应在图纸中用文字表示。若拉筋间距相同，梅花形排布的布置形式约是矩形排布形式用钢量的两倍。

6.2.3 剪力墙梁钢筋构造

6.2.3.1 剪力墙连梁钢筋构造

剪力墙连梁设置在剪力墙洞口上方，连接两片剪力墙，宽度与剪力墙同厚。连梁有单洞口连梁与双洞口连梁。

主要内容要求有：

1) 洞口连梁纵筋直锚情况

洞口连梁下部纵筋和上部纵筋锚入剪力墙内的长度要求为 max（l_{aE}，600mm），如图 6.26（b）、图 6.27（b）所示。

2) 端部洞口连梁的锚固

当洞口两侧水平段长度不能满足连梁纵筋直锚长度 max（l_{aE}，600mm）的要求时，可采用弯锚形式，连梁纵筋弯锚构造要求：水平长度不小于 $0.4l_{aE}$（$0.4l_a$），竖向弯折 $15d$（d 为连梁纵筋直径），如图 6.26（a）、图 6.27（a）所示。

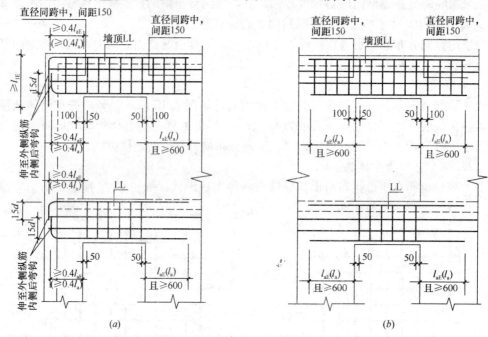

图 6.26 单洞口连梁钢筋构造

（a）墙端部洞口连梁构造；（b）墙中部洞口连梁构造

3) 双洞口连梁

当两洞口的洞间墙长度不能满足两侧连梁纵筋直锚长度 min（$2l_{aE}$，1200mm）的要求时，可采用双洞口连梁，如图 6.28 所示。其构造要求为：连梁上部、下部、侧面纵筋连续通过洞间墙，上下部纵筋锚入剪力墙内的长度要求为 max（l_{aE}，600mm），当端部墙肢长度不能满足锚固要求时，可采用弯锚形式，即水平长度不小于 $0.4l_{aE}$（$0.4l_a$），竖向弯折 $15d$（d 为连梁纵筋直径）。

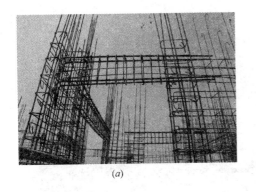
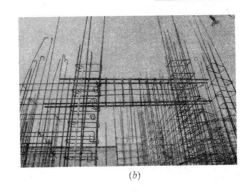

图 6.27 单洞口连梁实例

(a) 墙端部洞口连梁实例;(b) 墙中部洞口连梁实例

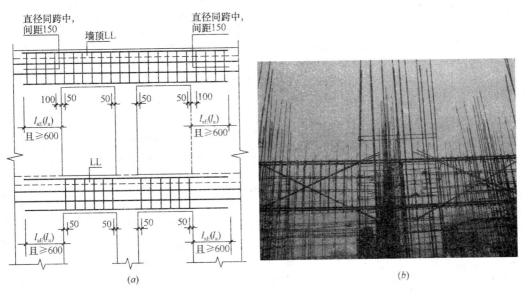

图 6.28 双洞口连梁

(a) 双洞口连梁构造;(b) 双洞口连梁实例

4) 连梁箍筋和拉筋

连梁第一道箍筋距离支座边缘 50mm 开始设置。

剪力墙中间层连梁锚入支座长度范围内不需设置箍筋;剪力墙顶层连梁锚入支座长度范围应设置箍筋,箍筋直径与跨中箍筋相同,间距为 150mm,距离支座边缘 100mm 开始设置,在该范围内箍筋的主要作用是增强顶层连梁上部纵筋的锚固性能,因此,为施工方便,可采用下开口箍筋形式。

连梁拉筋直径和间距要求为:当梁宽≤350mm 时拉筋直径取 6mm,当梁宽>350mm 时,拉筋直径取 8mm;拉筋间距为两倍连梁箍筋间距,竖向间距为两倍连梁侧面水平构造钢筋间距(沿侧面水平分布筋隔一拉一)。

5) 斜向交叉钢筋连梁

当 200mm≤连梁截面宽度<400mm 时,连梁中应根据具体条件设置斜向交叉钢筋,如图 6.29 所示。斜向交叉钢筋锚入连梁支座内的锚固长度为 l_{aE}(l_a);当连梁位于顶层

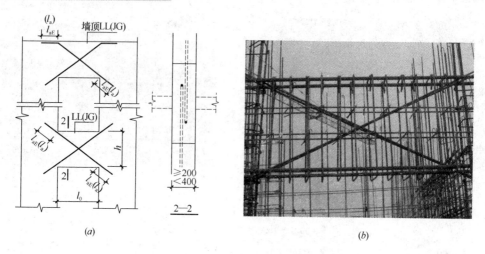

图 6.29 交叉钢筋连梁
(a) 交叉钢筋连梁构造；(b) 交叉钢筋连梁实例

时，斜向交叉钢筋应在墙顶部锚固，弯折后水平锚入墙体内，注意锚入斜向钢筋与连梁上部钢筋的最小净距应≥25mm。

6) 斜向交叉暗撑连梁

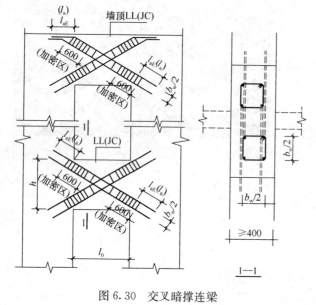

图 6.30 交叉暗撑连梁

当连梁截面宽度≥400mm 时，连梁中应根据具体条件设置斜向交叉暗撑，如图 6.30 所示。斜向交叉暗撑中的纵筋间距为连梁截面宽度的一半；当为抗震设计时，暗撑箍筋在连梁支座位置 600mm 范围内进行箍筋加密；斜向交叉暗撑纵筋锚入连梁支座内的锚固长度为 l_{aE} (l_a)；当连梁位于顶层时，斜向交叉暗撑的纵筋应在墙顶部锚固，弯折后水平锚入墙体内，注意锚入钢筋与连梁上部钢筋的最小净距应≥25mm。

6.2.3.2 剪力墙边框梁钢筋构造

剪力墙的竖向钢筋应连续穿过边框梁，楼层上下层的竖向分布钢筋不考虑在边框梁内的锚固。

1) 边框梁钢筋的布置

当边框梁顶面与连梁顶面一平（"一平"为在同一平面的简称），且一侧凸出剪力墙面，另一侧与墙面一平时，钢筋排布由外向内顺序为：剪力墙身水平分布筋位于第一层，箍筋与剪力墙竖向分布钢筋插空布置在第二层，边框梁角筋设置在第三层。凸出墙面一侧的边框梁由外向内钢筋的布置为边框梁箍筋位于第一层，墙身水平分布筋位于第二层，墙身竖向分布钢筋连续穿过边框梁伸入上层，位于第三层，如图 6.31 所示。

2) 边框梁纵筋的构造措施

当边框梁顶部与连梁一平，且边框梁上部配筋较多时，边框梁与连梁上部纵筋位置不重叠的纵筋应贯通连梁设置，位置重叠的纵筋在洞口两侧搭接即可，搭接长度为 l_{lE} (l_l)，且不小于 600mm。

当边框梁高度在连梁腰部时，其纵筋位置通常不与连梁纵筋位置发生重叠，应贯通连梁布置。

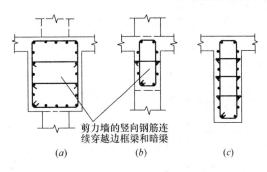

图 6.31 连梁、暗梁、边框梁侧面
纵筋和箍筋构造
(a) 边框梁；(b) 暗梁；(c) 连梁

3) 边框梁箍筋的设置

边框梁箍筋沿剪力墙和连梁连续设置，梁箍筋设置位置从距离剪力墙边缘墙柱核心部位 0.5 倍箍筋间距开始设置，与连梁相连一端设置到洞口边缘位置。

6.2.3.3 剪力墙暗梁钢筋构造

剪力墙竖向分布筋应在暗梁纵筋外侧连续贯通，楼层上下层的竖向分布钢筋不考虑在暗梁内的锚固。

1) 暗梁钢筋的布置

暗梁与剪力墙身钢筋由外向内布置为：第一层为墙身水平分布钢筋，箍筋与墙身竖向分布钢筋插空布置设置在第二层，暗梁纵筋在第三层。剪力墙身水平分布钢筋在暗梁侧面连续设置在暗梁箍筋外侧，与暗梁纵筋在同一水平高度的一道水平分布筋可不设，如图 6.31 所示。

2) 暗梁纵筋的构造措施

暗梁与剪力墙连梁纵筋的搭接长度为 l_{lE} (l_l)，且不小于 600mm；暗梁纵筋的连接和在端部的锚固与剪力墙水平分布筋相同。

3) 暗梁箍筋的设置

暗梁箍筋设置位置从距离剪力墙边缘墙柱核心部位 0.5 倍箍筋间距开始设置，与连梁相连一端设置到洞口边缘位置。

6.2.3.4 剪力墙洞口补强钢筋构造

剪力墙洞口补强钢筋构造主要内容为：

1) 剪力墙矩形洞口补强钢筋构造

剪力墙由于开矩形洞口，需补强钢筋，当设计注写补强纵筋具体数值时，按设计要求，当设计未注明时，依据洞口宽度和高度尺寸，按以下构造要求：

a) 剪力墙矩形洞口宽度和高度不大于 800mm

剪力墙矩形洞口宽度、高度不大于 800mm 时的洞口需补强钢筋，如图 6.32 (a) 所示。

补强钢筋面积：按每边配置两根不小于 12mm 且不小于同向被切断纵筋总面积的一半补强。

补强钢筋级别：补强钢筋级别与被截断钢筋相同。

补强钢筋锚固措施：补强钢筋两端锚入墙内的长度为 l_{aE}（l_a），洞口被切断的钢筋设置弯钩，弯钩长度为过墙中线加 $5d$（即墙体两面的弯钩相互交错 $10d$），补强纵筋固定在弯钩内侧。

b) 剪力墙矩形洞口宽度或高度大于 800mm

剪力墙矩形洞口宽度或高度大于 800mm 时的洞口需补强暗梁，如图 6.32（b）所示，配筋具体数值按设计要求。当洞口上边或下边为连梁时，不再重复补强暗梁，洞口竖向两侧设置剪力墙边缘构件。洞口被切断的剪力墙竖向分布钢筋设置弯钩，弯钩长度为 $15d$，在暗梁纵筋内侧锚入梁中。

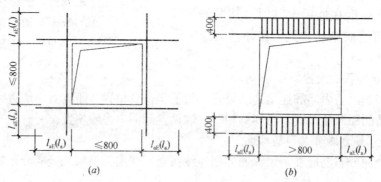

图 6.32 剪力墙矩形洞口补强钢筋构造

(a) 矩形洞口边长不大于 800mm；(b) 矩形洞口边长大于 800mm

2) 剪力墙圆形洞口补强钢筋构造

剪力墙圆形洞口直径不大于 300mm 时的洞口需补强钢筋。剪力墙水平分布筋与竖向分布筋遇洞口不截断，均绕洞口边缘通过；或按设计标注在洞口每侧补强纵筋，锚固长度为两边均不小于 l_{aE}（l_a），如图 6.33（a）所示。

剪力墙圆形洞口直径大于 300mm 时的洞口需补强钢筋。洞口每侧补强钢筋设计标注内容，锚固长度为均不小于 l_{aE}（l_a），如图 6.33（b）所示。

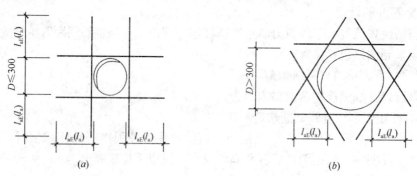

图 6.33 剪力墙圆形洞口补强钢筋构造

(a) 圆形洞口边长不大于 300mm；(b) 圆形洞口边长大于 300mm

3) 连梁中部洞口

连梁中部有洞口时，洞口边缘距离连梁边缘不小于 max（$h/3$，200mm）。洞口每侧补强纵筋与补强箍筋按设计标注，补强钢筋的锚固长度为不小于 l_{aE}（l_a），如图 6.34

所示。

6.2.3.5 剪力墙壁龛补强钢筋构造

剪力墙壁龛口每边配置补强钢筋按设计标注内容，一般壁龛两边配置两根直径不小于 12mm，且不小于同向被切断纵筋面积的 50% 补强，补强钢筋等级与被切断钢筋相同，两端锚入墙内长度为 l_{aE}（l_a）；洞口被切断的纵筋设置弯钩，弯钩伸至对面墙纵筋内侧截断。

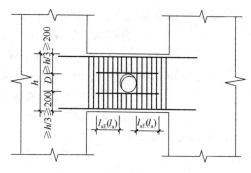

图 6.34 剪力墙连梁洞口补强钢筋构造

壁龛壁配筋与剪力墙水平分布筋和竖向分布筋相同，其两端锚入墙内 l_{aE}（l_a），拉筋与剪力墙拉筋相同，但长度较短。

6.3 钢筋工程量计算方法

剪力墙钢筋量计算内容有剪力墙柱、剪力墙梁、剪力墙身等几个部分。

6.3.1 剪力墙柱钢筋计算方法

剪力墙柱的计算方法与框架柱计算思路相同，剪力墙柱的钢筋计算包括各种构造边缘构件和约束边缘构件的纵筋（基础层插筋、中间层纵筋、顶层纵筋、变截面纵筋）、箍筋和拉筋形式。本文以暗柱为代表介绍其计算方法，其他墙柱形式的计算基本相同。剪力墙暗柱钢筋计算方法包括以下几部分主要内容。

6.3.1.1 基础层插筋计算

墙柱基础插筋如图 6.35、图 6.36 所示，长度计算公式为：

$$\text{插筋长度} = \text{插筋锚固长度} + \text{基础外露长度} \tag{6.1}$$

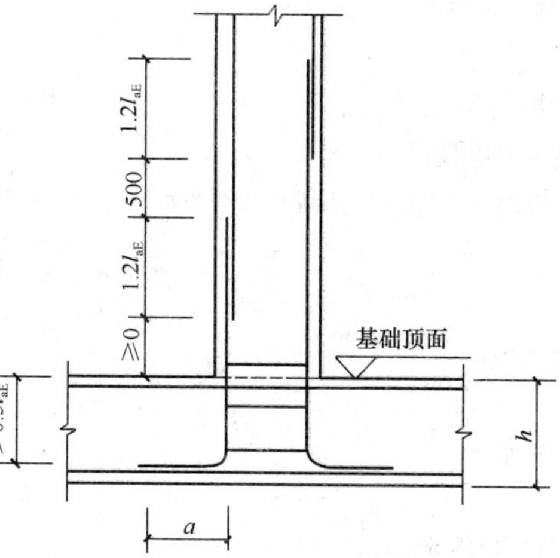

图 6.35 暗柱基础插筋绑扎连接构造

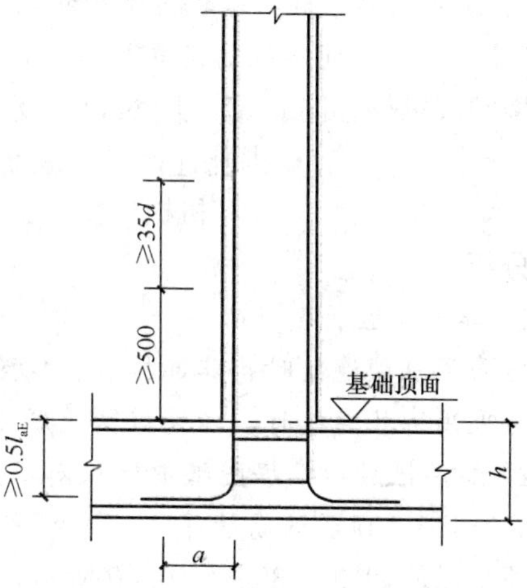

图 6.36 暗柱基础插筋机械连接构造

分析：

1）锚固长度取值

当基础竖向直锚长度$\geq l_{aE}$时，墙柱基础插筋采用直锚，锚固长度取值为：

$$\text{角筋锚固长度} = \text{弯折长度}\ a + \text{最小锚固长度}\ l_{aE} \tag{6.2}$$

$$\text{中间筋锚固长度} = \text{最小锚固长度}\ l_{aE} \tag{6.3}$$

当基础竖向直锚长度$< l_{aE}$时，墙柱基础插筋采用弯锚，锚固长度取值为：

$$\text{锚固长度} = \text{弯折长度}\ a + \text{竖直长度}\ h_1$$

2) 竖直长度：$h_1 = $ 基础高度 − 保护层 $\tag{6.4}$

3) 弯折长度 a 取值

表 6.8

竖直长度 h_1	弯钩长度 a
$\geq 0.5 l_{aE}$ ($0.5 l_a$)	$12d$ 且 ≥ 150
$\geq 0.6 l_{aE}$ ($0.6 l_a$)	$10d$ 且 ≥ 150
$\geq 0.7 l_{aE}$ ($0.7 l_a$)	$8d$ 且 ≥ 150
$\geq 0.8 l_{aE}$ ($0.8 l_a$)	$6d$ 且 ≥ 150

4) 基础外露长度

搭接连接时，外露长度取 0mm，搭接长度为 $1.2 l_{aE}$，接头错开间距为 500mm，故，

$$\text{短插筋外露长度} = \text{插筋搭接长度}\ 1.2 l_{aE} \tag{6.5}$$

$$\text{长插筋外露长度} = \text{插筋搭接长度}\ 2 \times 1.2 l_{aE} + 500 \tag{6.6}$$

机械连接时，外露长度取 500mm，接头错开间距为 $35d$，故，

$$\text{短插筋外露长度} = 500 \tag{6.7}$$

$$\text{长插筋外露长度} = 500 + 35d \tag{6.8}$$

由于接头错开间距不影响钢筋计算的总工程量，当计算钢筋总工程量时可不考虑错层搭接问题。

5) 基础插筋根数：根据图纸中标注内容数出即可。

6.3.1.2 中间层纵筋计算

中间层纵筋如图 6.37、图 6.38 所示，长度计算公式为：

$$\text{绑扎连接时：纵筋长度} = \text{中间层层高} + 1.2 l_{aE} \tag{6.9}$$

$$\text{机械连接时：纵筋长度} = \text{中间层层高} \tag{6.10}$$

分析：

1) 非连接区长度

当采用机械连接时，非连接区长度为 500mm，

当采用绑扎连接时，非连接区长度为 0；

2) 纵筋根数：根据图纸中标注内容数出即可。

6.3.1.3 顶层纵筋计算

顶层纵筋如图 6.39、图 6.40 所示，长度计算公式为：

绑扎连接时：

$$\text{与短筋连接的钢筋长度} = \text{顶层层高} - \text{顶层板厚} + \text{顶层锚固总长度}\ l_{aE} \tag{6.11}$$

$$\text{与长筋连接的钢筋长度} = \text{顶层层高} - \text{顶层板厚} - (1.2 l_{aE} + 500) + \text{顶层锚固总长度}\ l_{aE} \tag{6.12}$$

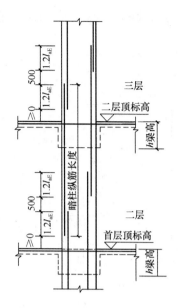

图 6.37 暗柱中间层钢筋绑扎连接构造

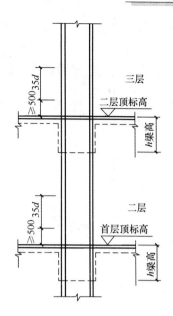

图 6.38 暗柱中间层机械连接构造

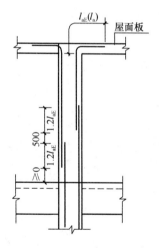

图 6.39 暗柱顶层钢筋绑扎连接构造

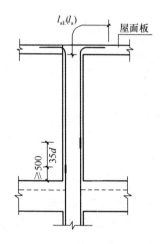

图 6.40 暗柱顶层机械连接构造

机械连接时：

与短筋连接的钢筋长度＝顶层层高－顶层板厚－500＋顶层锚固总长度 l_{aE} （6.13）

与长筋连接的钢筋长度＝顶层层高－顶层板厚－500－35d＋顶层锚固总长度 l_{aE}

（6.14）

6.3.1.4 变截面纵筋计算

剪力墙柱变截面纵筋的锚固形式如图 6.41 所示，分倾斜锚固和当前锚固加插筋两种形式。

倾斜锚固钢筋长度计算公式：

变截面处纵筋长度＝层高＋斜度延伸长度（＋1.2l_{aE}） （6.15）

当前锚固钢筋和插筋长度计算公式：

当前锚固纵筋长度＝层高－非连接区－板保护层＋下墙柱柱宽－2×墙柱保护层
(6.16)

变截面上层插筋长度＝锚固长度$1.5l_{aE}$＋非连接区（＋$1.2l_{aE}$） (6.17)

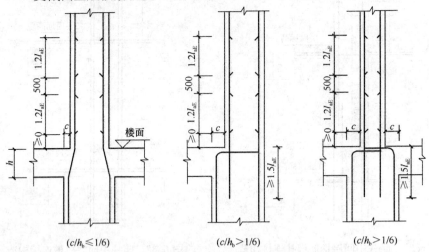

图6.41 变截面钢筋绑扎连接

分析：

1）斜度延伸长度计算

斜度延伸值可根据三角函数公式计算。

2）连接方式的影响

当暗柱纵筋采用机械连接时，删除公式中括号内容，

当暗柱纵筋采用绑扎连接时，加上公式中括号内容。

3）非连接区长度

当采用机械连接时，非连接区长度为500mm，

当采用绑扎连接时，非连接区长度为0。

4）纵筋根数：根据图纸中标注内容数出即可。

6.3.1.5 墙柱箍筋计算

剪力墙柱箍筋计算内容包括箍筋的长度计算和箍筋的根数计算。长度计算方法同框架柱箍筋计算相同，此处省略。

箍筋根数计算：

1）基础插筋箍筋根数

（基础高度－基础保护层）/500＋1 (6.18)

2）底层、中间层、顶层箍筋根数

绑扎连接时：($2.4l_{aE}$＋500－50)/加密间距＋(层高－搭接范围)/间距＋1 (6.19)

机械连接时：(层高－50)/箍筋间距＋1 (6.20)

分析：

1）剪力墙柱在基础梁中，箍筋的间距为不小于500mm。

2）连接方式的影响

当暗柱纵筋采用绑扎连接时,当钢筋的接头面积百分率为50%时,绑扎连接范围内即 ($2.4l_{aE}+500$mm) 的范围内箍筋应进行加密,加密间距为 min ($5d$, 100mm)。

6.3.1.6 拉筋计算

剪力墙柱拉筋计算内容包括拉筋的长度计算和拉筋的根数计算。拉筋长度计算方法同框架柱单肢箍筋计算相同,此处省略。

拉筋根数计算:

1) 基础拉筋根数

$$\text{基础层拉筋根数} = \left[\frac{\text{基础高度}-\text{基础保护层}\ c}{500}+1\right] \times \text{每排拉筋根数} \quad (6.21)$$

2) 底层、中间层、顶层拉筋根数

$$\text{基础拉筋根数} = \left[\frac{\text{层高}-50}{\text{间距}}+1\right] \times \text{每排拉筋根数} \quad (6.22)$$

6.3.2 剪力墙梁钢筋计算方法

剪力墙梁包括连梁、暗梁和边框梁,剪力墙梁中的钢筋类型有纵筋、箍筋、侧面钢筋、拉筋等。连梁纵筋长度需要考虑洞口宽度,纵筋的锚固长度等因素,箍筋需考虑连梁的截面尺寸、布置范围等因素;暗梁和边框梁纵筋长度需考虑其设置范围和锚固长度等,箍筋需考虑截面尺寸、布置范围等。暗梁和边框梁纵筋长度计算方法与剪力墙身水平分布钢筋基本相同,箍筋的计算方法和普通框架梁相同。因此,文中以连梁为例介绍其纵筋、箍筋的相关计算方法。

根据洞口的位置和洞间墙尺寸以及锚固要求,剪力墙连梁有单洞口和双洞口连梁,根据连梁的楼层与顶层的构造措施和锚固要求不同,连梁有中间层连梁与顶层连梁。根据以上分类,剪力墙连梁钢筋计算分以下几部分讨论:

6.3.2.1 剪力墙单洞口连梁钢筋计算

中间层单洞口连梁(图 6.42)钢筋计算公式:

$$\text{连梁纵筋长度} = \text{左锚固长度}+\text{洞口长度}+\text{右锚固长度} \quad (6.23)$$

$$\text{箍筋根数} = \frac{\text{洞口宽度}-2\times 50}{\text{间距}}+1 \quad (6.24)$$

分析:

1) 锚固长度取值

墙肢长度$\geqslant$max (l_{aE}, 600),采用直锚形式,锚固长度=max (l_{aE}, 600),

墙肢长度$<$max (l_{aE}, 600),采用弯锚形式,锚固长度=支座宽度-保护层+15d。

2) 箍筋与拉筋的计算

由于箍筋和拉筋的长度计算方法同框架柱箍筋和单肢箍计算方法相同,此处包括下文将省略,只介绍箍筋和拉筋根数的计算方法。

顶层单洞口连梁钢筋计算公式:

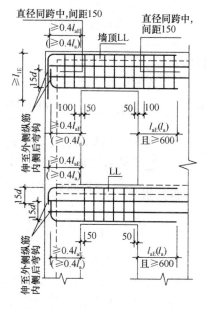

图 6.42 单洞口连梁

$$\text{连梁纵筋长度} = \text{左锚固长度} + \text{洞口长度} + \text{右锚固长度} \tag{6.25}$$

箍筋根数 = 左墙肢内箍筋根数 + 洞口上箍筋根数 + 右墙肢内箍筋根数

$$= \frac{\text{左侧锚固长度水平段} - 100}{150} + 1 + \frac{\text{洞口宽度} - 2 \times 50}{\text{间距}} + 1$$

$$+ \frac{\text{右侧锚固长度水平段} - 100}{150} + 1 \tag{6.26}$$

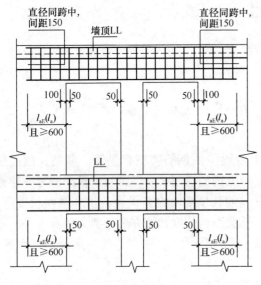

图 6.43 双洞口连梁

分析：

1) 锚固长度取值

墙肢长度 ≥ max (l_{aE}, 600)，锚固长度 = max (l_{aE}, 600)，

墙肢长度 < max (l_{aE}, 600)，顶层连梁上部纵筋在墙肢端部的连接为伸至剪力墙肢内的竖直段长度不小于搭接长度 l_{lE}，锚固长度 = 支座宽度 - 保护层 + l_{lE}。

2) 箍筋计算

剪力墙连梁箍筋在顶层设置有两个部分：洞口范围内的箍筋，按设计要求布置，剪力墙墙肢范围内箍筋按构造要求，直径和跨中相同，间距为 150mm。

6.3.2.2 剪力墙双洞口连梁钢筋计算

中间层双洞口连梁（图 6.43）钢筋计算公式：

$$\text{连梁纵筋长度} = \text{左锚固长度} + \text{两洞口宽度} + \text{洞口墙宽度} + \text{右锚固长度} \tag{6.27}$$

$$\text{箍筋根数} = \frac{\text{洞口1宽度} - 2 \times 50}{\text{间距}} + 1 + \frac{\text{洞口2宽度} - 2 \times 50}{\text{间距}} + 1 \tag{6.28}$$

顶层双洞口连梁钢筋计算公式：

$$\text{连梁纵筋长度} = \text{左锚固长度} + \text{两洞口宽度} + \text{洞间墙宽度} + \text{右锚固长度} \tag{6.29}$$

$$\text{箍筋根数} = \frac{\text{左锚固长度} - 100}{150} + 1 + \frac{\text{两洞口宽度} + \text{洞间墙} - 2 \times 50}{\text{间距}} + 1$$

$$+ \frac{\text{右锚固长度} - 100}{150} + 1 \tag{6.30}$$

分析： 锚固长度取值同单洞口中间层和顶层连梁要求相同。

6.3.2.3 剪力墙连梁拉筋根数计算

剪力墙连梁拉筋根数计算方法为每排根数×排数，即：

$$\text{拉筋根数} = \left(\frac{\text{连梁净宽} - 2 \times 50}{\text{箍筋间距} \times 2} + 1\right) \times \left(\frac{\text{连梁高度} - 2 \times \text{保护层}}{\text{水平筋间距} \times 2} + 1\right) \tag{6.31}$$

分析：

1) 剪力墙连梁拉筋的分布

竖向：连梁高度范围内，墙梁水平分布筋排数的一半，隔一拉一，

横向：横向拉筋间距为连梁箍筋间距的两倍。

2)剪力墙连梁拉筋直径的确定

梁宽≤350mm,拉筋直径为6mm;梁宽>350mm,拉筋直径为8mm。

6.3.3 剪力墙身钢筋计算方法

剪力墙身的计算方法包括墙身水平分布钢筋(内侧水平分布筋和外侧水平分布筋)和竖向分布钢筋(基础层插筋、中间层纵筋、顶层纵筋、变截面纵筋)和拉筋等形式(图 6.44)。剪力墙身钢筋计算方法包括以下几部分主要内容。

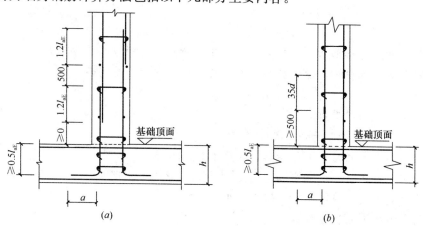

图 6.44 剪力墙身竖向钢筋连接
(a)绑扎连接;(b)机械连接

6.3.3.1 基础剪力墙身钢筋计算

1)插筋长度计算

剪力墙身插筋长度计算公式:

$$\text{短剪力墙身插筋长度} = \text{锚固长度} + \text{搭接长度} \ 1.2 l_{aE} \tag{6.32}$$

$$\text{长剪力墙身插筋长度} = \text{锚固长度} + \text{搭接长度} \ 1.2 l_{aE} + 500 + \text{搭接长度} \ 1.2 l_{aE} \tag{6.33}$$

分析:

a)锚固长度取值

当竖直长度 $h_1 \geqslant l_{aE}$ 时,由剪力墙基础插筋的构造要求可知:插筋有带弯钩锚固和直锚两种形式,两种锚固形式的钢筋数量比例由图纸(设计)确定,并由此计算带弯钩钢筋和不带弯钩钢筋的根数。此时,公式中的锚固长度计算方法为:

$$\text{带弯钩插筋的锚固长度} = \text{竖直长度} + \text{弯折长度} \ a(\max(6d, 150)) \tag{6.34}$$

$$\text{直锚插筋的锚固长度} = \text{最小锚固长度} \ l_{aE} \tag{6.35}$$

当基础竖向直锚长度 $< l_{aE}$ 时,由剪力墙基础插筋的构造要求可知:插筋全部伸入基础梁中,采用弯锚形式,公式中的锚固长度计算方法为:

$$\text{锚固长度} = \text{竖直长度} \ h_1 + \text{弯折长度} \ a \tag{6.36}$$

b)竖直长度:$h_1 =$ 基础高度 − 保护层 (6.37)

c)弯折长度 a 取值,见表 6.8。

d)错层搭接问题

因为错层搭接对钢筋总量没有影响,在钢筋量总量计算时可不考虑错层搭接问题。

e)连接方式

在剪力墙身钢筋中，钢筋直径相对较细，根数多，因此，墙身的水平分布筋和竖向分布筋多以绑扎方式连接，因此，文中这部分钢筋量计算将以绑扎连接的计算为主。

2) 插筋总根数确定

插筋根数计算公式：

$$插筋总根数 = \left[\frac{剪力墙身净长 - 2 \times 插筋间距}{插筋间距} + 1\right] \times 排数 \quad (6.38)$$

分析：

a) 布筋范围

剪力墙竖向分布钢筋的布置位置：墙身竖向分布钢筋距边缘构件不大于1个墙竖向钢筋间距，计算竖向分布钢筋根数时两边各减去一个竖向分布筋间距。

b) 排数

指剪力墙钢筋网的排数。

3) 基础层剪力墙身水平筋长度计算

剪力墙身水平钢筋有水平分布筋、拉筋形式。

剪力墙水平分布筋有外侧钢筋与内侧钢筋两种形式，当剪力墙有两排以上钢筋网时，最外一层按外侧钢筋计算，其余均按内侧钢筋计算。

外侧与内侧水平筋长度计算公式为：

$$外侧水平筋长度 = 墙外侧长度 - 2 \times 保护层 + 15d \times n \quad (6.39)$$

$$内侧水平筋长度 = 墙外侧长度 - 2 \times 保护层 + 15d \times 2 - 外侧钢筋直径 d \times 2 - 25 \times 2 \quad (6.40)$$

基础层水平筋根数计算公式：

$$基础层水平筋根数 = \left[\frac{基础高度 - 基础保护层}{500} + 1\right] \times 排数 \quad (6.41)$$

基础层拉筋根数计算公式：

$$基础层拉筋根数 = \left[\frac{墙净长 - 竖向插筋间距 \times 2}{拉筋间距} + 1\right] \times 基础水平筋排数 \quad (6.42)$$

分析：

a) 外侧水平分布筋

外侧水平分布筋通常在墙体转角部分连续贯通，若没有转角或没有连续的外侧钢筋需水平弯折15d进行锚固。因此，外侧水平分布筋长度计算公式中 n 的选取为：当没有转角时 $n=2$，当有一个转角时 $n=1$，当有两个转角时 $n=0$。

b) 内侧水平分布筋

当剪力墙有转角即外侧钢筋在转角处连续贯通时，内侧钢筋长度计算需考虑与外侧钢筋重叠部位的钢筋净距问题，此处内外两层钢筋的净距取值25mm。

c) 水平分布筋与拉筋根数

计算水平分布筋根数需考虑剪力墙身钢筋网的排数，计算拉筋根数需考虑水平分布筋排数；剪力墙基础层水平分布筋间距的构造要求为：间距小于等于500mm，且不少于两道水平分布筋与拉筋。

6.3.3.2 中间层剪力墙身钢筋计算方法

中间层剪力墙身钢筋量有竖向分布筋和水平分布筋。

竖向分布筋长度和根数计算方法：

$$长度 = 中间层层高 + 1.2l_{aE} \tag{6.43}$$

$$根数 = \left(\frac{剪力墙身长 - 2 \times 竖向分布筋间距}{竖向分布筋间距} + 1\right) \times 排数 \tag{6.44}$$

水平筋长度与根数计算无洞口时计算方法和基础层相同；有洞口时水平分布筋长度和根数计算方法为：

$$外侧水平筋长度 = 外侧墙长度（减洞口长度后）$$
$$- 2 \times 保护层 + 15d \times 2 + 15d \times n \tag{6.45}$$

$$内侧水平筋长度 = 外侧墙长度（减洞口长度后）$$
$$- 2 \times 保护层 + 15d \times 2 + 15d \times 2 \tag{6.46}$$

$$水平筋根数 = \left(\frac{布筋范围 - 50}{墙身水平筋间距} + 1\right) \times 排数 \tag{6.47}$$

分析：

a) 布筋范围

剪力墙竖向分布钢筋布置位置分析同基础部分。

b) 竖向分布筋排数

竖向分布筋排数即为剪力墙身钢筋网排数；

c) 水平筋布筋范围及排数

水平分布筋布置位置，通常从楼面或地面起50mm的位置开始设置。求水平筋根数时的布筋范围要考虑墙面是否布置洞口，当有洞口时，应将洞口宽度减去，水平分布钢筋伸至洞口边缘弯折15d。

外侧水平筋排数为1排，内侧水平筋排数为剪力墙身钢筋网总排数减1。

6.3.3.3　顶层剪力墙钢筋量计算方法

顶层剪力墙身钢筋量有竖向分布筋、水平分布筋。

水平钢筋计算方法同中间层。

顶层剪力墙身竖向钢筋长度和根数计算方法：

$$长钢筋长度 = 顶层层高 - 顶层板厚 + 锚固长度\, l_{aE} \tag{6.48}$$

$$短钢筋长度 = 顶层层高 - 顶层板厚 - 1.2l_{aE} - 500 + 锚固长度\, l_{aE} \tag{6.49}$$

$$根数 = \left[\frac{剪力墙净长 - 竖向分布筋间距 \times 2}{竖向分布筋间距} + 1\right] \times 排数 \tag{6.50}$$

分析：

考虑错层

当竖向钢筋长度采用绑扎连接，考虑错层时，钢筋接头错开距离为500mm。

6.3.3.4　剪力墙身变截面处钢筋量计算方法

剪力墙变截面处钢筋的锚固有两种形式：倾斜锚固和当前锚固与插筋组合。根据剪力墙变截面钢筋的构造措施，可知剪力墙纵筋的计算方法。

变截面处倾斜锚入上层的纵筋长度计算方法：

$$\text{变截面倾斜纵筋长度} = \text{层高} + \text{斜度延伸值} + \text{搭接长度} 1.2l_{aE} \tag{6.51}$$

变截面处倾斜锚入上层的纵筋长度计算方法：

$$\text{当前锚固纵筋长度} = \text{层高} - \text{板保护层} + \text{墙厚} - 2 \times \text{墙保护层} \tag{6.52}$$

$$\text{插筋长度} = \text{锚固长度} 1.5l_{aE} + \text{搭接长度} 1.2l_{aE} \tag{6.53}$$

6.3.3.5 剪力墙拉筋计算方法

拉筋计算包括拉筋长度计算和根数计算两部分。拉筋长度计算与柱单肢箍计算方法一样，此处省略；根据剪力墙身拉筋的设置要求，除边框梁拉筋长度与剪力墙身拉筋长度计算方法不同外，其他墙梁拉筋布置可与墙身相同。这里可近似采用除边框梁之外的所有拉筋根数全部计算出来的方法。

拉筋根数计算方法为：

$$\text{根数} = \frac{\text{剪力墙总面积} - \text{洞口面积} - \text{边框梁面积}}{\text{拉筋间距} \times \text{拉筋间距}} \tag{6.54}$$

6.3.4 剪力墙其他钢筋计算方法

剪力墙中设有洞口和壁龛时，在洞口和壁龛的周围通常根据构造要求设有补强钢筋或补强暗梁形式的加强钢筋。计算时，根据洞口尺寸、配置钢筋的数量与构造要求，进行钢筋量的计算即可。

6.4 剪力墙钢筋工程量计算实例

【已知条件】

剪力墙连梁和端柱，结构抗震等级为一级，C30混凝土，墙柱柱保护层为30mm，轴线居中，基础顶标高为-1.000，基础高度为1000mm，墙柱采用机械连接，墙身采用绑扎搭接，其他条件如下图6.45所示。

【要求】 计算图中Q1、GDZ1和LL1的钢筋量。

【解析】

LL1标注内容：连梁1中间层，截面尺寸为300×2000，上部和下部钢筋均为4Φ22，梁顶标高相对于所在楼层标高高0.8m，箍筋为φ10的钢筋间距200mm，双肢箍。

连梁1顶层，截面尺寸为300×800，上部和下部钢筋均为4Φ25，梁顶标高与顶层标高相同，箍筋为φ10的钢筋间距100mm，双肢箍。

LL1中需要计算的钢筋有：中间层和顶层分别计算其上部和下部纵向钢筋的长度、箍筋的长度和根数。其中，顶层和中间层箍筋的设置要求有所不同，在计算时应注意。

Q1标注内容：墙1的钢筋网有两排，墙厚300mm，水平和竖向分布钢筋均为φ12的钢筋，间距250mm，拉筋为φ6的钢筋，间距500mm。墙1要计算的钢筋有：从基础到顶层的竖向分布钢筋和水平分布钢筋、拉筋。

GDZ1标注内容：构造端柱1截面形式如墙柱表所示，纵筋为22Φ22，箍筋为φ10钢筋，间距100mm，箍筋的形式如图示。剪力墙构造端柱要计算的钢筋有：纵筋、箍筋的长度和根数。

【计算过程】

1. LL1钢筋量计算

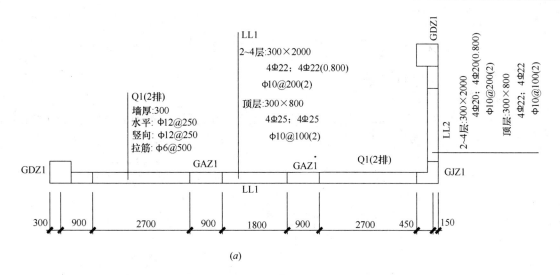

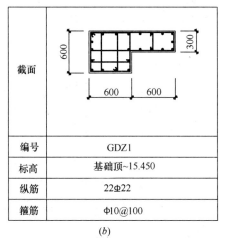

图 6.45 剪力墙平法标注内容

(a) 平面布置与截面注写内容；(b) 墙柱表注写内容；(c) 结构层楼面标高和结构层高

锚固长度：连梁纵筋的锚固为 $l_{aE}=34d=748$mm

剪力墙连梁锚入墙肢内的长度为 max（600，l_{aE}）=748mm

纵筋长度：1800+2×748=3296mm

共四层连梁，每层上下部钢筋为 8 根，因此，连梁纵筋的总根数为 32Φ22

箍筋长度：

2～4 层箍筋长度=(300-2×30+2×10+2000-2×30+2×10)×2+2×11.9×10

　　　　　=4678mm

(30Φ10)

$$2～4 层箍筋根数 = \left(\frac{1800-2\times50}{200}+1\right)\times3 = 30 根$$

顶层箍筋长度=(300-2×30+2×10+800-2×30+2×10)×2+2×11.9×10

　　　　　=2278mm

($30\phi10$)

$$顶层箍筋根数 = \left(\frac{1800-2\times50}{100}+1\right)+\left(\frac{748-100}{150}+1\right)\times2 = 30 根$$

2. 剪力墙身纵向钢筋计算

1）墙身水平钢筋

Q1 水平钢筋为 $\phi12@250$，在连梁位置水平分布钢筋贯通设置为剪力墙连梁的腰筋，因此，在墙 1 钢筋计算时，水平钢筋有两种长度，如图 6.46 所示。

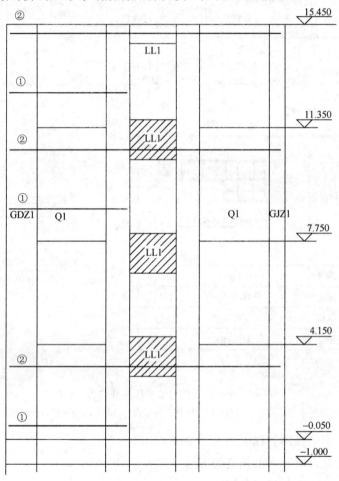

图 6.46 剪力墙身水平钢筋布置

①钢筋长度 $=1200+2700+900-2\times30+15\times12\times2=4779$mm

$$根数 = \left(\frac{4150+1000-1200-250}{250}+1\right)+\left(\frac{3600-2000-250}{250}+1\right)$$

$$\times 2 + \left(\frac{4100-800-800-250}{250}+1\right)$$

$$= 16+7\times2+10 = 40 根$$

② 钢筋长度 = 1200+2700+900+1800+900+2700+600−2×15+2×15×12
          = 11130mm

根数 = $\left(\dfrac{1000-40}{500}+1\right)+\dfrac{2000-250}{250}\times 3+\dfrac{800-250}{250}=3+21+3=27$ 根

2) 墙身竖向钢筋

Q1 竖向钢筋为 ϕ12@250，竖向钢筋从基础插筋至顶层布置。

基础插筋：锚固长度 $l_{aE}=34d=408$mm

搭接长度 $1.2l_{aE}=489.6$mm

插筋采用直锚形式：部分钢筋（30%）伸至基础底部水平弯折 max（6d，150mm），其余钢筋伸至基础中，满足最小锚固长度 l_{aE} 即可。

弯折钢筋长度：$1.2l_{aE}+1000-40+150=1599.6$mm（4$\phi$12）

直锚钢筋长度：$1.2l_{aE}+408=897.6$mm（7ϕ12）

中间层：$11350+1000+3\times 1.2l_{aE}=13818.8$mm（11$\phi$12）

顶层：$4100-100+l_{aE}=4408$mm（11ϕ12）

根数：(2700−250)/250+1=11 根

3. 构造边缘端柱 1 钢筋量计算

1) GDZ1 纵筋计算：

基础插筋部位：$h-c=1000-40=960$mm　　$d=22$mm　　$l_{aE}=34d=748$mm

基础插筋角筋长度 = 500+960+150=1610mm（7Φ22）

基础插筋中部钢筋长度 = 500+748 = 1248mm（15Φ22）

中间层钢筋长度 = 11350+1000+500−500 = 12350mm（22Φ22）

顶层：15450−11350−500−100+748 = 4248mm（22Φ22）

2) 箍筋计算（图 6.47）

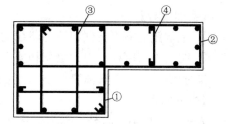

图 6.47 构造端柱 1 箍筋示意图

箍筋长度计算：

① 号箍筋长度 = (600−2×30+2×10)×4+2×11.9×10 = 2478mm

② 号箍筋长度 = (1200−2×30+2×10+300−2×30+2×10)×2+2×11.9×10
            = 3078mm

③ 号箍筋长度 = $\left(\dfrac{600-2\times 30-22}{3}+22+2\times 10+600-2\times 30+2\times 10\right)\times 2+2$
            $\times 11.9\times 10 = 1787$mm

④ 号箍筋长度 = 300−2×30+2×10+2×10+2×11.9×10 = 518mm

箍筋根数计算：

$$\text{箍筋根数} = \frac{1000-40}{500} + 1 + \frac{5150-2\times50}{100} + 1 + \left(\frac{3600-2\times50}{100}+1\right)\times 2$$

$$+ \frac{4100-2\times50}{100} + 1 = 168 \text{ 根}$$

6.5 剪力墙钢筋工程量计算实战训练

【实训教学课题】

计算钢筋混凝土剪力墙的钢筋工程量

【实训目的】

通过识图练习，熟练掌握剪力墙结构平面整体表示法以及对标准构造详图的理解。在读懂建筑平面施工图基础上，根据实际一套框架剪力墙结构平法表示图，能熟练理解剪力墙柱、剪力墙梁和剪力墙身等的配筋情况并计算指定剪力墙各构件的钢筋工程量。

【实训要求】

读图要求：读懂读熟框架剪力墙平法施工图（包括剪力墙柱、剪力墙身和剪力墙梁）。理解剪力墙平法标注的列表注写和截面注写的相关内容，熟悉墙柱、墙身和墙梁的相关构造要求。

算量要求：能熟练计算剪力墙中墙身、墙柱和墙梁中所有钢筋量。

【实训资料】

附录图纸，图集 03G101-1

【实训指导】

1. 了解钢筋混凝土框架剪力墙结构的受力情况。
2. 明确剪力墙柱、剪力墙身和剪力墙梁的一般构造要求和抗震构造要求。
3. 明确剪力墙的平面整体表示方法的制图规则，读懂标准构造详图。

【实训内容】

熟悉指定的剪力墙柱、剪力墙身和剪力墙梁及其相关构造要求，计算钢筋工程量，要求：有计算过程，钢筋列表，材料汇总表。

本 章 知 识 小 结

本章介绍了剪力墙（墙柱、墙身和墙梁）平法施工图的表示方法、标准构造详图、剪力墙构件钢筋量计算实例分析，并通过实例分析，介绍了剪力墙柱、剪力墙身和剪力墙连梁的钢筋量计算方法。

基本知识要求：掌握剪力墙（墙柱、墙身和墙梁）平法施工图表示方法；掌握墙柱（墙柱根的锚固、墙柱钢筋的连接、墙柱顶层的锚固要求）、墙身（墙身水平分布钢筋与竖向分布钢筋的锚固与连接）和墙梁（连梁的纵筋锚固和箍筋布置、暗梁和边框梁的钢筋布置）各部分的构造要求；掌握剪力墙（墙柱、墙身和墙梁）各构件的计算方法；熟悉剪力墙结构中各构件钢筋的排布方法。

基本技能要求：熟练、准确识读剪力墙平法施工图，看懂看透施工图包含的构造要求和钢筋布置，熟练计算剪力墙（墙柱、墙身和墙梁）中的钢筋量。

综合素质要求：熟练、准确读懂剪力墙结构和框架—剪力墙结构平法施工图，熟练计算出剪力墙钢筋工程量，绘制钢筋材料汇总表；通过剪力墙各构件钢筋的算量学习，结合工程图纸和图集能够独立计算剪力墙结构或者框架剪力墙结构上部结构的总体工程量,做到理论和实际紧密结合,增强知识的灵活运用能力。

思 考 题

1. 剪力墙连梁、边框梁和暗梁的侧面钢筋如何布置?
2. 剪力墙第一根竖向钢筋距边缘构件的距离如何确定,水平分布钢筋距楼地面的距离如何确定?
3. 剪力墙中的竖向分布钢筋在顶层楼板处遇暗梁或边框梁时,是否可以锚固在暗梁或者边框梁内,锚固长度从哪里开始计算。
4. 剪力墙水平分布钢筋在端柱内如何锚固,在暗柱和翼墙内如何锚固?
5. 剪力墙竖向分布钢筋在上、下楼层交接处,直径或间距改变时,竖向钢筋应如何处理?
6. 什么是扶壁柱,扶壁柱和暗柱的作用是什么,有哪些构造要求?
7. 在剪力墙平法施工图中,墙身的钢筋网排数在有抗震要求时的规定有哪些?
8. 剪力墙竖向分布钢筋在板顶层的构造要求是什么?
9. 剪力墙端部有暗柱时,剪力墙水平钢筋应该伸入柱钢筋内侧还是外侧,原因是什么?
10. 剪力墙水平筋在暗柱中锚固长度满足要求时能否采用直锚,不做 $15d$ 弯钩?
11. 剪力墙竖向钢筋采用机械连接和搭接连接时钢筋错开间距各是多少?
12. 当连梁顶标高与暗梁顶标高相同,连梁的上部主筋与暗梁的上部主筋如何连接?
13. 连梁主筋与门洞两侧暗梁主筋的关系如何?
14. 剪力墙开洞时,剪力墙水平筋和竖向筋在洞口处截断应如何处理?
15. 如果连梁顶标高与暗梁顶标高相同,连梁的上部主筋与暗梁的上部主筋如何连接?
16. 剪力墙的"约束边缘构件"和"构造边缘构件"设置要求是什么?
17. 剪力墙墙身内侧与外侧水平钢筋长度计算时有和异同?
18. 剪力墙身或剪力墙柱伸至基础中的锚固构造要求有哪些?

疑难知识点链接与拓展

1. 有抗震设防要求的剪力墙为何要有底部加强部位高度的要求?
2. 剪力墙水平筋和竖向筋在洞口处的截断后如何处理?
3. 剪力墙竖向钢筋伸至顶层的锚固长度为最小锚固长度,当顶层设置暗梁或边框梁时,是否需要锚入墙梁内,有无构造要求?
4. 剪力墙连梁、边框梁和暗梁的箍筋和拉筋如何设置?
5. 剪力墙边框梁和暗梁的钢筋长度如何计算?
6. 暗梁纵筋伸入端部边缘构件的构造要求是什么?
7. 剪力墙身拉筋有双向布置和梅花双向布置,两种布置形式拉筋根数如何确定?

第7章 现浇混凝土楼面板与屋面板平法施工图识读与钢筋量计算

【学习目标】
1. 熟悉板平法施工图的表示方法；
2. 掌握常用的板标准构造详图；
3. 掌握板钢筋量的计算方法。

【本章重点】
1. 有梁楼盖平法施工图的表示方法：板块集中标注，板支座原位标注。
2. 掌握常用的板标准构造详图
   楼面板与屋面板钢筋构造；
   楼面板与屋面板端部钢筋构造；
   延伸悬挑板与纯悬挑板钢筋构造。
3. 掌握有梁楼盖钢筋量的计算方法
   板下部受力钢筋的长度和根数；
   板面上部负弯矩钢筋和分布钢筋的长度和根数；
   纯悬挑板中受力钢筋和构造钢筋的长度和根数。

按楼板受力和支承条件的不同，楼板可分为肋形楼盖、无梁楼盖和井字楼盖三种形式。现浇混凝土楼面与屋面板平法施工图平法图集中重点描述了有梁楼盖板和无梁楼盖板两种形式楼盖。

有梁楼盖（亦称肋形楼盖，如图7.1所示）由板、次梁、主梁组成，三者整体相连。肋形楼盖的传力路线为：荷载→板→主梁（次梁）→柱（墙）。无梁楼盖（如图7.2所示）在楼盖中不设梁肋，直接将板支撑在柱上，是一种板柱结构，为改善板的受力条件，通常在每层柱顶上部设置柱帽。无梁楼盖传力路线：荷载→板→柱帽→柱。

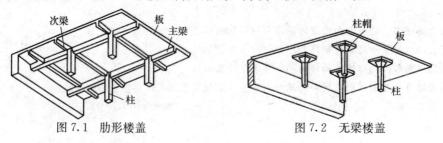

图7.1 肋形楼盖　　　　图7.2 无梁楼盖

7.1 现浇混凝土楼面与屋面板的制图规则

7.1.1 有梁楼盖施工图制图规则

现浇混凝土有梁楼面板与屋面板是指以梁为支座的楼面与屋面板，如图7.3、图7.4所示。

7.1 现浇混凝土楼面与屋面板的制图规则

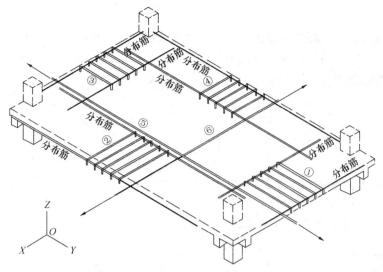

图7.3 楼板结构施工图立体示意图

图7.4 楼板结构施工实例图

有梁楼面板的制图规则同样适用于梁板式转换层、剪力墙结构、砌体结构、有梁地下室的楼面与屋面板的设计施工图。有梁楼面板平法施工图是指在楼面板和屋面板布置图上，采用平面注写的表达方式，如图7.5所示，与传统板施工图绘制方式（如图7.6）有所不同。板平面注写主要包括：板块集中标注和板支座原位标注。

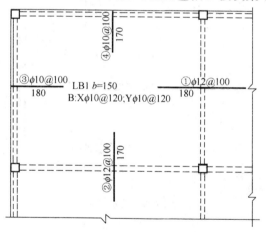

图7.5 平法制图楼面板施工图绘制

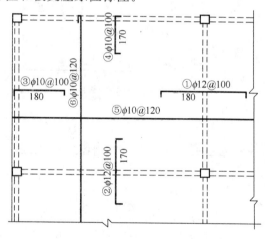

图7.6 传统楼面板施工图绘制

7.1.1.1 板面结构平面的坐标方向

为方便设计和施工，平法制图规则中规定结构平面的坐标方向为：
当两向轴网正交布置时，图面从左到右为 x 向，从下向上为 y 向；
当轴网转折时，局部坐标方向顺轴网转折角度做相应转折；
当轴网向心布置时，切向为 x 向，径向为 y 向。

7.1.1.2 板块集中标注

板块集中标注的主要内容有：板块编号，板厚，贯通纵筋，板面标高不同时的标高高差。

1) 板块编号

对于普通的楼面板，两向均以一跨为一板块，对于密肋楼盖，两向主梁均以一跨为一板块。所有板块均应编号，并选择编号相同的板块做集中标注，其他仅注写板编号，当板面标高不同时只需标注板面标高高差。板的编号见表7.1，板块编号为板代号加序号。

常用板编号　　　　　　　　表7.1

板块名称	板块代号	板块名称	板块代号
楼面板	LB	延伸悬挑板	YXB
屋面板	WB	纯悬挑板	XB

【例7.1】 解释图7.7和图7.8编号的含义

XB1表示：纯悬挑板1；YXB1表示：延伸悬挑板1。

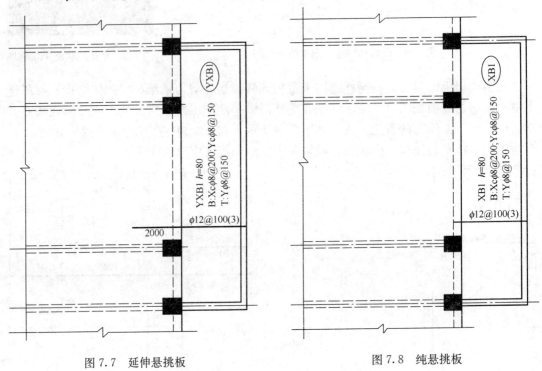

图7.7　延伸悬挑板　　　　　图7.8　纯悬挑板

2) 板厚

板厚为垂直于板面的厚度，用 $h=\text{xxx}$ 表示；当悬挑板的端部为变截面厚度板时，用斜线分隔板根部和端部的高度值，注写为 $h=\text{xxx}/\text{xxx}$；大部分板厚一致时，可以在图纸中统一注明，个别不同板厚单独标注。

3) 贯通纵筋

贯通纵筋按板块上部与下部贯通纵筋分别注写（没有时不注），下部纵筋用 B (Bottom) 打头，上部纵筋用 T (Top) 表示。X 向贯通纵筋用 X 打头，Y 向贯通纵筋用 Y 打头；若板内配有的上部或下部钢筋为构造钢筋时，分别用 X_c 和 Y_c 表示。若上部与下部纵筋一致，或 X 向与 Y 向钢筋一致时，可用"&"连接两部分钢筋，如 B&T 表示上部与下部钢筋，X&Y，表示 X 向与 Y 向钢筋，X_c&Y_c 表示 X 向与 Y 向构造钢筋。

4) 板面标高高差

板面标高高差是指结构层楼面标高相对于本结构层标高的高差值。该项为选注项，有标高高差时，标注在集中标注后面的括号内，没有时不注。

【例7.2】 解释图7.9中LB3表达的内容

楼板3，板厚100mm，底部（bottom）X和Y向钢筋全部为HPB235钢筋，直径8mm，间距150mm；顶部（top）X向钢筋为HPB235钢筋，直径8mm，间距150mm；板面无标高高差。

7.1.1.3 板支座原位标注

1) 原位标注的内容

板支座原位标注的内容有：板支座上部非贯通纵筋和纯悬挑板上部受力钢筋。

2) 表达方式

板支座原位标注的钢筋，应在配置相同跨的第一跨表达（悬挑部位单独配置时采用原位表达的方式）。

表达方式：用垂直于支座的中粗实线表示；线段上方注写钢筋编号，配筋值，横向连续布置的跨数，是否横向布置到梁的悬挑端；线段下方注写自支座中线向跨内的延伸长度（对称延伸可仅注写一侧，贯通全跨或延伸至全悬挑一侧的长度值可不注）。

3) 非贯通纵筋的布置方式

当板的上部配有贯通纵筋，但还需增设板支座上部非贯通纵筋时，应结合已有的同向贯通纵筋的直径采取"隔一布一"布置方式。"隔一布一"，贯通钢筋与非贯通钢筋间隔布置，两者组合后的实际间距为各自间距的一半。布置方式有两种：等钢筋直径布置或不等钢筋直径布置。

左右板块内支座上部钢筋直径间距均相等时，应将钢筋贯通，避免在支座上锚固。

【例7.3】 解释图7.9中LB1和LB2表达的内容

楼板1板块集中标注：板厚100mm，底部（bottom）X和Y向钢筋全部为HPB235钢筋，直径8mm，间距150mm；顶部（top）X和Y向钢筋为HPB235钢筋，直径8mm，间距150mm；板面无标高高差。板钢筋已经全部表示清楚，没有用到板支座原位标注。

楼板2板块集中标注：板厚150mm，底部（bottom）X向钢筋为HPB235钢筋，直径10mm，间距150mm；Y向钢筋为HPB235钢筋，直径8mm，间距150mm。板支座原位标注：四边梁上的钢筋编号分别为①、②、⑤、⑧钢筋，①钢筋为HPB235钢筋，直径8mm，间距150mm，长度自梁中线向板内延伸1000mm；②号钢筋为HPB235钢筋，直径10mm，间距100mm、长度为自梁中线向两边板延伸1800mm，⑤号钢筋为HPB235钢筋，直径8mm，间距150mm，长度为自梁中线向A轴内侧延伸1000mm，向A轴外侧延伸至悬挑端头；⑧号钢筋为HPB235钢筋，直径8mm，间距100mm，长度为自B轴中线板内延伸1000mm，自C轴中线板内延伸1000mm，贯通B、C两轴。

7.1.2 无梁楼盖施工图制图规则

现浇混凝土无梁楼面板与屋面板是指以柱为支座的楼面与屋面板。

现浇混凝土无梁楼面板与屋面板平法施工图是在楼面板与屋面板布置图上，采用平面注写的表达方式。板平面注写主要有两部分内容：板带集中标注和板带支座原位标注。

第7章 现浇混凝土楼面板与屋面板平法施工图识读与钢筋量计算

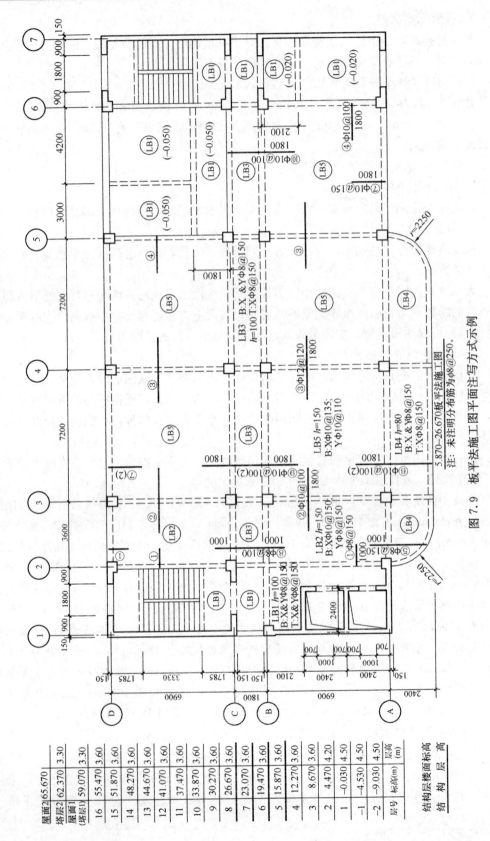

图 7.9 板平法施工图平面注写方式示例

7.1.2.1 板带集中标注内容

板带集中标注内容包括板带编号、板带厚、板带宽、箍筋和贯通纵筋等几个方面,其具体内容为:

1) 板带编号

板带编号由代号、序号、跨数及有无悬挑组成。

代号:柱上板带用 ZSB 表示;跨中板带用 KZB 表示。跨数按柱网轴线计算,相邻柱轴线之间为一跨。悬挑表示方法同框架梁的表示,一端带悬挑用 A 表示,两端带悬挑用 B 表示。

【例 7.4】 ZSB1(4B)表示 1 号柱上板带,有 4 跨,且两端带悬挑。

2) 板带厚和板带宽

板带厚用 h 表示,板带宽用 b 表示,单位 mm。

3) 箍筋

该项为选注内容,当柱上板带设计有暗梁时才需注明箍筋的级别、数量、间距和肢数等信息。当设计采用两种箍筋直径时,其标注方法为:先注写板带近柱端的第一种箍筋,并在前面加注箍筋道数,再注写板带跨中的第二种箍筋,之间用"/"分隔。

4) 贯通纵筋

贯通纵筋按板带上部与下部钢筋方式注写,表达方式:板带下部钢筋用 B(Bottom)表示,板带上部钢筋用 T(Top)表示,上下部钢筋相同时用"B&T"表示。

7.1.2.2 板带支座原位标注

板带支座原位标注的内容是板带支座上部非贯通纵筋。其表示方法为:中粗实线段代表板带支座上部非贯通纵筋;柱上板带,实线段贯穿柱上区域;跨中板带,实线段横贯柱网轴线布置。

板带支座原位标注的具体标注内容有:钢筋编号、配筋值、延伸长度值等。

1) 钢筋编号及配筋值

用带圈的数字表示,相同编号的钢筋只需注写其中的一个设计信息,其余只注写编号即可。配筋值包括钢筋的级别、直径、间距等设计内容。

2) 延伸长度值

延伸长度值为注写在线段下方,自支座中线向两侧延伸到长度值。板带支座两边延伸长度一致时,只注写一侧延伸值;当有悬挑端时,延伸值至悬挑端头,设计不需注明;当支座上部非贯通筋呈放射分布时,设计应注明配筋间距的度量位置。

7.1.3 楼板相关构造的制图规则

7.1.3.1 楼板相关构造类型与表达方法

楼板相关构造的平法施工图设计,是在楼板平法施工图上采用直接引注方式表达。楼板相关构造的编号及其主要内容见表 7.2。

楼板相关构造类型与编号　　　　表 7.2

构造类型	代号	序号	说明
纵筋加强带	JQD	XX	以单向加强纵筋取代原位配置筋
后浇带	HJD	XX	与墙或梁后浇带贯通,有不同的留筋方式

续表

构造类型	代号	序号	说　　　明
柱帽	ZMx	XX	适用与无梁楼盖
局部升降板	SJB	XX	升降高度小于等于300mm
板加腋	JY	XX	腋高与腋宽为选注内容
板开洞	BD	XX	最大边长或直径小于1m
板翻边	FB	XX	翻边高度小于等于300mm
板挑檐	TY	XX	对应板端钢筋构造，不含竖檐内容
角部加强筋	Crs	XX	以上部双向非贯通加强钢筋取代原位置的非贯通配筋
悬挑阴角附加筋	Cis	XX	板悬挑阴角斜放附加筋
悬挑阳角放射筋	Ces	XX	板悬挑阳角上部放射筋
抗冲切箍筋	Rh	XX	常用于无柱帽无梁楼盖的柱顶
抗冲切弯起钢筋	Rb	XX	常用于无柱帽无梁楼盖的柱顶

7.1.3.2　楼板相关构造的直接引注

楼板相关构造的直接引注的主要内容有：纵筋加强带、后浇带、柱帽、局部升降板、板加腋、板开洞、板翻边、板挑檐、角部加强筋和抗冲切钢筋等，详述如下：

1）纵筋加强带

纵筋加强带设单向加强贯通纵筋，取代其所在位置板中原配置的同向贯通原位配筋；纵筋加强带也可以是暗梁形式，如图7.10所示。

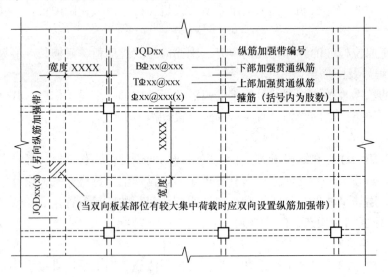

图7.10　纵筋加强带（暗梁形式）

2）后浇带

后浇带的平面形式与定位由平面布置图表达，后浇带留筋方式、混凝土强度等级等内容由引注内容表达，如图7.11所示，后浇带的设置如图7.12和图7.13所示。留筋方式有三种：贯通留筋，其宽度通常大于等于800mm；100%搭接留筋，其宽度取值为

max（800mm，l_1＋60mm）；50%搭接留筋，其宽度取值为 max（1000mm，2.3l_1＋60mm）。

后浇带混凝土的强度等级应高于所在板的混凝土强度等级，且应采用不收缩或微膨胀混凝土。

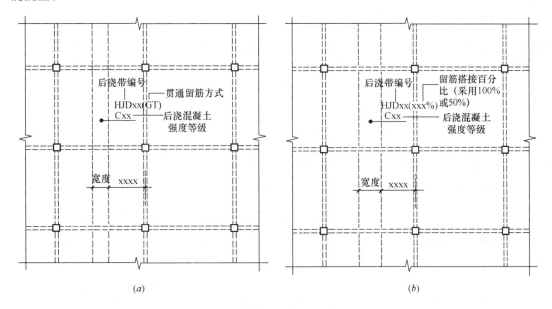

图 7.11 后浇带
（a）贯通留筋方式；（b）搭接留筋方式

图 7.12 后浇带留置实例

图 7.13 后浇带钢筋绑扎

3）柱帽

柱帽的形状有矩形、圆形、多边形等，由平面布置图表达。柱帽的立面形状有单倾角柱帽、托板柱帽、变倾角帽、倾角柱帽、倾角托板柱帽等，其立面尺寸和配筋等由具体的引注内容表达。单倾角柱帽形式和对应的表示方式，如图 7.14 所示。

4）局部升降板

局部升降板的平面形式与定位由平面布置图表达，其他内容由引注内容表达，如图

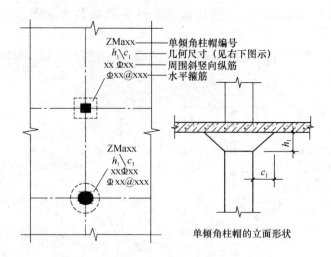

图 7.14 单倾角柱帽

7.15 所示。局部升降板升高和降低的高度限定为 300mm,升降板带上部和下部均应设置双向配筋;高度超过 300mm 时,由设计人员补充绘制其配筋截面详图。

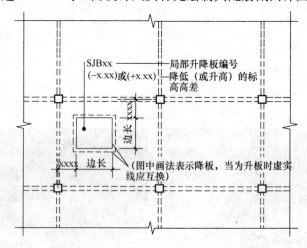

图 7.15 局部升降板

5)板加腋

板加腋的位置与范围由平面布置图表达腋宽、腋高和配筋等由引注内容表达,如图 7.16 所示。当板底加腋时,腋线应为虚线,当板面加腋时,腋线应为实线,当腋高、腋宽与板同厚时,设计不注,加腋配筋按标准构造,设计不注。

6)板开洞

板开洞的平面形式与定位由平面布置图表达,洞口几何尺寸等由引注内容表达。当矩形洞口边长或圆形洞口直径≤1000mm,且当洞口边无集中荷载时,洞口补强钢筋可按标准构造的规定设置;当矩形洞口边长或圆形洞口直径>1000mm,或≤1000mm 但洞口边有集中荷载作用时,设计应根据具体情况采取相应的处理措施,如图 7.17 所示。

7)板翻边

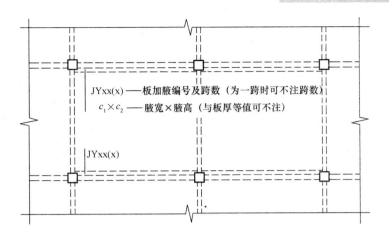

图 7.16 板加腋

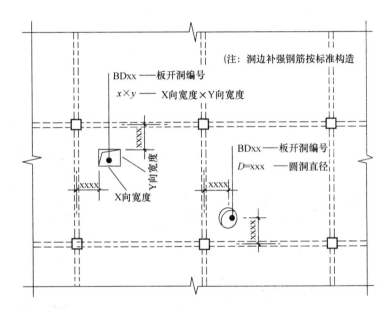

图 7.17 板开洞

板翻边可为上翻也可为下翻，翻边尺寸等在引注内容表达，翻边高度在标准构造详图中为≤300mm，当高于 300mm 时，应按板挑檐处理，如图 7.18 所示。

8）板挑檐

板挑檐按标准构造详图选择相应的构造，檐板的尺寸与配筋等由设计绘制，如图 7.19 所示。

9）角部加强筋

角部加强筋通常位于板块角区的上部，根据规范规定和受力要求，选择配置，角部加强筋将在其分布范围内取代其原配置的支座上部非贯通钢筋，当其分布范围内配有板上部贯通纵筋时，则插空布置，如图 7.20 所示。

10）悬挑阴角附加筋

悬挑阴角附加筋在悬挑板的阴角部位斜放的附加钢筋，该附加钢筋设置在板上部悬挑

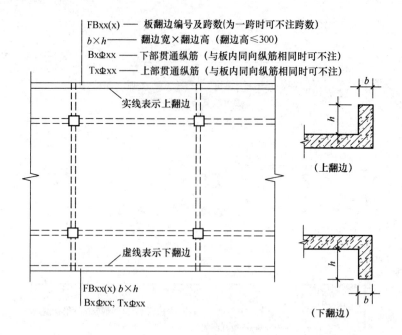

图7.18 板翻边

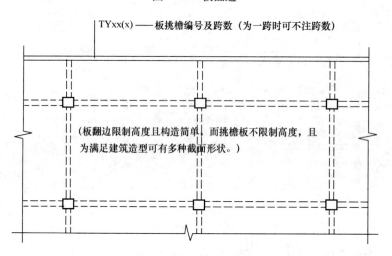

图7.19 板挑檐（注：设计应另行绘制檐板配筋截面图）

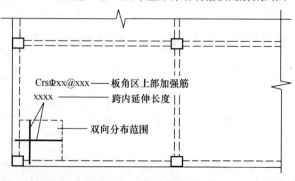

图7.20 角部加强筋

受力钢筋的下面,如图 7.21 所示。

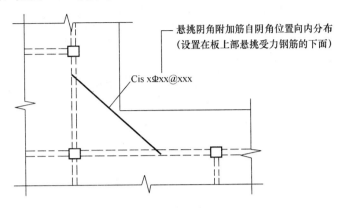

图 7.21 悬挑阴角附加筋

11) 悬挑阳角放射筋

悬挑阳角附加筋在悬挑板的阳角部位斜放的附加钢筋,该附加钢筋设置在板悬挑阳角上部,如图 7.22 和图 7.23 所示。

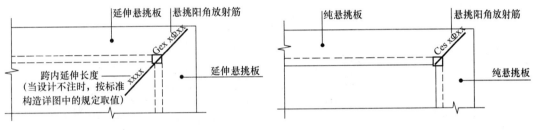

图 7.22 延伸悬挑板放射筋布置　　图 7.23 纯悬挑板阳角放射钢筋布置

12) 抗冲切箍筋

常用于无柱帽无梁楼盖的柱顶,引注内容有:编号,箍筋规格与肢数,如图 7.24 所示。

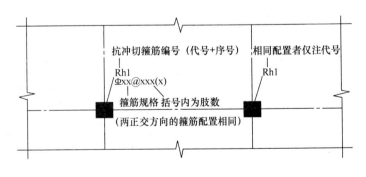

图 7.24 抗冲切箍筋

13) 抗冲切弯起钢筋

常用于无柱帽无梁楼盖的柱顶,引注内容有:编号,弯起钢筋规格(倾角为 45°),如图 7.25 所示。

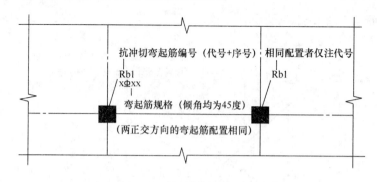

图 7.25 抗冲切弯起钢筋

7.2 现浇混凝土楼面与屋面板标准构造详图

现浇混凝土楼面板与屋面板标准构造详图着重介绍有梁楼盖部分的内容，此处无梁楼盖略去不讲解。

7.2.1 楼面板与屋面板钢筋构造

有梁楼盖楼面板与屋面板钢筋的构造要求如图 7.26 所示，主要内容有：

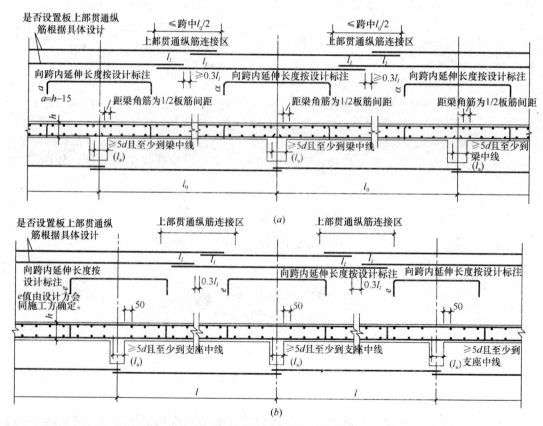

图 7.26 有梁楼盖和屋面板钢筋构造

(a) 图集 04G101-4 相关内容（设计方面）；(b) 图集 09G901-4 相关内容（施工方面）

1)下部钢筋

下部钢筋在支座的锚固长度≥5d，且至少伸到梁中线。

2)上部钢筋

贯通纵筋有无按设计要求，连接范围位于跨中≤$l_0/2$，连接区间错开长度≥$0.3l_1$。

3)非贯通纵筋

向梁跨中的延伸长度按设计标注，竖直锚固长度$a=h-15$；与梁平行的第一根钢筋位置，在图集04G101-4中标注为距离梁角筋是板筋间距的一半，在图集09G101-4中标注为50mm，后者间距要求相对可操作性较强。

7.2.2 楼面板与屋面板端部钢筋构造

有梁楼盖楼面板与屋面板在端部支座的锚固构造要求如图7.27所示，主要内容有：

1)上部钢筋

上部钢筋伸入支座长度要求：当板端为梁、剪力墙支座时，上部钢筋伸入端支座内的总锚固长度为l_a；当板端部支座为砌体墙时上部钢筋伸至墙身内侧向下弯折即可。

2)下部钢筋

下部钢筋伸入支座长度要求：当板端为梁、剪力墙支座时，下部钢筋伸入支座长度为≥5d且过剪力墙或梁中线；当板端部支座为砌体墙时锚固长度为max(120mm，板厚h)。

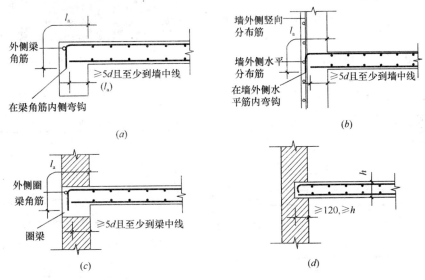

图7.27 板在端部支座的锚固构造

(a)端部支座为梁；(b)端部支座为剪力墙；
(c)端部支座为砌体墙的圈梁；(d)端部支座为砌体墙

7.2.3 有梁楼盖延伸悬挑板与纯悬挑板钢筋构造

有梁楼盖延伸悬挑板(如图7.28和图7.29所示)与纯悬挑板钢筋的构造要求(如图7.30和图7.31所示)，主要内容有：

1)上部钢筋

延伸悬挑板上部钢筋由楼面板上部钢筋延伸形成，上部受力钢筋延伸至悬挑端端头，向下弯至板底，并向回弯折5d，如图7.28和图7.29所示。

纯悬挑板上部钢筋锚入端支座内,可采用直锚(如图7.30所示)和弯锚(如图7.31所示)两种形式锚入梁内,其总锚固长度应满足不小于最小锚固长度l_a的要求。

上部钢筋中的构造钢筋或分布钢筋在图集04G101-4中采用距梁角筋为板筋间距的一半,而在图集09G901-4中为50mm,施工中多采用50mm。

2)下部钢筋

悬挑板下部钢筋为构造钢筋,因此,当有下部钢筋时,下部钢筋锚入支座内的要求为伸入支座不小于$12d$,且至少到梁中线。

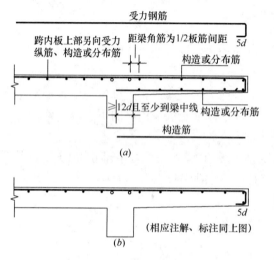

图7.28 延伸悬挑板钢筋构造
(a)上下部均配筋;(b)仅上部配筋

图7.29 延伸悬挑板钢筋实例

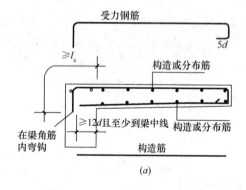

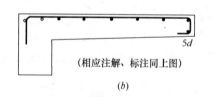

图7.30 纯悬挑板钢筋弯锚构造
(a)弯锚时上下部均配筋;(b)弯锚仅上部配筋

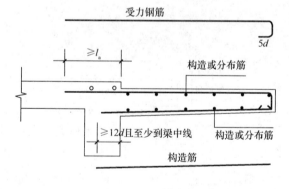

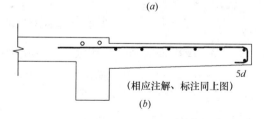

图7.31 纯悬挑板钢筋直锚构造
(a)直锚时上下部均配筋;(b)直锚时仅上部配筋

7.3 钢筋工程量计算方法

楼面板和屋面板按照钢筋位置不同可以分为：板上部钢筋和下部钢筋。

板上部钢筋：贯通钢筋（X向钢筋和Y向钢筋）、端支座钢筋（非贯通钢筋和分布钢筋）、中间支座钢筋（非贯通钢筋和分布钢筋）和构造钢筋、温度筋；下部钢筋：贯通钢筋（X向钢筋和Y向钢筋）。

7.3.1 板下部钢筋量计算方法

板下部钢筋（包括X向和Y向钢筋）如图7.32和图7.33所示，长度和根数的计算方法为：

$$下部钢筋长度 = 板净跨 + 左锚固长度 + 右锚固长度 (+2×弯钩长度) \tag{7.1}$$

$$下部钢筋根数 = (板净跨 - 2×50)/板筋间距 + 1 \tag{7.2}$$

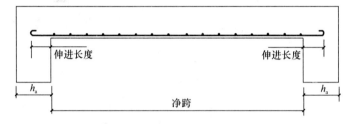

图7.32 板下部钢筋长度计算示意图

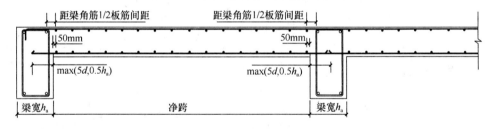

图7.33 板下部钢筋根数计算示意图

分析：

1）锚固长度取值

当板端支座为框架梁、剪力墙、圈梁时，根据标准构造要求为：板下部钢筋锚入支座内的锚固长度取 $\max(5d, 0.5×支座宽度)$；当板端支座为砌体墙时，锚固长度取 $\max(120, 板厚h)$。

2）弯钩长度

当板下部钢筋采用HPB235级钢筋时，钢筋端头需有180°弯钩，计算钢筋时应将钢筋的弯钩长度计算在内；其他等级钢筋不需设弯钩。

3）布筋范围

首根钢筋与支座边缘距离分析：

板筋布置是在板带净跨范围内。在图集04G101-4中，板内梁边首根钢筋距离梁角筋间距是板钢筋间距的一半；在图集09G101-4中，板首根钢筋距离梁边缘50mm。因此，两边距离可按50mm或根据梁角筋与板第一根钢筋间距为板筋间距的一半进行详细计算等两种方法。这两种取值形式对板钢筋根数的影响不明显，因此，任一种计算方法均可。本书中钢筋根数公式是按两边各减50mm计算，即板净跨－2×50。

板与梁连接范围，板为节点关联构件，因此，与梁平行的板的钢筋在梁的范围内可以不设，故求板筋根数的公式中用到板中钢筋的布置范围应是板的净跨。

7.3.2 板上部钢筋量计算方法

7.3.2.1 板上部贯通钢筋

板上部贯通钢筋的长度与根数计算方法：

$$贯通钢筋长度 = 板净跨长度 + 锚固长度 \tag{7.3}$$

$$贯通钢筋根数 = \frac{布筋范围}{板筋间距} + 1 \tag{7.4}$$

分析：

1) 锚固长度取值

在板端支座处，无论支座是梁、剪力墙或者是圈梁，上部非贯通钢筋的锚入支座的长度应满足钢筋最小锚固长度l_a的要求。

2) 布筋范围

同板底部钢筋分布范围的确定方法。

7.3.2.2 板端支座非贯通钢筋

板端支座非贯通钢筋如图7.34所示，长度与根数计算方法为：

$$端支座非贯通钢筋长度 = 板内尺寸 + 锚固长度 \tag{7.5}$$

$$端支座非贯通钢筋根数 = \frac{布筋范围}{板筋间距} + 1 \tag{7.6}$$

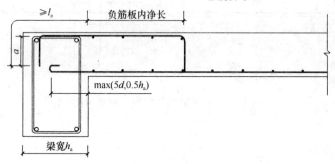

图7.34 板端支座非贯通钢筋长度计算示意图

分析：

1) 锚固长度取值

在板端支座处，无论支座是梁、剪力墙或者是圈梁，上部非贯通钢筋的锚入支座的长度应满足钢筋最小锚固长度l_a的要求。

2) 布筋范围

同板底部钢筋分布范围的确定方法。

7.3.2.3 板端支座非贯通钢筋中的分布钢筋

板端支座非贯通钢筋中的分布钢筋如图7.35所示，长度和根数计算方法为：

$$长度 = 板轴线长度 - 左右负筋标注长度 + 150 \times 2 \qquad (7.7)$$

$$根数 = \frac{负弯矩钢筋板内净长}{分布筋间距} + 1 \qquad (7.8)$$

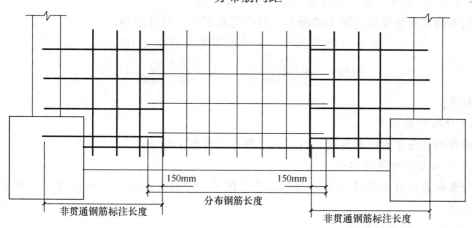

图 7.35 板端支座非贯通钢筋中的分布钢筋

分析：

1) 非贯通钢筋的分布钢筋长度确定

分布钢筋的两端与另一垂直方向的非贯通钢筋搭接时，其搭接长度为 150mm。

2) 非贯通钢筋的分布钢筋布置范围

分布钢筋的布置范围为两侧非贯通钢筋端部之间的范围。

7.3.2.4 板中间支座非贯通钢筋

板中间支座非贯通钢筋如图 7.36 所示，长度和根数计算方法为：

$$中间支座非贯通钢筋长度 = 标注长度A + 标注长度B + 弯折长度 \times 2 \qquad (7.9)$$

$$中间支座非贯通钢筋根数 = \frac{净跨 - 2 \times 50}{板筋间距} + 1 \qquad (7.10)$$

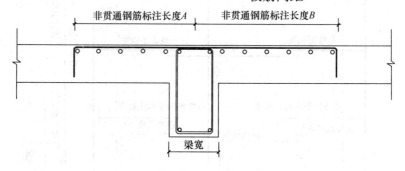

7.36 板中间支座非贯通钢筋布置

分析：

1) 标注长度

板中非贯通钢筋自梁（支座）中线标注其延伸长度值，故板中非贯通钢筋的标注长度 A 或 B 值直接取标注值即可。

2) 弯折长度

板中非贯通钢筋竖直弯折部分通常为直接放置在板底部，故弯折长度取值为：

$$弯折长度 = 板厚 - 板保护层 \tag{7.11}$$

7.3.2.5 板中间支座非贯通钢筋中的分布钢筋

板中间支座非贯通钢筋中的分布钢筋长度和根数计算方法为：

$$长度 = 轴线长度 - 左右负筋标注长度 + 150 \times 2 \tag{7.12}$$

$$根数 = \frac{布筋范围1}{分布筋间距} + 1 + \frac{布筋范围2}{分布筋间距} + 1 \tag{7.13}$$

分析：

1) 分布钢筋长度

分布钢筋与左右的非贯通钢筋搭接，搭接长度为150mm。

2) 分布钢筋布置范围

分布钢筋的布置范围是非贯通钢筋净长范围，即自支座边缘50mm算起，到非贯通钢筋端部。

7.3.2.6 板温度钢筋

温度筋的设置：在温度收缩应力较大的现浇板内，应在板的未配筋表面布置温度筋，如图7.37所示。温度筋的主要作用是抵抗温度变化现浇板内引起的约束拉应力和混凝土的收缩应力。《混凝土结构设计规范》GB 50010—2002规定，"温度筋可利用原有上部钢筋贯通布置，也可另行设置钢筋网，并与原有钢筋按受拉钢筋要求搭接或者在板周边构件

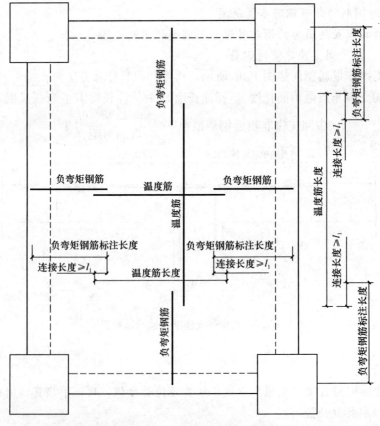

图7.37 板中温度筋分布示意图

内锚固。"

$$温度筋长度 = 轴线长度 - 左右负弯矩钢筋标注长度 + 搭接长度 \times 2 \quad (7.14)$$

$$温度筋根数 = \frac{轴线长度 - 左右负弯矩钢筋标注长度}{温度钢筋间距} - 1 \quad (7.15)$$

7.3.3 纯悬挑板的钢筋计算方法

7.3.3.1 纯悬挑板上部钢筋计算

纯悬挑板上部受力钢筋如图 7.38 所示,长度与根数计算方法为:

$$长度 = 悬挑板净跨 - 板保护层 c + 锚固长度 + (h_1 - 板保护层 c \times 2) + 5d(+弯钩长度) \quad (7.16)$$

$$根数 = \frac{悬挑板长度 - 板保护层 c \times 2}{上部受力钢筋间距} + 1 \quad (7.17)$$

纯悬挑板上部分布钢筋长度与根数计算:

$$长度 = 悬挑板长度 - 板保护层 c - 50 \quad (7.18)$$

$$根数 = \frac{悬挑板净跨 - 板保护层}{上部分布钢筋间距} + 1 \quad (7.19)$$

7.3.3.2 纯悬挑板下部钢筋计算

纯悬挑板下部构造钢筋长度与根数计算,如图 7.38 所示:

$$长度 = 悬挑板净跨 - 保护层 + \max(0.5 支座宽度, 12d) + 弯钩长度 \times 2 \quad (7.20)$$

$$根数 = \frac{悬挑板长度 - 板保护层 \times 2}{下部构造钢筋间距} + 1 \quad (7.21)$$

纯悬挑板下部分布钢筋长度与根数计算:

$$长度 = 悬挑板长度 - 保护层 \times 2 \quad (7.22)$$

$$根数 = \frac{悬挑板净跨长度 - 板保护层}{分布钢筋间距} + 1 \quad (7.23)$$

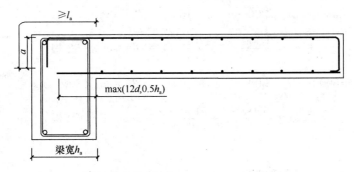

图 7.38 纯悬挑板钢筋计算示意图

7.4 钢筋工程量实例训练

7.4.1 单跨板钢筋计算实例

【已知条件】 钢筋混凝土楼板,支撑在框架梁上,梁宽 300mm,板混凝土等级为

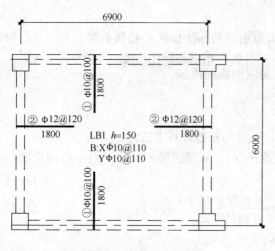

图 7.39 板钢筋标注示意图

C25，板平法施工平面注写方式如图 7.39 所示：板保护层厚度为 15mm，梁保护层厚度为 25mm，锚固长度取 27d，板内钢筋全部采用 HPB235 级钢筋，板中未标注的分布筋为 $\phi 8@250$。

【要求】 计算楼板钢筋量。

【解析】

楼板 1 的集中标注内容：板厚 150mm，底部 X 向和 Y 向钢筋均为 $\phi 10$，间距 110mm。板支座原位标注内容：①和②为板支座上部负弯矩钢筋，①钢筋：$\phi 10$，间距 100mm，自梁中线向板内延伸长度为 1800mm；②钢筋：$\phi 12$，间距 120mm，自梁中线向板内延伸长度为 1800mm。另外，已知条件中说明，板中未标注的分布筋为 $\phi 8@250$，因此，与板上部负弯矩钢筋垂直的分布钢筋 $\phi 8$，间距 250mm。

楼板 1 钢筋的长度计算有下列几种形式：

1) 下部钢筋：X 向钢筋和 Y 向钢筋；
2) 上部钢筋：端支座钢筋的非贯通钢筋和分布钢筋。

【计算过程】

1. 计算锚固长度

$$\text{钢筋直径 } d=10 \quad \text{锚固长度 } l_{a1}=27d=270\text{mm}$$

$$\text{钢筋直径 } d=12 \quad \text{锚固长度 } l_{a2}=27d=324\text{mm}$$

下部钢筋伸入支座长度取值为 $\max(0.5b_b, 5d)=150$

2. 钢筋长度计算

下部钢筋：X 向钢筋编号为③，Y 向钢筋编号为④。

③钢筋长度 $=6900+2l_a-300+6.25\times 10\times 2=7265$mm（52$\phi$10）

$$\text{根数} = \frac{6000-2\times 150-2\times 50}{110}+1=52 \text{ 根}$$

④钢筋长度 $=6000+2l_a-300+6.25\times 10\times 2=6365$mm（60$\phi$10）

$$\text{根数} = \frac{6900-2\times 150-2\times 50}{110}+1=60 \text{ 根}$$

上部负筋：

①钢筋长度 $=1800-150+270+150-15=2055$mm（132$\phi$10）

$$\text{根数} = \left(\frac{6900-150-150-2\times 50}{100}+1\right)\times 2=132 \text{ 根}$$

②钢筋长度 $=1800-150+324+150-15=2109$mm（96$\phi$12）

$$\text{根数} = \left(\frac{6000-150-150-2\times 50}{120}+1\right)\times 2=48\times 2=96 \text{ 根}$$

上部分布筋：X 向分布筋为⑤，Y 向分布筋⑥。

⑤钢筋长度＝6900＋300－3600＝3600　　　(16ϕ8)

$$根数 = \left(\frac{1800-150}{250}+1\right) \times 2 = 16 \text{ 根}$$

⑥钢筋长度＝6000＋300－3600＝2700　　　(16ϕ8)

$$根数 = \left(\frac{1800-150}{250}+1\right) \times 2 = 16 \text{ 根}$$

3. 钢筋汇总表

各类钢筋的米重计算：

$$0.00617 \times 10^2 = 0.617 \text{kg/m}$$

$$0.00617 \times 12^2 = 0.888 \text{kg/m}$$

$$0.00617 \times 8^2 = 0.395 \text{kg/m}$$

板内各钢筋长度和重量汇总于表 7.3。

钢 筋 列 表　　　　　　　　　　表 7.3

编号	钢筋级别	钢筋直径（mm）	单根长度（mm）	钢筋根数	总长度（m）	米重（kg/m）	总重量（kg）
①	HPB235 级	ϕ10	2055	132	271.26	0.617	167.3674
②	HPB235 级	ϕ12	2109	96	202.464	0.888	179.788
③	HPB235 级	ϕ10	7265	52	377.78	0.617	233.0903
④	HPB235 级	ϕ10	6365	60	381.9	0.617	235.6323
⑤	HPB235 级	ϕ8	3600	16	57.6	0.395	22.752
⑥	HPB235 级	ϕ8	2700	16	43.2	0.395	17.064

4. 钢筋材料及接头汇总表（表 7.4）

钢 筋 材 料 汇 总　　　　　　　　　　表 7.4

钢筋级别	钢筋直径（mm）	总长度（m）	总重量（kg）
HPB235 级	ϕ10	1030.94	636.1
HPB235 级	ϕ12	202.464	179.788
HPB235 级	ϕ8	100.8	39.82

7.4.2 两跨板钢筋计算实例

【已知条件】 LB3 和 LB5 采用 C25 级混凝土，板内钢筋全部采用 HPB235 级钢筋，梁宽 250mm，梁保护层厚为 15mm，分布筋采用 ϕ8@250，板内钢筋布置如图 7.40 所示。提示：$f_y=210$，$f_t=1.27$　$\alpha=0.16$。

【要求】 计算 LB3、LB5 内全部钢筋

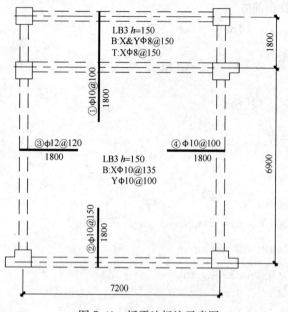

图 7.40 板平法标注示意图

【解析】

楼板 3 和楼板 5 为两块相邻的板。楼板 3 的板块集中标注为：板厚 150mm，底部钢筋 X 向⑤和 Y 向⑥均为 $\phi 8$，间距 150mm 的钢筋，上部 X 向⑦为 $\phi 8$ 间距 150mm 的钢筋。楼板 5 的板块集中标注为：板厚 150mm，底部钢筋 X 向⑧ $\phi 10$，间距 135mm 的钢筋，Y 向⑨为 $\phi 10$，间距 100mm 的钢筋。

板支座原位标注内容：上部钢筋编号分别为①、②、③和④钢筋。②、③和④自梁中线向板内延伸的长度为 1800mm，①钢筋贯通楼板 3，并从梁中线向板内延伸 1800mm。负弯矩钢筋上未标注的分布钢筋 X 向钢筋⑩和 Y 向钢筋⑪均为 $\phi 8@250$。

【计算过程】

1. 锚固长度计算

$$\text{钢筋直径 } d = 10\text{mm} \quad \text{锚固长度 } l_a = 0.16 \times \frac{210}{1.27} \times 10 = 265\text{mm}$$

$$\text{钢筋直径 } d = 12\text{mm} \quad \text{锚固长度 } l_a = 0.16 \times \frac{210}{1.27} \times 12 = 317\text{mm}$$

$$d = 8\text{mm} \quad l_a = 0.16 \times \frac{210}{1.27} \times 8 = 212\text{mm}$$

下部钢筋伸入支座长度取值为 $\max(0.5b_b, 5d) = 125\text{mm}$

2. 钢筋长度计算

LB3 下部钢筋：

$$\text{X 向⑤钢筋长度} = 7200 - 250 + 125 \times 2 + 6.25 \times 8 \times 2 = 7300\text{mm} \ (11\phi 8)$$

$$\text{根数} = \frac{1800 - 250 - 50 \times 2}{150} + 1 = 11 \text{ 根}$$

$$\text{Y 向⑥钢筋长度} = 1800 - 250 + 125 \times 2 + 6.25 \times 8 \times 2 = 1900\text{mm} \ (47\phi 8)$$

$$\text{根数} = \frac{7200 - 250 - 50 \times 2}{150} + 1 = 47 \text{ 根}$$

上部钢筋：

$$\text{X 向⑦钢筋长度} = 7200 - 250 + 212 \times 2 = 7374\text{mm} \ (11\phi 8)$$

$$\text{根数} = \frac{1800 - 250 - 50 \times 2}{150} + 1 = 11 \text{ 根}$$

Y 向①钢筋长度 = 1800+1800−125+265+150−15 = 3875mm（70ϕ10）

$$根数 = \frac{7200-250-50\times 2}{100} + 1 = 70 \text{ 根}$$

LB5 下部钢筋：

X 向⑧钢筋长度 = 7200−250+125×2+6.25×10×2 = 7325mm（11ϕ10）

$$根数 = \frac{6900-250-50\times 2}{135} + 1 = 50 \text{ 根}$$

Y 向⑨钢筋长度 = 6900−250+125×2+6.25×10×2 = 7075mm（70ϕ10）

$$根数 = \frac{7200-250-50\times 2}{100} + 1 = 70 \text{ 根}$$

上部负弯矩钢筋：

X 向③钢筋长度 = 1800−125+317+150−15 = 2127mm（56ϕ12）

$$根数 = \frac{6900-250-50\times 2}{120} + 1 = 56 \text{ 根}$$

X 向④钢筋长度 = 1800−125+265+150−15 = 2075mm（67ϕ10）

$$根数 = \frac{6900-250-50\times 2}{100} + 1 = 67 \text{ 根}$$

Y 向①同 LB3

Y 向②钢筋长度 = 1800−125+265+150−15 = 2075mm（49ϕ10）

$$根数 = \frac{7500-250-50\times 2}{150} + 1 = 49 \text{ 根}$$

非贯通筋中的分布钢筋：

X 向⑩钢筋长度 = 7200−1800×2+150×2 = 3900mm（16ϕ8）

$$根数 = \left(\frac{1800-125-50}{250} + 1\right) \times 2 = 16 \text{ 根}$$

Y 向⑪钢筋长度 = 6900−1800×2+150×2 = 3600mm（16ϕ8）

$$根数 = \left(\frac{1800-125-50}{250} + 1\right) \times 2 = 16 \text{ 根}$$

3. 钢筋汇总表

各类钢筋的米重计算：

$$0.00617 \times 10^2 = 0.617 \text{kg/m}$$
$$0.00617 \times 12^2 = 0.888 \text{kg/m}$$
$$0.00617 \times 8^2 = 0.395 \text{kg/m}$$

板内各钢筋长度和重量汇总于表 7.5。

钢 筋 列 表　　　　　表 7.5

编号	钢筋级别	钢筋直径	单根长度（mm）	钢筋根数	总长度（m）	总重量（kg）
①	HPB235级	φ10	3875	70	271.25	167.3613
②	HPB235级	φ10	2075	49	101.675	62.73348
③	HPB235级	φ12	2127	56	119.112	105.7715
④	HPB235级	φ10	2075	67	139.025	85.77843
⑤	HPB235级	φ8	7300	11	80.3	31.7185
⑥	HPB235级	φ8	1900	47	89.3	35.2735
⑦	HPB235级	φ8	7374	11	81.114	32.04003
⑧	HPB235级	φ10	7325	11	80.575	49.71478
⑨	HPB235级	φ10	7075	70	495.25	305.5693
⑩	HPB235级	φ8	3900	16	62.4	24.648
⑪	HPB235级	φ8	3600	16	57.6	22.752

4. 钢筋材料及接头汇总表（表 7.6）

钢 筋 材 料 汇 总　　　　　表 7.6

钢筋级别	钢筋直径	总长度（m）	总重量（kg）
HPB235级	φ10	1087.775	671.15729
HPB235级	φ12	119.112	105.7715
HPB235级	φ8	370.714	146.432

7.4.3　三跨板（中间带走廊）肋形楼盖板钢筋计算实例

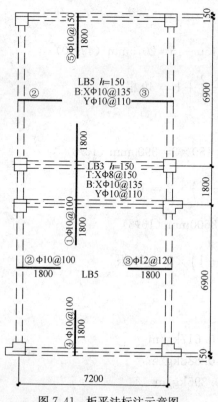

图 7.41　板平法标注示意图

【已知条件】

LB5，如图 7.41，支撑在梁上，梁宽 300mm，板采用强度等级为 C25 的混凝土，（全部为 HPB235 级钢筋）。提示：锚固长度取 $27d$，梁保护层厚度为 25mm，板保护层厚度为 15mm，未标注的分布筋采用 φ8@250。

【要求】

计算 LB3 和 LB5 全部钢筋量

【解析】

楼板 5 板块集中标注内容为：板厚 150mm，底部⑥钢筋 X 向 φ10，间距 135mm 的钢筋，Y 向钢筋⑦为 φ10，间距 110mm 的钢筋。楼板 3 板块集中标注内容的下部钢筋与 LB5 相同，上部 X 向贯通钢筋⑧为 φ8，间距 150mm 的钢筋。

板支座原位标注内容：上部负弯矩钢筋编号分别为①、②、③、④和⑤钢筋。②、③、④和⑤钢筋自梁中线向板内延伸的长度为 1800mm，①号钢筋贯通楼板 3，并从梁中线向板内延伸 1800mm。

分布筋⑨、⑩采用 $\phi 8@250$。

【计算过程】

1. 钢筋的锚固长度

钢筋直径 $d=8$mm，锚固长度 $l_a=216$mm，弯钩长度 $6.25d=50$mm。

钢筋直径 $d=10$mm，锚固长度 $l_a=270$mm，弯钩长度 $6.25d=62.5$mm。

$\max(5d, 0.5b_b) = 150$mm

钢筋直径 $d=12$mm，锚固长度 $l_a=324$mm

2. 钢筋长度计算

LB3 和 LB5 下部钢筋计算：

X 向⑥钢筋长度 $=7200-150\times 2+150\times 2+62.5\times 2=7325$mm（110$\phi$10）

$$根数 = \left(\frac{6900-150\times 2-50\times 2}{135}+1\right)\times 2 + \frac{1800-150\times 2-50\times 2}{135}+1 = 110 \text{ 根}$$

Y 向⑦钢筋长度 $=6900+1800+6900-150\times 2+150\times 2+62.5\times 2=15725$mm（63$\phi$10）

$$根数 = \frac{7200-150\times 2-50\times 2}{110}+1 = 63 \text{ 根}$$

LB3 上部贯通筋：

X 向⑧钢筋长度 $=7200-150\times 2+216\times 2=7332$mm（11$\phi$8）

$$根数 = \frac{1800-150\times 2-50\times 2}{150}+1 = 11 \text{ 根}$$

上部负弯矩钢筋：

①钢筋长度 $=1800+1800+1800+(150-15)\times 2=5670$mm（69$\phi$10）

$$根数 = \frac{7200-150\times 2-50\times 2}{100}+1 = 69 \text{ 根}$$

②钢筋长度 $=1800-150+270+150-15=2055$mm（132$\phi$10）

$$根数 = \left(\frac{6900-150\times 2-50\times 2}{100}+1\right)\times 2 = 132 \text{ 根}$$

③钢筋长度 $=1800-150+324+150-15=2109$mm（114$\phi$12）

$$根数 = \left(\frac{6900-150\times 2-50\times 2}{120}+1\right)\times 2 = 114 \text{ 根}$$

④钢筋长度 $=1800-150+270+150-15=2055$mm（69$\phi$10）

$$根数 = \frac{7200-150\times 2-50\times 2}{100}+1 = 69 \text{ 根}$$

⑤钢筋长度 $=1800-150+270+150-15=2055$mm（47$\phi$10）

$$根数 = \frac{7200-150\times 2-50\times 2}{150}+1 = 47 \text{ 根}$$

②、③号钢筋上的分布钢筋⑨长度＝6900－1800×2＋150×2＝3600mm（32ϕ8）

$$根数 = \left(\frac{1800-150-50}{250}+1\right) \times 2 \times 2 = 32 根$$

①、④、⑤号钢筋上的分布钢筋⑩长度＝7200－1800×2＋150×2＝3900mm（32ϕ8）

$$根数 = \left(\frac{1800-150-50}{250}+1\right) \times 4 = 32 根$$

3. 钢筋汇总表

各类钢筋的米重计算：

$$0.00617 \times 10^2 = 0.617 \text{kg/m}$$

$$0.00617 \times 12^2 = 0.888 \text{kg/m}$$

$$0.00617 \times 8^2 = 0.395 \text{kg/m}$$

板内各钢筋长度和重量汇总于表7.7。

钢 筋 列 表　　　　　　　表7.7

编号	钢筋级别	钢筋直径	单根长度（mm）	钢筋根数	总长度（m）	总重量（kg）
①	HPB235级	ϕ10	5670	69	391.23	241.38891
②	HPB235级	ϕ10	2055	132	271.26	167.36742
③	HPB235级	ϕ12	2109	114	240.426	213.498288
④	HPB235级	ϕ10	2055	70	143.85	88.75545
⑤	HPB235级	ϕ10	2055	47	96.585	59.592945
⑥	HPB235级	ϕ10	7325	110	805.75	497.14775
⑦	HPB235级	ϕ10	15725	63	990.675	611.246475
⑧	HPB235级	ϕ8	7332	11	80.652	31.85754
⑨	HPB235级	ϕ8	3600	32	115.2	45.504
⑩	HPB235级	ϕ8	3900	32	124.8	49.296

4. 钢筋材料及接头汇总表（表7.8）

钢 筋 材 料 汇 总　　　　　　　表7.8

钢筋级别	钢筋直径	总长度（m）	总重量（kg）
HPB235级	ϕ10	2699.35	1665.49895
HPB235级	ϕ12	240.426	213.498288
HPB235级	ϕ8	320.652	126.65754

7.4.4 延伸悬挑楼盖板钢筋计算

【已知条件】

延伸悬挑板 YXB1，采用的混凝土强度为 C25，板内全部采用 HPB235 级钢筋，梁宽 300mm，板的布筋情况如图 7.42 所示，计算板内全部钢筋。

提示：板保护层厚度取 15，梁保护层厚度取 25mm，$l_{aE}=27d$，分布筋采用 ϕ8@250。

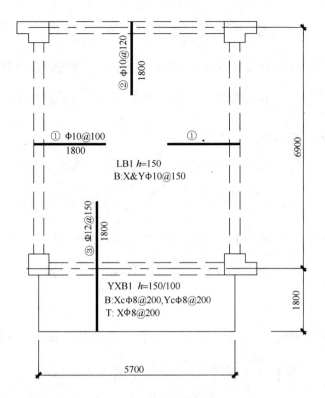

图 7.42　延伸悬挑板平法标注示意图

【要求】　计算板内钢筋量

【解析】

图 7.42 内容为楼板 1 和延伸悬挑板 1 平法标注内容。

LB1 板块集中标注内容为：板厚 150mm，底部 X 向④钢筋和 Y 向⑤钢筋均为 $\phi10$，间距 150mm。YXB1 集中标注内容为：板厚为变厚度，板根部厚度为 150mm，端部厚度为 100mm，底部配置构造钢筋，X 向⑥钢筋和 Y 向⑦钢筋均为 $\phi8$，间距 200mm 的钢筋；上部 X 向⑧钢筋为 $\phi8$，间距 200mm 的钢筋。

板面支座原位标注内容有：上部钢筋编号分别为①、②和③钢筋。①、②和③钢筋自梁中线向跨内延伸的长度为 1800mm，③钢筋为延伸悬挑板的上部伸出钢筋，从梁中线伸至悬挑端端部。

①钢筋的分布钢筋为⑨，②和③钢筋的分布钢筋⑩，采用 $\phi8@250$。

【计算过程】

1. 钢筋的锚固长度

$$d=10\text{mm} \quad l_a=27d=270\text{mm}，6.25d=6.25\times10=62.5\text{mm}$$
$$d=8\text{mm} \quad l_a=27d=216\text{mm}，6.25d=6.25\times8=50\text{mm}$$
$$\max(0.5b_b, 5d)=150\text{mm}$$

2. 钢筋长度计算

LB1 下部钢筋计算：

X 向④钢筋长度 $=5700-2\times150+2\times150+62.5\times2=5825$mm（45$\phi$10）

根数：$\dfrac{6900-300-50\times 2}{150}+1=45$ 根

Y 向⑤钢筋长度 $=6900-2\times 150+2\times 150+62.5\times 2=7025$ mm（37ϕ10）

根数 $=\dfrac{5700-300-50\times 2}{150}+1=37$ 根

LB1 上部负弯矩钢筋计算：

①钢筋长度 $=1800-150+270+150-15=2055$ mm（132ϕ10）

根数 $=\left(\dfrac{6900-300-50\times 2}{100}+1\right)\times 2=132$ 根

②钢筋长度 $=1800-150+270+150-15=2055$ mm（46ϕ10）

根数 $=\dfrac{5700-300-50\times 2}{120}+1=46$ 根

分布钢筋计算：

①上部的⑨分布钢筋长度 $=6900-1800\times 2+150\times 2=3600$ mm（16ϕ8）

根数 $=\left(\dfrac{1800-150-50}{250}+1\right)\times 2=16$ 根

②、③上部的⑩分布钢筋长度 $=5700-1800\times 2+150\times 2=2400$ mm（$8\times 2=16\phi 8$）

根数 $=\dfrac{1800-150-50}{250}+1=8$ 根

YXB1 下部钢筋计算：X 向和 Y 向

X 向⑥钢筋长度 $=5700-2\times 15+50\times 2=5738$ mm（9ϕ8）

根数 $=\dfrac{1800-150-50-15}{200}+1=9$ 根

Y 向⑦钢筋长度 $=1800-150-15+150+50\times 2=1853$ mm（30ϕ8）

根数 $=\dfrac{5700-15\times 2}{200}+1=30$ 根

上部钢筋：

X 向⑧钢筋长度 $=5700-2\times 15+50\times 2=5670$ mm（9ϕ8）

根数 $=\dfrac{1800-150-50-15}{200}+1=9$ 根

Y 向③钢筋长度 $=1800+1800+150-15+100-15\times 2+12\times 12=3949$ mm（39ϕ12）

根数 $=\dfrac{5700-15\times 2}{150}+1=39$ 根

3. 钢筋汇总表

各类钢筋的米重计算：

$$0.00617\times10^2=0.617\text{kg/m}$$

$$0.00617\times12^2=0.888\text{kg/m}$$

$$0.00617\times8^2=0.395\text{kg/m}$$

板内各钢筋长度和重量汇总于表 7.9。

钢 筋 列 表　　　　　　　　　　表 7.9

编号	钢筋级别	钢筋直径	单根长度（mm）	钢筋根数	总长度（m）	总重量（kg）
①	HPB235级	ϕ10	2055	132	271.26	167.36742
②	HPB235级	ϕ10	2055	46	94.53	58.32501
③	HPB235级	ϕ12	3949	39	154.011	136.8356933
④	HPB235级	ϕ10	5825	45	262.125	161.731125
⑤	HPB235级	ϕ10	7025	37	259.925	160.373725
⑥	HPB235级	ϕ8	5738	9	51.642	20.39239296
⑦	HPB235级	ϕ8	1853	30	55.59	21.9513792
⑧	HPB235级	ϕ8	5670	9	51.03	20.1507264
⑨	HPB235级	ϕ8	3600	16	57.6	22.745088
⑩	HPB235级	ϕ8	2400	16	38.4	15.163392

4. 钢筋材料及接头汇总表（表 7.10）

钢 筋 材 料 汇 总　　　　　　　　　　表 7.10

钢筋级别	钢筋直径	总长度（m）	总重量（kg）
HPB235级	ϕ10	887.84	547.7973
HPB235级	ϕ12	154.011	136.8356933
HPB235级	ϕ8	254.262	100.4029786

7.5　板钢筋工程量计算实战训练

【实训教学课题】

计算钢筋混凝土板的钢筋工程量

【实训目的】

通过识图练习，熟练掌握现浇框架平面整体表示法以及对标准构造详图的理解。在读懂建筑平面施工图基础上，结合工程实例的钢筋量计算，能熟练理解楼面板的配筋情况并计算指定板的钢筋工程量。

【实训要求】

读图要求：读懂读熟板配筋图，理解板中集中标注和原位标注的相关内容，熟悉板的相关构造要求。

算量要求：能熟练计算各类板中所有钢筋量。

【实训资料】
附录图纸,图集 04G101-4。

【实训指导】
1. 了解楼面板的受力情况,熟练掌握板的钢筋设置要求。
2. 明确楼面板和延伸悬挑板的一般构造要求和抗震构造要求。
3. 明确板的平面整体表示方法的制图规则,读懂标准构造详图。
4. 熟练掌握板中各类钢筋量的计算规则和方法。

【实训内容】
1. 熟悉指定的 LB1、LB2 及其相关构造要求。
2. 计算 LB1、LB2 的钢筋工程量。
3. 计算书要求:有计算过程,钢筋翻样图,钢筋列表,钢筋材料汇总表。

本章知识小结

本章重点介绍了现浇混凝土楼面板与屋面板中有梁楼盖楼板面与屋面板平法施工图的表示方法,标准构造详图,有梁楼盖的板上部钢筋和下部钢筋的计算方法;分析了各类板(单跨、两跨、三跨带走廊和延伸悬挑板等形式)的钢筋量计算实例;介绍了楼板相关构造类型(纵筋加强带、后浇带、柱帽、局部升降板、板加腋、板开洞、板翻边、板挑檐、角部加强筋和抗冲切钢筋)与表达方法。

基本知识要求:掌握有梁楼盖楼板面与屋面板平法施工图的表示方法(板块集中标注和板支座原位标注)平法施工图表示方法;掌握楼面板与屋面板钢筋构造,楼面板与屋面板端部钢筋构造,延伸悬挑板与纯悬挑板钢筋构造的要求;熟悉楼板相关构造类型与表达方法;掌握板下部受力钢筋、板面上部负弯矩钢筋和分布钢筋、纯悬挑板中受力钢筋和构造钢筋长度和根数的计算方法。

基本技能要求:熟练、准确识读各现浇肋形楼盖的平法施工图,看懂看透施工图的包含楼板相关构造类型与表达方法,熟练计算板的钢筋量。

综合素质要求:熟练、准确读懂肋形楼盖平法施工图,熟练计算出板钢筋量,绘制钢筋列表、钢筋汇总表;通过例题分析和实训练习,巩固课程重点内容,并在此基础上,深入学习无梁楼盖的构造详图,学会分析无梁楼盖中钢筋量计算方法,培养自学能力,增强知识的灵活运用能力等。

思 考 题

1. 什么是单向板,什么是双向板?为什么施工图纸中常有"双向板的配筋中下部钢筋短方向钢筋在下,长方向钢筋在上"的要求?
2. 如何理解楼板和屋面板中的分布钢筋和构造钢筋?两者有何区别?
3. 板中钢筋有哪些类型,如何计算各类钢筋的长度?
4. 板的下部钢筋在端支座内的锚固长度应该如何计算,下部受力钢筋在中间支座的锚固长度如何确定?
5. 悬挑板中钢筋有哪些类型,如何计算各类钢筋的长度?
6. 板中钢筋根数的计算原则是什么,与梁平行的板的钢筋如何布置?

疑难知识点链接与拓展

1. 当计算悬挑板钢筋时,悬挑板有翻边时,钢筋量如何计算?

2. 板四周阳角设置加强钢筋时，加强钢筋的长度如何确定？

3. 当悬臂板内外标高不同时，上部钢筋是否可以拉通，纯悬挑板的上部钢筋应如何锚固，下部构造钢筋在支座内的锚固长度是多少？有抗震设防要求时，是否要满足抗震设防锚固的要求？

4. 板中的马凳，当设计没有规定时，马凳的材料应比底板钢筋降低一个规格，长度按底板厚度加200mm计算，每平方米一个，计入钢筋总量。马凳的重量可采用公式：（板厚×2+0.2）×板面积×钢材米重。试计算例题1中马凳钢筋的用量。

5. 深入学习图集04G101-4，总结归纳无梁楼盖中板的构造要求有哪些？

6. 无梁楼盖中钢筋量的计算方法与有梁楼盖有何不同？

7. 板上部为什么一般不设贯通钢筋，当设置贯通钢筋的时候，贯通钢筋如何计算？以图7.9为例，当混凝土强度等级为C25时，计算LB1中的钢筋量。

8. 当板中贯通钢筋和非贯通钢筋间隔布置时，其布置方式有哪些，如何表达。

第8章 基础施工图识读与钢筋量计算

【学习目标】
1. 筏形基础、独立基础、条形基础和桩基承台等基础平法施工图的表示方法；
2. 学习各类基础的标准构造详图；
3. 筏形基础钢筋量的计算方法。

【本章重点】
1. 掌握筏形基础中基础主、次梁和基础底板的平法施工图表示方法；
2. 掌握筏形基础中基础主梁、次梁和基础底板的钢筋连接构造；
3. 掌握筏形基础梁、基础底板钢筋量的计算方法；
4. 熟悉独立基础、条形基础和桩基础的平法施工图表示方法。

本章介绍建筑基础施工图平面整体表示方法，主要介绍筏形基础（04G101-3），独立基础、条形基础、桩基承台（06G101-6），箱形基础和地下室结构（08G101-5）三本图集中的制图规则和相应的标准构造详图。鉴于基础部分钢筋工程量的计算方法与地面以上的构件类型框架梁、框架柱、剪力墙和楼屋面板的方法和思路相近，这里不再多述基础施工图钢筋工程量计算方法，而直接介绍各类基础的标准构造详图的理解与钢筋量计算方法的应用。

8.1 筏形基础的制图规则与标准构造详图

筏板基础又称满堂基础。该基础底面积大，基底压力小，同时整体性能很好，对提高地基土的承载力，调整不均匀沉降有很好的效果。筏形基础分为平板式和梁板式两种，其选型一般根据地基土质、上部结构体系、柱距、荷载大小及施工条件等确定。

当柱网间距大时，一般采用梁板式筏形基础。梁板式筏基如倒置的肋形楼盖，若是基础梁顶和基础板顶相平，称为上梁式（平法中称为"高板位"），如图 8.1 所示；若是基础梁底和基础板底相平，称为下梁式（平法中称为"低板位"），如图 8.2 所示；若是基础平板位于基础梁的中部，成为中板位。

平板式筏基是在地基上做一整块钢筋混凝土底板，底板是一块厚度相等的钢筋混凝土平板，如图 8.3 所示。板厚一般在 0.5~1.5m 之间，柱子直接支立在底板上（柱下筏板）或在底板上直接砌墙（墙下筏板）。平板式基础适用于柱荷载不大、柱距较小且等柱距的情况。

8.1.1 梁板式筏形基础制图规则

梁板式筏形基础包含了基础主梁、基础次梁、基础底板。在本部分平法施工图制图规

8.1 筏形基础的制图规则与标准构造详图

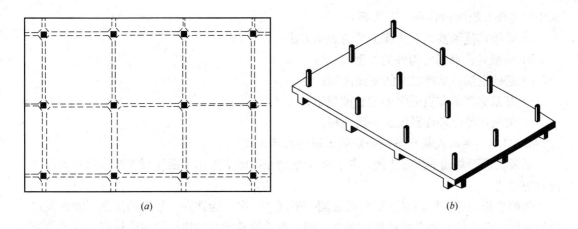

图 8.1 梁板式筏形基础（高板位）
(a) 梁板式筏形基础（高板位）平面图；(b) 梁板式筏形基础立体（高板位）示意图

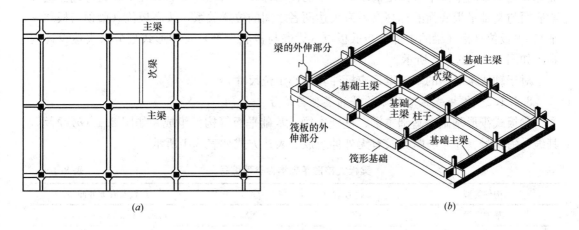

图 8.2 梁板式筏形基础（低板位）
(a) 梁板式筏形基础（低板位）平面图；(b) 梁板式筏形基础立体（低板位）示意图

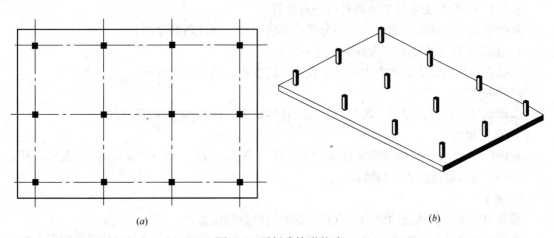

图 8.3 平板式筏形基础
(a) 平板式筏形基础平面图；(b) 平板式筏形基础立体示意图

则中将主要介绍的内容有以下几部分：
  a）梁板式筏形基础平法施工图的表示方法；
  b）梁板式筏形基础构件的类型与编号；
  c）基础主梁与基础次梁的平面注写；
  d）基础梁底部非贯通纵筋的长度规定；
  e）梁板式筏形基础平板的平面注写。

8.1.1.1 梁板式筏形基础平法施工图的表示方法

梁板式筏形基础平法施工图，是在基础平面布置图上采用平面注写方式表达基础设计内容的方法。

基础平板的底面标高对于梁与板底面一平（"一平"为在同一平面的简称）的梁板式筏形基础（低板位）和平板式筏形基础，即为覆盖地基的基础垫层的顶面标高；对于梁板顶面一平（高板位）或底面与顶面均不一平的梁板式筏形基础（中板位），基础平板的底面标高是指梁间基础平板范围的基础垫层的顶面标高。因此，筏形基础中是通过选注基础梁底面与基础平板底面的标高高差来表达两者之间的位置关系，按高板位（梁顶与板顶一平）、中板位（板在梁的中部）与低板位（梁底与板底一平）三种形式划分，表达设计内容，如图 8.1、图 8.2 所示。

对于轴线未居中的基础梁，应标注其偏心定位尺寸。

8.1.1.2 梁板式筏形基础构件的类型与编号

梁板式筏形基础由基础主梁、基础次梁、基础平板等构件组成，如图 8.1（b）所示，其编号由代号、序号、跨数及有无外伸组成。表达方式如表 8.1 所示：

梁板式筏形基础构件类型编号　　　　　　　　　　　表 8.1

构件类型	代号	序号	跨数及有无外伸
基础主梁	JZL	XX	（xx）、（xxA）或（xxB）
基础次梁	JCL	XX	（xx）、（xxA）或（xxB）
梁板式筏形基础平板	LPB	XX	—

8.1.1.3 基础主梁与基础次梁的平面注写

基础主梁与基础次梁的平面注写分集中标注与原位标注两部分内容。

1）基础主梁与基础次梁的集中标注

基础主梁与基础次梁的集中标注应在第一跨引出，其主要内容有：

a）基础编号

基础编号由代号、序号、跨数及有无外伸等组成，按表 8.1 内容注写。

b）截面尺寸

截面尺寸 $b \times h$ 表示梁截面宽度与截面高度，当有加腋时，用 $b \times h Y c_1 \times c_2$ 表示，其中，$c_1 \times c_2$ 表示梁截面腋长与腋高。

c）箍筋

箍筋内容需注明箍筋的级别、直径、间距与肢数等信息。

当箍筋间距只有一种时，仅需注明箍筋直径、间距与肢数即可。当设计中箍筋间距有两种时，先注写箍筋在梁端的第一种箍筋，并注明箍筋道数；再依次注写跨中的第二种，并用

"/"将其分隔。或者当设计中箍筋间距有三种时,先注写箍筋在梁端的第一、第二种箍筋,并注明箍筋道数;再依次注写跨中的第三种箍筋(不需加箍筋道数),并用"/"将其分隔。

基础主梁与基础次梁的外伸部位,以及基础主梁端部节点内按第一种箍筋设置,如图 8.4、图 8.5 所示。

【例 8.1】 12Φ14 @ 150/250(6)

表示箍筋为 HPB235 级钢筋直径 Φ14,从梁端向跨内布置,间距 150mm 自梁端 50mm 处开始左右两端各设置 12 道,其余间距为 250,在跨中布置;箍筋肢数为六肢箍。

根据以基础为本体构件的节点钢筋构造规则,基础是节点本体构件,所以,基础的纵向钢筋和箍筋均应贯通节点连续设置。柱为节点关联构件,柱的纵筋应锚入基础内,其箍筋并非必须在基础内设置;当基础中两向基础主梁相交时的柱下区域,应有一向截面较高的基础主梁(该主梁作为节点本体,另一方向的梁作为节点关联处理)按梁端箍筋布置要求,全面贯通设置。

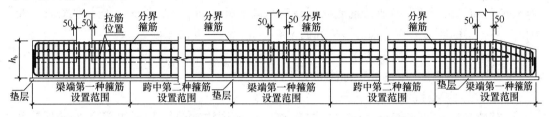

图 8.4 基础主梁箍筋布置位置

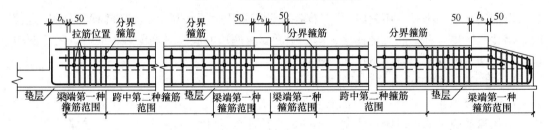

图 8.5 基础次梁箍筋布置位置

d) 基础梁的顶部与底部贯通筋

基础梁的顶部贯通钢筋用 T(Top)打头,底部贯通筋用 B(Bottom)打头。

先注写梁底部贯通筋(B)的规格和根数(不少于底部受力钢筋总截面面积的 1/3)。当跨中所注根数少于箍筋肢数时,需在跨中部位加设架立筋以固定箍筋,用"+"将贯通筋与架立筋连接,并将架立筋写在后面的括号内;其次,注写基础梁顶部贯通纵筋(T)的配筋值。顶部与底部钢筋用";"分隔。

当基础梁中贯通纵筋多余一排时,用"/"将各排纵筋自上而下分开。

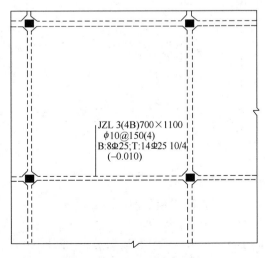

图 8.6 基础主梁集中标注

【例8.2】 图8.6中集中标注的内容

基础主梁3,有4跨两边带延伸,截面尺寸为700×1100,箍筋HPB235钢筋间距150,四肢箍;B:表示底部纵筋为8根HRB335级钢筋,直径25mm;

T:表示上部纵筋为14根HRB335级钢筋,直径25mm,分两排布置,第一排10根,第二排4根。

(−0.010)表示,基础平板地面高比梁底面标高低0.010m。

e) 侧面纵向构造钢筋

当基础梁的腹板高度 $h_w \geqslant 450mm$ 时,根据需要配置纵向构造钢筋,设置在梁两个侧面的总配筋值以"G"打头,且对称布置;当基础梁腹板高由于是否设有基础底板而不同时,两侧的纵向构造钢筋可以不对称设置,且用"+"将两侧纵向构造钢筋连接。

f) 基础梁底面标高高差

基础梁底面标高高差是相对于筏形基础平板底面标高的高差值,该项为选注项。即"高板位"和"中板位"基础梁的底面标高与基础平板底面有标高高差,应注明;而"低板位"基础梁的底面标高与基础平板底面没有标高高差,此时不注。

2) 基础主梁与基础次梁的原位标注

基础主梁与基础次梁的原位标注的主要内容为:

a) 纵筋原位标注的表示方法

注写梁端区域的底部全部纵筋,包括集中标注中注写过的贯通纵筋在内的所有纵筋。

当钢筋多余一排时,用斜线"/"将各排纵筋自上而下分隔;当同排纵筋有两种直径时,用"+"将两种钢筋直径连接;当梁中间支座两边的底部纵筋配置不同时,需在两边标注,当两边配置相同时,可仅在一边标注。

b) 注写附加箍筋或吊筋(吊筋反扣)

吊筋直接画在主梁所在的平面布置图中,用线引注其总配筋量,箍筋肢数写在括号内。附加箍筋或吊筋可以统一注明,不同内容用原位标注引注。

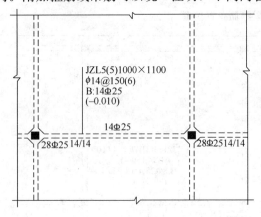

图8.7 基础主梁原位标注示例

c) 外伸截面高度

当基础梁外伸部位变截面高度时,在该部位原位注写截面尺寸 $b \times h_1/h_2$,h_1 为梁根部截面高度,h_2 为梁尽端截面高度。

d) 修正内容

当基础梁上集中标注的某项内容不适用某跨或某外伸部分时,则将其进行修正,并进行原位标注,因此,施工中采用的是"原位标注优先"的原则。

【例8.3】 图8.7中基础主梁5的原位标注内容

基础主梁5上部纵筋14根HRB335钢筋,直径25mm,下部贯通钢筋14根HRB335钢筋,直径25mm,支座附近非贯通钢筋14根,支座下部钢筋分两排设置,第一排(由上向下)14根非贯通钢筋,第二排14根贯通钢筋。

8.1.1.4 基础梁底部非贯通纵筋的长度规定

底部非贯通纵筋的延伸值在国家标准图集中统一规定为：

1) 基础主梁柱下区域与基础次梁支座区域底部非贯通纵筋延伸长度值，如图 8.8 所示：

对于基础主梁，自柱中线向内延伸至不小于 $\max(1.2l_a+h_b+0.5h_c, l_0/3)$

其中　h_b 为基础主梁的高度，

　　　h_c 为沿基础梁跨度方向的柱截面高度。

对于基础次梁，自梁中线向内延伸至不小于 $\max(1.2l_a+h_b+0.5b_b, l_0/3)$

其中　h_b 为基础主梁的高度，b_b 为基础次梁支座的基础主梁宽度。

当非贯通纵筋多于两排时，第三排起，向跨内的延伸长度由设计者注明。

l_0 取值：

a) 基础主梁边柱与基础次梁端支座的底部非贯通纵筋，l_0 取本边跨的中心跨度值；

b) 基础主梁中柱的底部非贯通筋，l_0 取中柱中线两边较大一跨的中心跨度值；

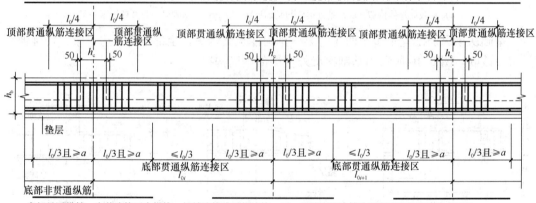

(a)

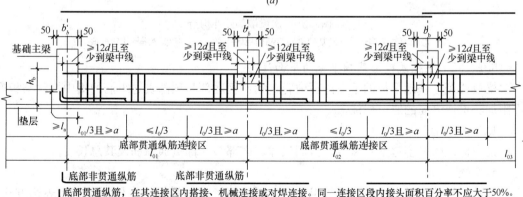

(b)

图 8.8　基础梁纵向钢筋与箍筋构造

(a) 基础主梁；(b) 基础次梁

c) 对于基础次梁中间支座的底部非贯通筋，l_0 取中间支座两边较大一跨度中心跨度值。

2) 基础主梁与基础次梁外伸部位底部纵筋的延伸长度值

基础主梁有外伸时，外伸端部的构造要求如图 8.9 所示，上下部最外侧钢筋伸至端头弯折 $12d$ 封边，上部第二排钢筋延伸至柱边向下弯折 $12d$ 封边，底部第二排钢筋延伸至梁端头截断。

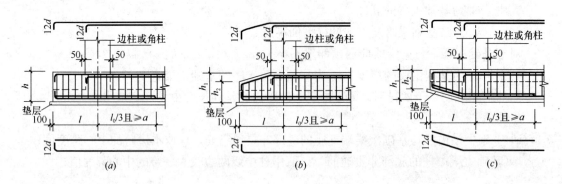

图 8.9 主梁端部外伸构造

(a) 等截面外伸构造；(b) 基础梁底与基础板底一平；(c) 基础梁顶与基础板顶一平

基础次梁纵筋配置不多于两排时第一排延伸至梁端头，全部弯折封边，第二排延伸至梁端头截断，图 8.10 所示为基础次梁外伸端部钢筋构造。

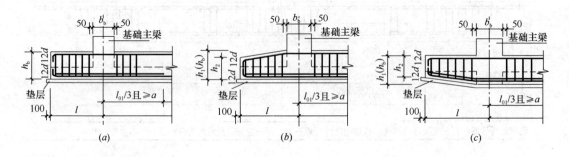

图 8.10 次梁端部外伸构造

(a) 等截面外伸构造；(b) 基础梁底与基础板底一平；(c) 基础梁顶与基础板顶一平

8.1.1.5 梁板式筏形基础平板的平面注写

梁板式筏形基础平板的平面注写内容包括：板底部与顶部贯通纵筋的集中标注与板底部附加非贯通纵筋的原位标注。

1) 集中标注

集中标注的内容包括：编号、截面尺寸、底部与顶部贯通纵筋及其总长度。

a) 编号

基础平板的编号由代号＋序号组成，梁板式筏形基础平板的代号为 LPB，表达方式：LPBxx。

b) 截面尺寸

基础平板的截面尺寸是指基础平板的厚度，表达方式为 $h=$xxx。

c) 底部与顶部贯通纵筋及其总长度

底部与顶部贯通纵筋的表达：先注写 X 向底部（B）贯通纵筋与顶部（T）贯通纵筋，及其纵向长度范围，再注写 Y 向底部（B）贯通纵筋与顶部（T）贯通纵筋，及其纵向长度范围；当顶部或底部贯通纵筋间距不等时，先注写跨内两端的第一种间距，并在前面加注纵筋根数（以表示其分布范围）；再注写跨中部的第二种间距，两者用"/"分隔。

贯通纵筋总长度的表达：注写跨数及有无外伸。无外伸、一端有外伸、两端有外伸的表达方式分别为（XX）、（XXA）和（XXB）。

【例 8.4】 解释 X：B12ϕ20 @ 200/150；T10ϕ18 @ 200/150 表示内容

X：B12ϕ20 @ 200/150；T10ϕ18 @ 200/150 表示，基础平板 X 向底部配置 ϕ20 贯通钢筋，跨两端间距为 200mm，配置 12 根，跨中部间距为 150mm；基础平板 X 向顶部配置 ϕ18 贯通钢筋，跨两端间距为 200mm，配置 10 根，跨中部间距为 150mm。

2）原位标注

梁板式筏形基础平板的原位标注表达的是横跨基础梁下（板支座）的板底部附加非贯通纵筋。

a) 原位标注注写位置

原位标注注写位置在相同配置的若干跨度第一跨下注写；

b) 原位标注注写内容

原位标注注写内容为：底部附加非贯通纵筋，用一段中粗虚线表示；在虚线上注写编号、钢筋级别、直径、间距、横向布置的跨数及是否布置到外伸部位、自基础梁中线分别向两边跨内的纵向延伸长度值；当钢筋向两侧对称布置时可仅在一侧标注，当布置在边梁下时，向基础平板外伸部位一侧的纵向延伸长度与方式按构造要求，设计不需标注，底部附加非贯通纵筋相同者，可仅在一根钢筋上注写，其他可仅在中粗虚线上注写编号。

c) 原位标注注写修正内容

当集中标注的某些内容不适用于梁板式筏形基础平板某板区的某一跨时，应由设计人员在该板跨内以文字注明。

d) 原位标注示例

梁板式筏形基础的原位标注示例如图 8.11 所示。板块原位标注的主要内容有：板底部非贯通纵筋分别为⑤号、⑥号、⑦号和⑧号钢筋。⑤号、⑥号均为 HRB335 钢筋，直径 18mm，间距 200mm，分别从 B 轴、A 轴线向板内延伸，延伸长度 2200mm；⑦号、⑧号为 HRB335 钢筋，直径 20mm，间距 200mm，⑦号钢筋从 3 轴和 1 轴线向板内延伸，延伸长度 2400mm，向外伸至悬挑端部，⑧号钢筋从 2 轴向两侧延伸长度 2200mm。

8.1.2 平板式筏形基础制图规则

平板式筏形基础平法施工图制图规则是在基础平面布置图中采用平面注写方式表达，主要介绍的内容有以下几部分：

a) 平板式筏形基础构件的类型与编号；
b) 柱下板带与跨中板带的平面注写；
c) 平板式筏形基础平板的平面注写。

第8章 基础施工图识读与钢筋量计算

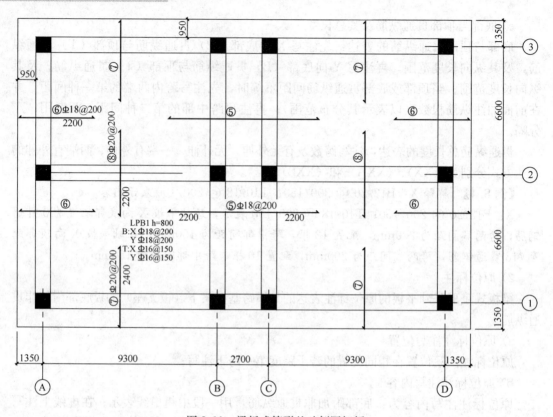

图 8.11 梁板式筏形基础例图解析

8.1.2.1 平板式筏形基础构件的类型与编号

平板式筏形基础由柱下板带、跨中板带构成,设计不区分板带时,则可按基础平板进行表达。其编号规定见表 8.2。

平板式筏形构件类型编号　　　　　　　　　　　　　表 8.2

构件类型	代号	序号	跨数及有无外伸
柱下板带	ZXB	XX	(XX)、(XXA)或(XXB)
跨中板带	KZB	XX	(XX)、(XXA)或(XXB)
平板式筏形基础平板	BPB	XX	—

8.1.2.2 柱下板带与跨中板带的平面注写

平板式筏形基础由柱下板带和跨中板带构成,其平面注写方式分板带底部与顶部贯通纵筋的集中标注和板带底部附加非贯通纵筋的原位标注两部分内容组成。

1) 柱下板带与跨中板带集中标注

柱下板带与跨中板带集中标注应在第一跨引出,其主要内容为:

a) 注写编号(板带代号+序号+跨数及有无悬挑)

b) 注写截面尺寸

柱下板带和跨中板带的截面尺寸用 b 表示。$b=xx$,表示板带宽度(在图注中注明基础平板厚度),随之确定的是跨中板带宽度(即为相邻两平行柱下板带间的距离)。当柱下板带中心线偏离柱中心线时,应在平面图上标注其定位尺寸。

c) 注写底部与顶部贯通纵筋

注写柱下板带和跨中板带的底部（B 打头）与顶部（T 打头）贯通纵筋的规格与间距。底部与顶部钢筋用";"分隔，对于柱下板带的柱下区域，通常在其底部贯通筋的间隔内插空设有底部附加非贯通纵筋。

2) 柱下板带与跨中板带原位标注

柱下板带和跨中板带原位标注内容主要是底部附加非贯通纵筋。其主要内容为：

a) 注写内容及位置

以一段与板带同向的中粗虚线代表附加非贯通纵筋；对柱下板带，贯穿柱下区域绘制，对于跨中板带，横贯柱中线绘制。在虚线上注写底部附加非贯通纵筋的编号、钢筋级别、直径、间距以及自柱中线分别向两侧跨内的延伸长度值。当两侧对称延伸时，其长度值可仅在一侧标注，另一侧不注。

b) 底部附加非贯通筋的布置形式

i. "隔一布一"方式

ii. "隔一布二"方式

c) 注写修正内容

当柱下板带、跨中板带上集中标注的某些内容不适用于某跨和某外伸时，则将修正内容的原位标注在该跨和该跨的外伸部位，根据"原位标注优先原则"施工时按原位标注取值。

8.1.2.3 平板式筏形基础平板的平面注写

平板式筏形基础平板的平面注写，分为板底部与顶部贯通纵筋的集中标注与板底部附加非贯通纵筋的原位标注两部分内容。当仅设置底部与顶部贯通纵筋，而未设板底部附加非贯通纵筋时，则仅做集中标注。

1) 集中标注

平板式筏形基础平板的板底部与顶部贯通纵筋的集中标注内容与方法与梁板式筏形基础平板的集中标注注写方式相同。

2) 原位标注

平板式筏形基础平板的原位标注主要是表达横贯柱中心线下的底部附加非贯通筋。主要内容有：

a) 原位注写位置

柱下板带和跨中板带原位标注内容，注写在相同配置的若干跨的第一跨内。

b) 注写内容

原位标注注写内容为：底部附加非贯通纵筋，用一段中粗虚线表示；注写内容与梁板式筏形基础平板的原位标标注内容相同。

c) 注写方式

当某些柱中心线下的基础平板底部附加非贯通纵筋横向配置相同时，可仅在一条中心线下做原位标注，并在其他柱中线上标明"该柱中心线下基础平板底部附加非贯通纵筋通 XX 柱中心线"。

当在底部附加非贯通纵筋横向布置在跨内有两种不同间距的底部贯通纵筋区域时，其间距应分别对应为两种，其注写形式应与贯通筋保持一致：先注写跨内两端的第一种间距,并加注根数,再注写跨中的第二种间距,用"/"将两者分隔。

d) 其他需要标注的内容

注明板厚:当整片平板式筏形基础有不同板厚时,应分别注明各板厚及其各自的分布范围。

其他需要注明的内容与梁板式筏形基础相同。

8.1.3 梁板式筏形基础构造详图

8.1.3.1 基础主梁纵向钢筋与箍筋构造

基础主梁纵向钢筋构造要求如图 8.8（a）所示,基础主梁箍筋构造要求如图 8.12 所示,主要内容有:

1) 顶部钢筋

基础主梁纵向钢筋的顶部钢筋在梁顶部应连续贯通;其连接区位于柱轴线 $l_0/4$ 左右范围,在同一连接区内的接头面积百分率不应大于 50%。

2) 底部钢筋

基础主梁纵向钢筋的底部非贯通纵筋向跨内延伸长度为:自柱轴线算起,左右各 max $(l_0/3, a)$ 长度值;底部钢筋连接区位于跨中 $\leq l_0/3$ 范围,在同一连接区内的接头面积百分率不应大于 50%。

3) 箍筋

箍筋的复合方式:偶数肢箍,大箍筋套若干小箍筋;奇数肢箍,大箍筋套若干小箍筋再加一个单肢箍。

基础主梁箍筋连续布置,在基础主梁节点区及外伸部位,箍筋的设置按基础主梁的第一种箍筋设置,梁节点外侧第一个箍筋位于柱截面边缘 50mm。

纵筋搭接连接时加密箍筋间距的要求:当纵筋需采用搭接连接时,受拉搭接区域箍筋间距为 min（$5d$, 100）,受压搭接区域箍筋间距为 min（$10d$, 200）。

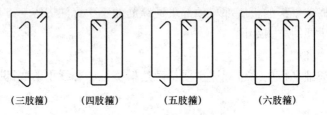

（三肢箍）　（四肢箍）　（五肢箍）　（六肢箍）

图 8.12　基础主梁箍筋构造

8.1.3.2 基础主梁端部与外伸部位钢筋构造

基础主梁端部与外伸部位钢筋构造有三种形式:端部等截面外伸构造、端部变截面外伸构造、端部无外伸构造。主要内容有:

1) 端部等截面外伸构造

上部钢筋:上部第一排钢筋伸至柱外伸端部,竖向弯折 $12d$,第二排钢筋伸至柱外侧截面内部,竖向弯折 $12d$;下部钢筋:贯通钢筋伸至外伸端部竖向弯折 $12d$,非贯通筋伸至外伸端部直接截断,如图 8.13（a）所示。

2) 端部变截面外伸构造

基础主梁端部变截面外伸构造有两种截面变化形式:基础梁底与基础板底一平;基础

梁顶与基础板顶一平。这两种变截面形式的钢筋构造为：截面变化部位，钢筋沿着截面变化布置，截断和弯折要求同端部等截面外伸构造相同，如图8.13（b）、8.13（c）所示。

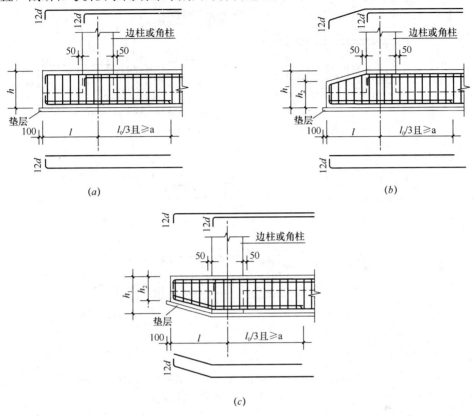

图8.13
（a）基础主梁端部外伸部位钢筋构造；（b）基础主梁端部外伸部位钢筋构造；
（c）基础主梁端部与外伸部位钢筋构造

3）端部无外伸构造

基础主梁端部无外伸构造根据梁柱（墙）相对截面尺寸不同，有三种形式：梁宽度小于柱宽度（设有包柱侧腋）；墙下有基础梁，且梁宽大于墙厚；柱或墙外侧与基础梁端一平。

基础梁底部与顶部纵筋成对连通设置，可采用通长钢筋或将底部与顶部钢筋对焊连接后弯折成型，并向跨内延伸或在跨内规定区域连接。成对连通后，顶部或底部多余的钢筋伸至端部弯钩，向上或向下弯折长度15d。如图8.14所示。

8.1.3.3 基础主梁变截面部位钢筋构造

基础主梁变截面、变标高形式有：梁顶有标高高差、梁底与梁顶均有标高高差、梁底有标高高差和柱两边梁宽不同四种形式。

1）梁顶有高差钢筋构造

梁顶面标高高的梁（简称高梁）顶部第一排纵筋伸至尽端，弯折长度自梁顶面标高低的梁（简称低梁）顶部算起l_a；高梁顶部第二排纵筋伸至尽端钢筋内侧，总锚固长度为≥l_a，当直锚长度≥l_a时可直锚。低梁上部纵筋锚固长度≥l_a截断即可，如图8.15所示。

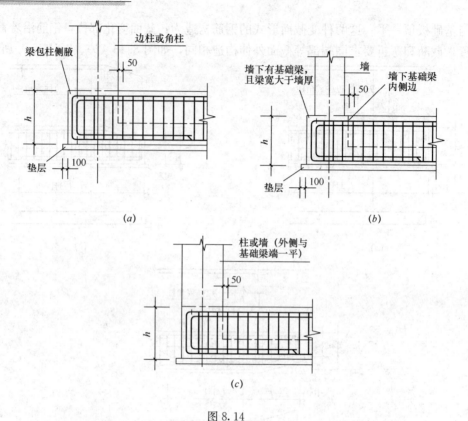

图 8.14

(a) 基础主梁端部无外伸部位钢筋构造；(b) 基础主梁端部无外伸部位钢筋构造；
(c) 基础主梁端部无外伸部位钢筋构造

2）梁底有高差钢筋构造

高梁下部第一排钢筋斜伸至低梁内锚固长度 $\geqslant l_a$，第二排钢筋伸至尽端钢筋内侧，总锚固长度 $\geqslant l_a$ 即可；低梁下部纵筋锚固长度 $\geqslant l_a$ 截断即可，如图 8.16 所示。

3）梁底、梁顶均有高差构造

当梁底、梁顶均有高差时钢筋构造与前两种形式的构造相近。

可概括为：梁顶部钢筋不能直接锚入节点中时，其构造要求为：第一排纵筋伸至尽

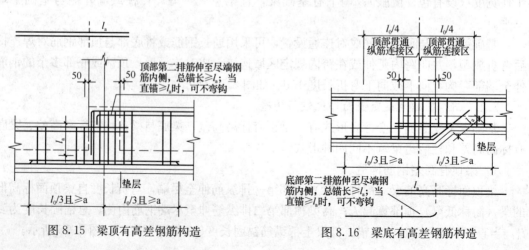

图 8.15 梁顶有高差钢筋构造　　　　图 8.16 梁底有高差钢筋构造

端，弯折长度自梁顶面标高低的梁（简称低梁）顶部算起l_a；高梁顶部第二排纵筋伸至尽端钢筋内侧，总锚固长度$\geq l_a$，当直锚长度$\geq l_a$时可直锚。梁顶钢筋能直接锚入节点中时，其构造要求为：低梁上部纵筋锚固长度$\geq l_a$截断即可。

梁底部钢筋不能直接锚入节点中时，其构造要求为：下部第一排钢筋斜伸至低梁内，锚固长度$\geq l_a$，第二排钢筋伸至尽端钢筋内侧，总锚固长度$\geq l_a$；低梁下部纵筋锚固长度$\geq l_a$截断。梁底钢筋能直接锚入节点中时，其构造要求为：纵筋锚固长度$\geq l_a$截断，如图8.17所示。

4）柱两边梁宽不同钢筋构造。

柱两边梁宽不同时，宽出部位梁的上、下部第一排纵筋连通设置；在宽出部位，不能连通的钢筋，上、下部第二排纵筋伸至尽端钢筋内侧，总锚固长度$\geq l_a$，当直锚长度$\geq l_a$时，可采用直锚，如图8.18所示。

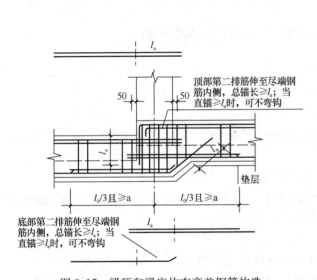
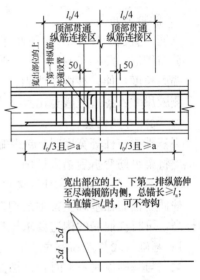

图8.17 梁顶和梁底均有高差钢筋构造　　图8.18 柱两边梁宽不同钢筋构造

8.1.3.4 基础主梁与柱结合部侧腋构造

基础主梁与柱结合部的侧腋设置的部位有：有十字交叉基础与柱结合部、丁字交叉基础与柱结合部、无外伸基础与柱结合部、基础主梁中心穿过柱侧腋、基础主梁偏心穿过柱与柱结合部等形式，如图8.19～图8.22所示，其构造要求有：

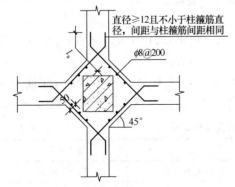
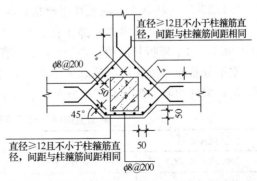

图8.19 十字交叉基础主梁与柱结合部侧腋构造　　图8.20 丁字交叉基础主梁与柱结合部侧腋构造

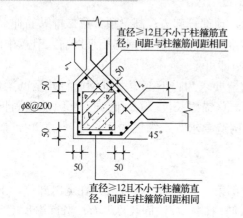
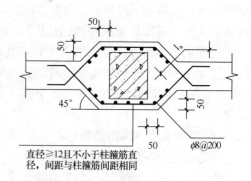

图8.21　无外伸基础主梁与角柱结合部侧腋构造　　图8.22　基础主梁中心穿柱侧腋构造

1) 侧腋配筋

纵筋：直径≥12mm，且不小于柱箍筋直径，间距与柱箍筋同；

分布钢筋：$\phi8@200$；

锚固长度：伸入柱内总锚固长度≥l_a；

侧腋尺寸：各边侧腋宽出尺寸为50mm。

2) 梁柱等宽设置

当基础梁与柱等宽度时，或基础柱与梁的某一侧面一平时，应当调整基础主梁宽度，而不应将梁纵筋弯折后锚入柱内。

8.1.3.5　柱插筋在基础主梁中的锚固构造

柱插筋锚固在基础主梁中的构造要求如图8.23所示。根据基础主梁与基础平板的相对标高，可将柱插筋的构造要求概括为以下内容：

1) 基础梁底与基础板底一平

梁底与基础板底一平时，柱插筋伸至基础底部支在梁底部纵筋上，竖直长度≥$0.5l_{aE}$（≥$0.5l_a$），水平弯折长度值不小于a；箍筋间距≤500mm，且不少于两道非复合箍筋。

2) 基础梁顶与基础板顶一平

基础梁顶与基础板顶一平时，柱插筋伸至基础底部外包梁底部纵筋上，竖直长度≥$0.5l_{aE}$（≥$0.5l_a$），水平弯折长度值不小于a；箍筋在基础平板厚度范围内箍筋间距≤500mm，且不少于两道非复合箍筋，柱宽于梁时柱在基础主梁内的箍筋按柱加密箍筋设置；梁宽于柱时，柱在基础主梁内的箍筋按柱非加密箍筋设置。

8.1.3.6　墙插筋在基础主梁中的锚固构造

墙竖向插筋插至基础梁底部支在梁底部纵筋上，如图8.24所示，竖直长度≥$0.5l_{aE}$（≥$0.5l_a$），水平弯折长度值不小于a，a取值见表8.3所示。

水平分布筋与拉筋：在基础主梁中，间距≤500mm，且不少于两道水平分布筋与拉筋，基础梁外的墙身第一道水平分布筋，位于基础梁顶面上墙身水平分布筋间距的一半。

插筋竖向锚固长度与弯钩长度 a 值对照表　　表8.3

竖直长度 h_1	弯钩长度 a	竖直长度 h_1	弯钩长度 a
≥$0.5l_{aE}$（$0.5l_a$）	$12d$ 且≥150	≥$0.7l_{aE}$（$0.7l_a$）	$8d$ 且≥150
≥$0.6l_{aE}$（$0.6l_a$）	$10d$ 且≥150	≥$0.8l_{aE}$（$0.8l_a$）	$6d$ 且≥150

8.1 筏形基础的制图规则与标准构造详图

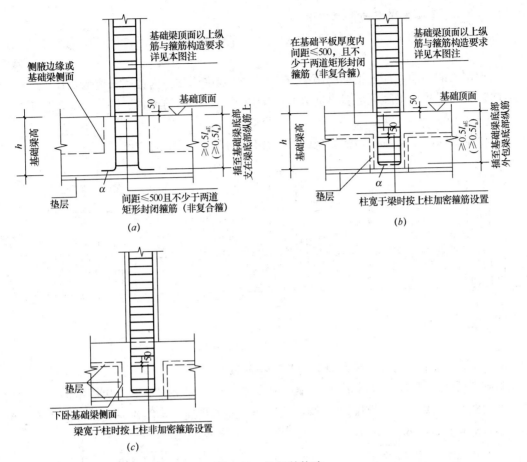

图 8.23 柱插筋构造

（a）基础梁底与基础板底一平；（b）基础梁顶与基础板顶一平（一）；（c）基础梁顶与基础板顶一平（二）

注：抗震柱与非抗震柱在基础梁顶面以上的纵筋连接构造以及抗震加密区的要求，当设计未注明时，按现行国家建筑标准设计 G101-1 中关于底层框架柱的相关规定。

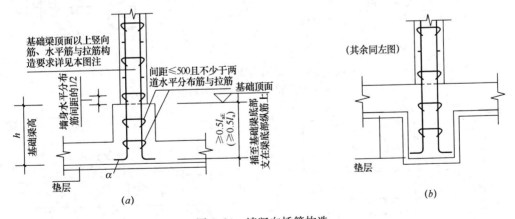

图 8.24 墙竖向插筋构造

（a）基础梁底与基础板底一平；（b）基础梁顶与基础板顶一平

注：抗震墙在基础梁顶面以上的竖向筋与水平筋的连接构造及拉筋的设置要求，当设计未进行注明时按现行国家建筑标准设计 G101-1 中关于底层剪力墙的相关规定。

215

8.1.3.7 基础主梁梁高加腋构造

基础主梁梁高加腋内容：钢筋的锚固要求、加腋钢筋的根数及加腋范围内箍筋的构造要求，如图 8.25 所示。

加腋钢筋的锚固：加腋钢筋的两端分别伸入基础主梁和柱内锚固长度为 l_a；

加腋钢筋根数：梁腋顶部斜纵筋为基础梁顶部第一排纵筋根数 n 的 $n-1$ 根，且不少于 2 根，并插空布置；

加腋范围内的箍筋与基础梁的箍筋配置相同，仅箍筋高度为变值。

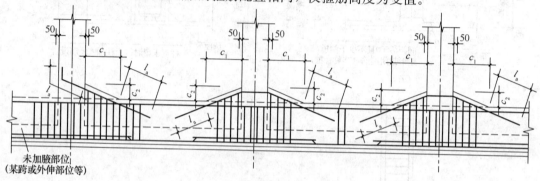

图 8.25 基础主梁梁高加腋构造

8.1.3.8 基础主梁与次梁侧面纵向构造钢筋

基础主梁与次梁 $h_w \geqslant 450mm$ 时，梁的两个侧面应沿高度配置纵向构造钢筋，纵向构造钢筋间距为 $a \leqslant 200mm$；侧面纵向构造钢筋能贯通就贯通，不能贯通则取锚固长度值为 $15d$，如图 8.26、图 8.27 所示。

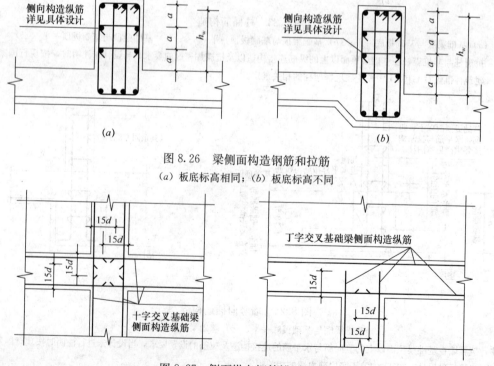

图 8.26 梁侧面构造钢筋和拉筋
（a）板底标高相同；（b）板底标高不同

图 8.27 侧面纵向钢筋锚固要求

拉筋的直径为 8mm，间距为箍筋间距的两倍。当设置多排拉筋时，上下两排拉筋竖向错开设置。

8.1.4 梁板式筏形基础钢筋工程量计算实例

8.1.4.1 两跨基础主梁钢筋计算

【已知条件】

JZL1，C35 混凝土，保护层 40mm，锚固长度 27d，框架柱轴线居中，其他条件如图 8.28 所示。

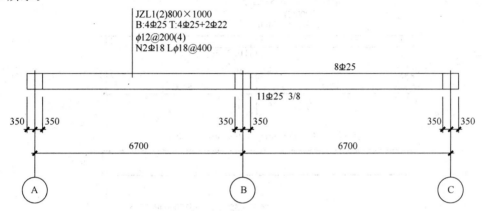

图 8.28 基础主梁标注示意图

【要求】 计算基础主梁 JZL1 的钢筋量

【解析】

基础主梁集中标注的内容为：截面尺寸 800×1000，底部钢筋为 4Φ25，顶部钢筋为 4Φ25 和 2Φ22，箍筋为 ϕ12，间距 200mm，4 肢箍，侧面受扭钢筋为 2Φ18，拉筋为 ϕ18，间距 400mm。

基础主梁上原位标注内容有 B 轴基础梁下部钢筋为 11Φ25，第一排 8 根，第二排 3 根（自下而上）；BC 轴梁上部钢筋为 8Φ25。需要计算的钢筋如图 8.29 所示。

【计算过程】

1. 钢筋的锚固长度

Φ25 在中间支座处的锚固长度：$\max(l_a, 0.5h_c+5d)=675mm$

Φ22 在中间支座处的锚固长度：$\max(l_a, 0.5h_c+5d)=594mm$

2. 钢筋计算过程

① 钢筋长度 $=6700×4+4×(350-40)+2×(1000-40×2)=29880mm(4Φ25)$

② 钢筋长度 $=6700-350×2+675+700-40+15×25=7710mm(4Φ25)$

③ 钢筋长度 $=6700-350×2+594+700-40+15×22=7584mm(2Φ22)$

④ 钢筋长度 $=6700×2-350×2+2l_a=13672mm(2Φ18)$

⑤ 钢筋长度 $=$ 支座两端取延伸值 $\max(l_0/3, 1.2l_a+0.5h_c+h_b)=2233mm$

$$2233×2=4466mm(7Φ25)$$

⑥ 钢筋长度 $=(800-40×2+2×12+1000-40×2+2×12)×2+2l_w=3541.6mm$

⑦ 钢筋长度 $=\left(\dfrac{800-40×2-25}{3}+25+2×12+1000-40×2+120×2\right)×2+2×l_w$

=2615.6mm

箍筋总长：⑥+⑦=6157.2mm(72ϕ12)

箍筋根数：(6700×2+350×2−40×2)/200+1=72 根

⑧钢筋长度=800−40×2+12×2+2×18+2×l_w=1028.4mm(37ϕ18)

拉筋根数：(6700×2+350×2−40×2)/400+1=37 根

3. 基础主梁的钢筋翻样图，如图 8.29 所示。

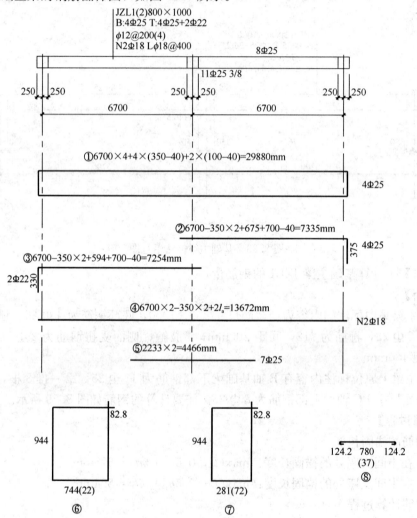

图 8.29 基础主梁钢筋翻样图

4. 钢筋列表计算（表 8-4）

钢 筋 列 表　　　　表 8.4

编号	形　状	钢筋级别	钢筋直径(mm)	根数	单根长度(mm)	总长度(m)
①	29880	HRB335	Φ25	4	29880	119.84

续表

编号	形 状	钢筋级别	钢筋直径(mm)	根数	单根长度(mm)	总长度(m)
②	7335 375	HRB335	Φ25	4	7710	30.84
③	330 7254	HRB335	Φ22	2	7584	15.17
④	13672	HRB335	Φ18	2	13672	27.34
⑤	4466	HRB335	Φ25	7	4466	31.26
⑥	944 82.8 744(22)	HPB235	φ12	72	3541.6	250
⑦	944 82.8 281(72)	HPB235	φ12	72	2615.6	188.32
⑧	124.2 780 124.2 (37)	HPB235	φ18	37	1028.4	38.05

5. 钢筋材料汇总表（表8.5）

钢筋材料汇总表　　表8.5

钢筋直径	总长度（m）	总重量（t）	钢筋直径	总长度（m）	总重量（t）
Φ25	181.94	0.702	φ12	438.22	0.389
Φ22	15.17	0.045	φ18	38.05	0.076
Φ18	27.34	0.055	合计		1.267

8.1.4.2　三跨两端带外伸基础主梁钢筋计算

【已知条件】　JZL5（3B）　C35 混凝土，保护层 40mm，锚固长度 $27d$，框架柱轴线居中。其他条件如图 8.30 所示。

【要求】　计算基础主梁 JZL5 的钢筋量。

【解析】

基础主梁集中标注的内容为：截面尺寸 800×1400，底部钢筋为 11Φ25，上部钢筋为 13Φ25，第一排 11 根第二排 2 根（自上而下），箍筋为 φ16，间距 200mm，4 肢箍，

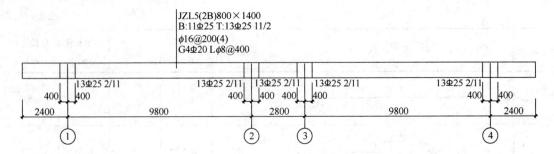

图 8.30 基础主梁标注示意图

侧面受扭钢筋为 4Φ20，拉筋为 ϕ8。

基础主梁上原位标注内容有①、②、③、④轴基础梁下部钢筋均为 13Φ25，第一排 11 根第二排 2 根（自下而上）。

【计算过程】

1. 钢筋的锚固长度
2. 钢筋计算过程

①钢筋长度=2400×2+9800×2+2800-2×40+2×12×25=27720mm（22Φ25）

②钢筋长度=9800×2+2800+2×(400-40)+2×12×25=23720mm（2Φ25）

③钢筋长度=延伸长度 $\max(l_o/3, 1.2l_a+0.5h_c+h_b)$=3267mm（4$\Phi$25）

　　　　　　2400+3267-40=5627mm（4Φ25）

④钢筋长度=2400+3267×2=8934mm（2Φ25）

⑤钢筋长度=2400×2+9800×2+2800-2×40=27120mm（4Φ20）

⑥箍筋长度=(1352+752)×2+2×110.4=4428.8mm

⑦箍筋长度=[(800-40×2-25)/10×2+25+1400-40×2]×2+8×16+2l_w
　　　　=3312.8mm

箍筋单长：⑥+⑦×2=11054.4mm（137ϕ16）

根数=$\dfrac{2400×2-2×40+9800×2+2800}{200}$+1=137 根

⑧拉筋长度=800-40×2+2×16+2×8+2l_w=878.4mm（138ϕ8）

根数=$\left(\dfrac{2400×2-2×40+9800×2+2800}{400}+1\right)×2$=138 根

3. 基础主梁的钢筋翻样图，如图 8.31 所示。
4. 钢筋列表计算（表 8.6）

钢 筋 列 表　　　　　　　　表 8.6

编号	形状	钢筋级别	钢筋直径(mm)	根数	单根长度(mm)	总长度(m)
①	300 ⎿—— 27120 ——⏌ 300	HRB335	Φ25	22	27720	609.84
②	300 ⎿—— 23120 ——⏌ 300	HRB335	Φ25	2	23720	47.44

8.1 筏形基础的制图规则与标准构造详图

续表

编号	形状	钢筋级别	钢筋直径（mm）	根数	单根长度（mm）	总长度（m）
③	5627	HRB335	Φ25	4	5627	22.51
④	8934	HRB335	Φ25	2	8934	17.868
⑤	27120	HRB335	Φ20	4	27120	108.48
⑥	1352×752，110.4	HPB235	φ16	137	4428.8	606.75
⑦	1352×194，110.4	HPB235	φ16	137	3312.8	453.85
⑧	768，55.2+55.2	HPB235	φ8	138	878.4	121.22

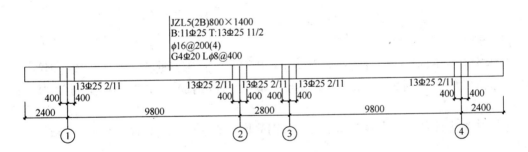

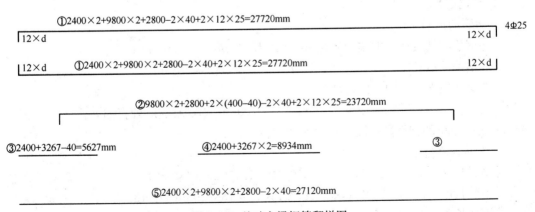

① $2400 \times 2 + 9800 \times 2 + 2800 - 2 \times 40 + 2 \times 12 \times 25 = 27720$ mm

② $9800 \times 2 + 2800 + 2 \times (400 - 40) - 2 \times 40 + 2 \times 12 \times 25 = 23720$ mm

③ $2400 + 3267 - 40 = 5627$ mm   ④ $2400 + 3267 \times 2 = 8934$ mm

⑤ $2400 \times 2 + 9800 \times 2 + 2800 - 2 \times 40 = 27120$ mm

图 8.31 基础主梁钢筋翻样图

5. 钢筋材料汇总表(表 8.7)

钢筋材料汇总表　　　　　　　　　　　　　　　　　表 8.7

钢筋直径	总长度(m)	总重量(t)	钢筋直径	总长度(m)	总重量(t)
Φ25	866.47	3.341	φ8	121.22	0.048
Φ20	108.48	0.268	合　计		5.332
φ16	1060.6	1.675			

8.1.4.3 两跨基础次梁钢筋计算

【已知条件】 基础次梁 JCL1 C35 混凝土，保护层 40mm，轴线居中，锚固长度为 $27d$。其他条件如图 8.32 所示。

【要求】 计算基础主梁 JCL1 的钢筋量。

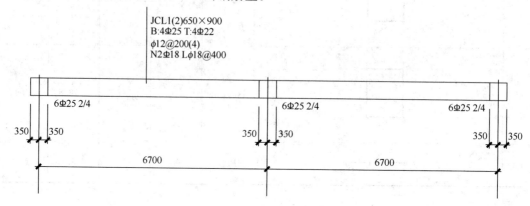

图 8.32　础次梁标注示意图

【解析】

基础次梁集中标注的内容为：截面尺寸 650×900，底部钢筋为 4Φ25，顶部钢筋为 4Φ22，箍筋为 φ12，间距 200mm，4 肢箍，侧面受扭钢筋为 2Φ18，拉筋为 φ8，间距 400mm。

基础主梁上原位标注内容有基础梁下部钢筋均为 6Φ25，自下而上第一排 4 根第二排 2 根。

【计算过程】

1. 钢筋的锚固长度

上部钢筋在端支座处的锚固满足 $\max(12d, 0.5h_b) = 350 \text{mm}$

下部钢筋外沿长度：$\max(l_0/3, 1.2l_a + h_b + 0.5b_c) = 2233 \text{mm}$

下部钢筋在端支座的锚固长度：

$$l_a = 27d = 27 \times 25 = 675 \text{mm} < h_b = 700 \text{mm} \text{ 则在端支座处直锚 } l_a。$$

2. 基础主梁的钢筋翻样图，如图 8.33 所示。

3. 钢筋计算过程

①钢筋长度 = 6700×2 − 350×2 + 350×2 = 13400mm(4Φ22)

②钢筋长度 = 6700×2 − 350×2 + 2×27×18 = 13672mm(2Φ18)

③钢筋长度 = 675 + 2233 − 350 = 2558mm(4Φ25)

④钢筋长度=2233×2=4466mm(2Φ25)
⑤钢筋长度=675×2+6700×2-2×350=14050mm(4Φ25)
⑥钢筋长度=(594+844)×2+2×82.8=3041.6mm
⑦钢筋长度=[(650-40×2-25)/3+25+2×12+84]×2+2×l_w=2315.6mm
箍筋总长：⑥+⑦=5357.2mm(62ϕ12)
根数=[(6700-350×2-50×2)/200+1]×2=62根
⑧钢筋长度=650-40×2+2×12+2×8+2l_w=720.4mm(32ϕ8)
根数=[(6700-350×2-50×2)/400+1]×2=32根

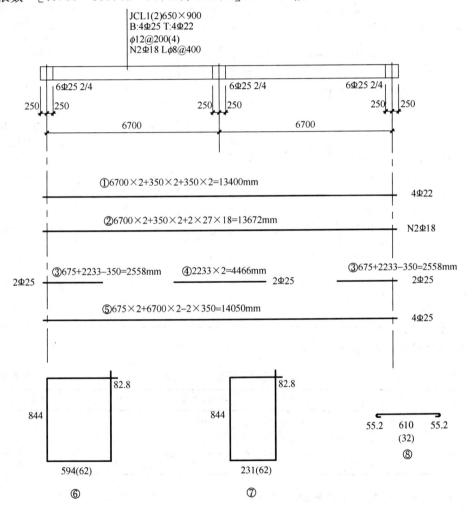

图 8.33 基础次梁钢筋翻样图

4. 钢筋列表计算(表 8.8)

钢 筋 列 表　　　　　　　　　　　　　　表 8.8

编号	形状	钢筋级别	钢筋直径(mm)	根数	单根长度(mm)	总长度(m)
①	13400	HRB335	Φ22	4	13400	53.60

续表

编号	形状	钢筋级别	钢筋直径（mm）	根数	单根长度（mm）	总长度（m）
②	13672	HRB335	Φ18	2	13672	27.344
③	2558	HRB335	Φ25	4	2558	10.232
④	4466	HRB335	Φ25	2	4466	8.932
⑤	14050	HRB335	Φ25	4	14050	56.2
⑥	844 / 82.8 / 594(62)	HPB235	φ12	62	3041.6	188.579
⑦	844 / 82.8 / 231(62)	HPB235	φ12	62	2315.6	143.567
⑧	55.2 610 55.2 (32)	HPB235	φ8	32	720.4	23.052

5. 钢筋材料汇总表（表8.9）

钢筋材料汇总表　　表8.9

钢筋直径	总长度(m)	总重量(t)	钢筋直径	总长度(m)	总重量(t)
Φ22	53.60	0.160	φ12	332.146	0.295
Φ18	27.344	0.055	φ8	23.052	0.009
Φ25	75.364	0.291	合　计		0.81

8.1.4.4　两跨一端带外伸基础次梁钢筋计算

【已知条件】　基础次梁 JCL2(2A) C35 混凝土，保护层 40mm，轴线居中，锚固长度为 $27d$。其余条件如图 8.34 所示。

【要求】　计算基础主梁 JCL1 的钢筋量。

【解析】

基础次梁集中标注的内容为：截面尺寸 700×900，底部钢筋为 4Φ22，顶部钢筋为 4Φ25，箍筋为 φ12，间距 200mm，4 肢箍，侧面受扭钢筋为 2Φ16，拉筋为 φ10。基础次梁上原位标注内容有基础梁下部钢筋均为 6Φ22，第一排 4 根第二排 2 根（自下而上）。

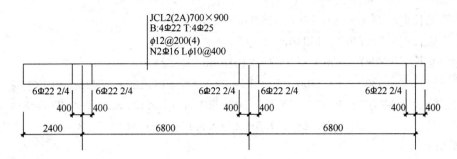

图 8.34 基础次梁标注示意图

【计算过程】

1. 钢筋的锚固长度

上部钢筋在端支座处的锚固满足 $\max(12d, 0.5h_b) = 400$ mm

下部钢筋外延长度：$\max(l_o/3, 1.2l_a + h_b + 0.5b_b) = 2267$ mm

下部钢筋在端支座的锚固长度：$l_a = 27d = 27 \times 16 = 594$ mm

2. 钢筋计算过程

3. 基础主梁的钢筋翻样图，如图 8.35 所示。

①钢筋长度 $= 6800 \times 2 + 2400 - 40 + 12 \times 25 - 400 + 400 = 16260$ mm（4Φ25）

②钢筋长度 $= 6800 \times 2 + 2400 - 40 - 400 + 27 \times 16 = 15992$ mm（2Φ16）

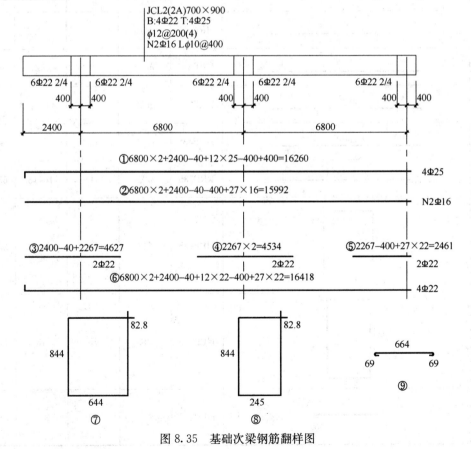

图 8.35 基础次梁钢筋翻样图

③钢筋长度＝2400－40＋2267＝4627mm(2Φ22)

④钢筋长度＝2267×2＝4534mm(2Φ22)

⑤钢筋长度＝2267－400＋27×22＝2461mm(2Φ22)

⑥钢筋长度＝6800×2＋2400－40＋12×22－400＋27×22＝16418mm(4Φ22)

⑦钢筋长度＝(700－40×2＋2×12＋900－40×2＋2×12)×2＋2×82.8＝3141.6mm

⑧钢筋长度＝[(700－40×2－22)/3＋22＋2×12＋900－40×2＋2×12]×2＋2×82.8＝2343.6mm

箍筋单长：⑦＋⑧＝5485.2mm(75ϕ12)

⑨钢筋长度＝700－40×2＋2×12＋2×10＋2l_w＝802mm(39ϕ10)

箍筋根数：(2400－40－50)/200＋1＋[(6800－400×2－50×2)/200＋1]×2＝75根

拉筋根数：(2400－40－50)/400＋1＋[(6800－400×2－50×2)/400＋1]×2＝39根

4. 钢筋列表计算(表8.10)

钢 筋 列 表　　　　　表8.10

编号	形状	钢筋级别	钢筋直径(mm)	根数	单根长度(mm)	总长度(m)
①	300／15960	HRB335	Φ25	4	16260	65.04
②	15992	HRB335	Φ16	2	15992	31.98
③	4627	HRB335	Φ22	2	4627	9.254
④	4534	HRB335	Φ22	2	4534	9.068
⑤	2461	HRB335	Φ22	2	2461	4.922
⑥	264／16154	RRB335	Φ22	4	16418	65.672
⑦	844×644, 82.8	HPB235	ϕ12	75	3141.6	235.62
⑧	844×245, 82.8	HPB235	ϕ12	75	2343.6	175.77
⑨	664, 69/69	HPB235	ϕ10	39	802	31.278

5. 钢筋材料汇总表(表8.11)

钢筋材料汇总表　　　　　　　　　　　　　　　　　　表8.11

钢筋直径	总长度(m)	总重量(t)	钢筋直径	总长度(m)	总重量(t)
Φ22	65.04	0.251	φ12	411.39	0.366
Φ18	88.916	0.266	φ8	31.278	0.091
Φ25	31.98	0.051	合　计		1.025

8.1.4.5　梁板式筏形基础底板钢筋计算

【已知条件】　基础楼板 LPB1，混凝土 C30，保护层 40mm，轴线居中，LPB 厚 800mm。如图 8.36 中所示，柱的截面尺寸 700mm×700mm，基础主梁宽均为 800mm。

【要求】　计算基础板钢筋量。

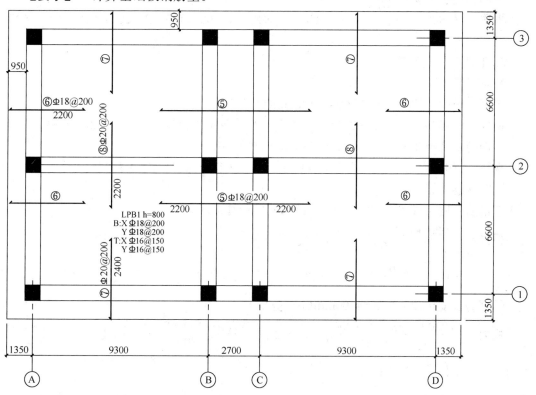

图 8.36　基础底板标注示意图

【解析】

LPB1 集中标注的内容为：底部贯通钢筋 X 向①、Y 向②为Φ18@200，上部贯通钢筋 X 向③、Y 向④为Φ16@150。

LPB1 底部非贯通纵筋分别为⑤、⑥、⑦和⑧号钢筋，均为 HRB335 钢筋。④、⑥钢筋Φ18，间距 200mm，分别从 B 轴、A 轴线向板内延伸 2200mm；⑦、⑧号钢筋Φ20mm，间距 200mm，分别从 2 轴、1 轴线向板内延伸 2200mm、2400mm。

【计算过程】

1. 上下不贯通钢筋弯折长度：(800−40×2−150)/2+150=435mm

2. 贯通钢筋

X 向钢筋计算：

上部③钢筋长度 = 9300×2+2700+2×1350−40×2+2×435 = 24790mm(82 Φ 16)

根数 = [(6600−400×2−150)/150+1]×2+[(950−150)/150+1]×2 = 82 根

下部①钢筋长度 = 9300×2+2700+2×1350−40×2+2×435 = 24790mm(68 Φ 18)

根数 = [(6600−400×2−200)/200+1]×2+[(950−200)/200+1]×2 = 68 根

Y 向钢筋计算：

上部④钢筋长度 = 6600×2+2×1350−2×40+2×435 = 16690mm(142 Φ 16)

根数 = [(9300−400×2−150)/150+1]×2+[(2700−400×2−150)/150+1]+[(950−150)/150+1]×2 = 142

下部②钢筋长度 = 6600×2+2×1350−2×40+2×435 = 16690mm(104 Φ 18)

根数 = [(9300−400×2−200)/200+1]×2+[(2700−400×2−200)/200+1]+[(950−200)/200+1]×2 = 104

3. 下部非贯通钢筋

X 向钢筋计算：

⑤钢筋长度 = 2200×2+2700 = 7100mm(68 Φ 18)

根数 = [(6600−400×2−200)/200+1]×2+[(950−200)/200+1]×2 = 68 根

⑥钢筋长度 = 2200+1350−40 = 3150mm(68 Φ 18)

根数 = [(6600−400×2−200)/200+1]×2+[(950−200)/200+1]×2 = 68 根

Y 向钢筋计算：

⑦钢筋长度 = 2200+1350−40 = 3150mm(212 Φ 20)

根数 = $\left[\left(\dfrac{9300-400\times 2-200}{200}\right)+1\right]\times 4+\left[\dfrac{(2700-400\times 2-200)}{200}+1\right]$
$+\left(\dfrac{950-200}{200}+1\right)\times 2 = 212$ 根

⑧钢筋长度 = 2200×2 = 4400mm(106 Φ 20)

根数 = $\left[\left(\dfrac{9300-400\times 2-200}{200}\right)+1\right]\times 2+\left[\dfrac{(2700-400\times 2-200)}{200}+1\right]$
$+\left(\dfrac{950-200}{200}+1\right)\times 2 = 104$ 根

4. 钢筋汇总表

各类钢筋的米重计算：

$0.00617\times 16^2 = 1.580$ kg/m

$0.00617\times 18^2 = 1.999$ kg/m

$0.00617\times 20^2 = 2.368$ kg/m

板内各钢筋长度和重量汇总于表(8.12)：

钢 筋 列 表　　　　　　　　　　　表 8.12

编号	钢筋级别	钢筋直径	单根长度（mm）	钢筋根数	总长度（m）	总重量（kg）
①	HRB335 级	Φ18	24790	68	1685.72	3369.75428

续表

编号	钢筋级别	钢筋直径	单根长度（mm）	钢筋根数	总长度（m）	总重量（kg）
②	HRB335 级	Φ18	16690	104	1735.76	3469.78424
③	HRB335 级	Φ16	24790	82	2032.78	3211.7924
④	HRB335 级	Φ16	16690	142	2369.98	3744.5684
⑤	HRB335 级	Φ18	7100	68	482.8	965.1172
⑥	HRB335 级	Φ18	3150	68	214.2	428.1858
⑦	HRB335 级	Φ20	3150	212	667.8	1581.3504
⑧	HRB335 级	Φ20	4400	106	466.4	1104.4352

5. 钢筋材料汇总表（表 8.13）

钢筋材料汇总表　　　　　　　表 8.13

钢筋直径	总长度（m）	总重量（kg）
Φ20	1134.2	2685.7856
Φ18	4118.48	8232.84152
Φ16	4402.76	6956.3608

8.1.5　梁板式筏形基础钢筋量计算实战训练

【实践教学课题】

基础施工现场参观和识读基础施工图。

【实训目的】

基础施工图识读是工程造价和建筑管理人员必备的职业能力之一。通过对钢筋混凝土基础施工图的识读，掌握基础施工图识读的基本方法和重点内容，熟悉现行规范、制图规则和构造详图等，理论联系实际，为今后能够准确计算基础工程量和胜任施工管理工作奠定基础。

【实训要求】

读图要求：针对本工程筏形基础的平面布置、主次梁的截面尺寸、钢筋设置、构造要求等，进行系统的识图训练。

算量要求：能熟练计算筏形基础中所有钢筋量。

【实训资料】

附录图纸，图集 04G101-3。

【实训指导】

1. 了解梁板式筏形基础的概念及常见类型。
2. 明确梁板式筏形基础的受力特点及构造要求。
3. 明确梁板式筏形基础的平面整体表示方法的制图规则。
4. 掌握梁板式筏形基础构造详图的表示方法。

【实训内容】

熟悉指定的 JZL、JCL 及 JPB 的相关构造要求，计算 JZL、JCL 及 JPB 的钢筋工程量；计算书要求：有计算过程，钢筋列表，材料汇总表。

8.2 独立基础、条形基础和桩基承台的制图规则与标准构造详图

独立基础、条形基础和桩基承台的平法制图规则,是指在平面布置图上,表示独立基础、条形基础和桩基承台,以及基础连梁和地下框架梁的尺寸和配筋,以平面注写方式为主,截面注写方式为辅。

8.2.1 独立基础的制图规则及构造详图

8.2.1.1 独立基础的制图规则

独立基础平法施工图有平面注写方式与截面注写方式两种表达方式。绘制独立基础平面布置图时,应将独立基础平面与基础所支承的柱一起绘制;当设置基础连梁时,可根据情况将基础连梁一起绘制在基础平面图中。独立基础平面图应标注基础定位尺寸,有偏心时标注偏心尺寸。

独立基础的制图规则主要内容有:独立基础编号、独立基础平面注写方式和截面注写方式。

1) 独立基础编号

独立基础有普通独立基础和杯口独立基础两种形式,基础底板的截面形式有阶(梯)形、坡形,如图 8.37、图 8.38 所示。独立基础的编号见表 8.14。

独立基础构件类型编号　　　　　表 8.14

基础类型	基础底板截面形状	代号	序号	说　明
普通独立基础	阶形	DJ_J	××	1. 单阶截面即为平板独立基础 2. 坡形截面基础底板可分为四坡、三坡、双坡及单坡
普通独立基础	坡形	DJ_P	××	
杯口独立基础	阶形	BJ_J	××	
杯口独立基础	坡形	BJ_P	××	

2) 独立基础平面注写方式

独立基础平面注写方式分为集中标注和原位标注。

a) 独立基础的集中标注

普通独立基础和杯口独立基础的集中标注,是指在基础平面图上集中引注,包括:基础编号、截面竖向尺寸、配筋三项必注内容;当基础底面标高与基础基准标高不同时,应注明其相对标高高差和必要的文字说明两项选注内容。

独立基础的集中标注具体内容有:

i. 基础编号:代号+序号

ii. 截面竖向尺寸

普通独立基础的竖向尺寸:$h_1/h_2/h_3$…表示自基础底面开始,各阶或斜坡每段标高,如图 8.37 所示。

杯口独立基础的竖向尺寸:a_0/a_1,$h_1/h_2/h_3$…表示,杯口内自上而下竖向各段尺寸用 a_0/a_1 表示,杯口外自下而上各段竖向标高用 $h_1/h_2/h_3$ 表示,如图 8.38 所示。

iii. 配筋

8.2 独立基础、条形基础和桩基承台的制图规则与标准构造详图

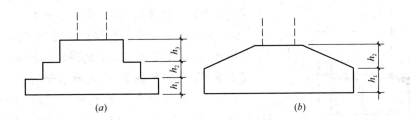

图 8.37 普通独立基础
(a) 阶形截面普通独立基础；(b) 坡形截面普通独立基础

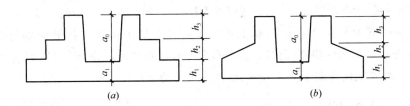

图 8.38 杯口独立基础
(a) 阶形截面杯口独立基础；(b) 坡形截面杯口独立基础

独立基础底板配筋：同楼面板表达方式相同，B 表示底部配筋，X 向、Y 向钢筋分别用 X、Y 打头表示，圆形独立基础采用双向正交配筋时，以 X&Y 打头注写，当采用放射状配筋时以 Rs 打头，先注写径向受力钢筋，在"/"后再注写切向配筋。

杯口独立基础顶部焊接钢筋网：以 Sn 打头引注杯口顶部焊接钢筋网的各边钢筋。

高杯口独立基础的杯壁外侧和短柱配筋：以 O 打头，表示杯壁外侧和短柱配筋；先注写杯壁外侧和短柱竖向纵筋，再注写横向箍筋；角筋/长边中部筋/短边中部筋，箍筋（两种间距）；对于双杯口独立基础的杯壁外侧筋，注写形式与单高杯口相同，施工区别在于杯壁外侧筋为同时环住两个杯口的外壁配筋。

【例 8.5】 解释图 8.39 表示的含义

基础底板底部配置 HRB335 钢筋，X 向直径为 16mm，分布间距为 150mm；Y 向 HRB335 钢筋，直径 16mm，分布间距 200mm。

【例 8.6】 解释图 8.40 表示的含义

图示表示杯口顶部每边配置 2 根 HRB335 级钢筋，直径 14mm 的焊接钢筋网。

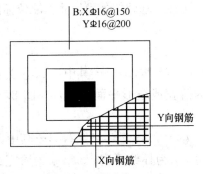

图 8.39 矩形独立基础底板配筋图

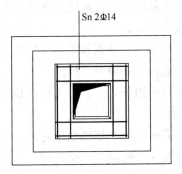

图 8.40 单杯口独立基础顶部焊接钢筋网配筋图

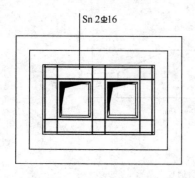

图 8.41 双杯口独立基础顶部焊接钢筋网配筋图

【例 8.7】 解释图 8.41 表示的含义

图示表示杯口每边和双杯口中间杯壁的顶部均配置 2 根 HRB335 级直径为 16mm 的焊接钢筋网。

【例 8.8】 解释图 8.42 表示的含义

图示表示高杯口独立基础的杯壁外侧和短柱配置 HRB400 级竖向钢筋和 HPB235 级箍筋。其竖向钢筋为 4Φ20 角筋，Φ16@220 长边中部筋和Φ16@200 短边中部筋，其箍筋为 ϕ10，杯口范围间距 150mm，短柱范围间距为 300mm。

【例 8.9】 解释图 8.43 表示的含义

图示表示双高杯口独立基础的杯壁外侧和短柱配置 HRB400 级竖向钢筋和 HPB235 级箍筋。其竖向钢筋为 4Φ22 角筋，Φ16@220 长边中部筋和Φ16@200 短边中部筋，其箍筋为 ϕ10，杯口范围间距 150mm，短柱范围间距为 300mm。

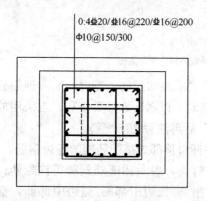

图 8.42 高杯口独立基础杯壁配筋示意图

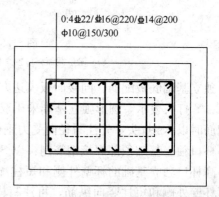

图 8.43 双高杯口独立基础杯壁配筋示意图

iv. 相对标高高差

当独立基础底面标高与基准标高不同时，应将独立基础的相对标高高差注在括号内。

v. 文字说明

当独立基础设计有特殊要求时，增加必要的文字说明注释。

b) 独立基础的原位标注

独立基础的原位标注是在基础平面布置图上标注独立基础的平面尺寸。原位标注的具体标注方法有：

i. 矩形独立基础和矩形杯口独立基础

普通独立基础原位标注：x、y、x_c、y_c、x_i、y_i，$i=1,2,3\cdots$其中，x、y 为普通独立基础两向边长，x_c、y_c 为柱截面尺寸，x_i、y_i 为阶宽或坡形平面尺寸，如图 8.44~图 8.47 所示。

矩形杯口独立基础原位标注：x、y、x_u、y_u、t_i、x_i、y_i，$i=1,2,3\cdots$其中，x、y 为杯口独立基础两向边长，x_u、y_u 为杯口上口尺寸，t_i 为杯壁厚度，x_i、y_i 为阶宽或坡形截面尺寸，如图 8.48、图 8.49 所示。

8.2 独立基础、条形基础和桩基承台的制图规则与标准构造详图

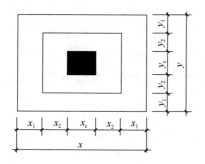

图 8.44 对称阶形截面独立基础原位标注

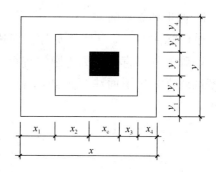

图 8.45 非对称阶形截面独立基础原位标注

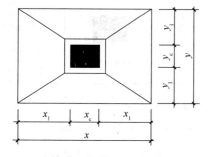

图 8.46 对称坡形截面普通独立基础原位标注

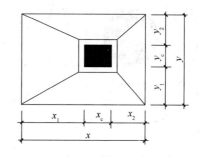

图 8.47 非对称坡形截面普通独立基础原位标注

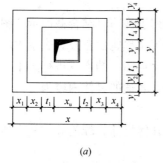

图 8.48 阶形截面杯口独立基础原位标注
(a) 基础底板两边对称；(b) 基础底板两边不对称

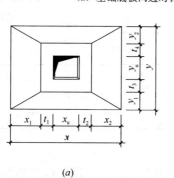

图 8.49 坡形截面杯口独立基础原位标注
(a) 基础底板四边放坡；(b) 基础底板两边放坡

ii. 圆形独立基础

原位标注 D，d_c（或矩形柱截面边长 x_c、y_c），b_i，$i=1$，2，3…。其中 D 为圆形独立基础的外环直径，d_c 为圆柱直径，b_i 为阶宽或坡形截面尺寸，如图 8.50 所示。独立基础通常采用平面注写方式的集中标注与原位标注综合设计表达示意，如图 8.51 所示。

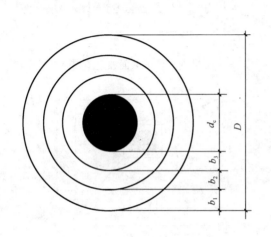

图 8.50 基础底板四边放坡

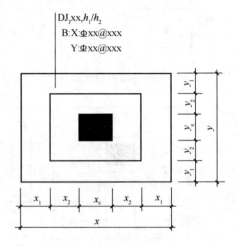

图 8.51 基础底板两边放坡

3）独立基础截面注写方式

独立基础的截面注写方式可分为截面标注和列表注写（结合截面示意图）两种表达方式。对单个基础进行截面标注的内容和形式与传统"单构件正投影表示方法"相同。对于多个同类基础，可采用列表注写方式（结合截面示意图）的方式进行集中表达，表中内容为基础截面几何数据和配筋值等，其列表注写方式表达的具体内容为：

a）普通独立基础

普通独立基础列表注写中的栏目有：编号、几何尺寸、配筋等，其表达方式与截面注写方式相同。其表格常见有如表 8.15 所示。

普通独立基础列表注写中的栏目　　　　　表 8.15

基础编号 /截面号	截面几何尺寸				底部配筋	
	x、y	x_c、y_c	x_i、y_i	$h_1/h_2/h_3\cdots$	X 向	Y 向
…	…	…	…	…	…	…
…	…	…	…	…	…	…

b）杯口独立基础

杯口独立基础列表注写中的栏目有：编号、几何尺寸、配筋[包括底部配筋、杯口顶部钢筋网（S_n）、杯壁外侧配筋（O）等]，其表达方式与平面注写方式相同。其常用表格形式如表 8.16 所示。

杯口独立基础集合尺寸和配筋表　　　　　表 8.16

基础编号/截面号	截面几何尺寸				底部配筋		杯口顶部钢筋网	杯口外侧配筋	
	x、y	x_c、y_c	x_i、y_i	a_0、a_1，/$h_2/h_3\cdots$	X向	Y向		角筋/长边/短边中配筋	杯口箍筋/短柱箍筋
…	…	…	…	…	…	…	…	…	…
…	…	…	…	…	…	…	…	…	…

8.2.1.2　独立基础的构造详图

1) 独立基础底板配筋构造要求

独立基础底板配筋如图 8.52 所示。

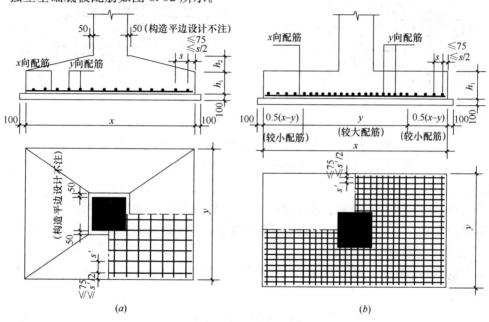

图 8.52　独立基础底板配筋构造示意图
(a) 同向采用一种配筋；(b) 短向采用两种配筋

2) 独立基础底板配筋长度减短 10% 构造

关于独立基础底板配筋长度缩短 10% 的规定：当独立基础底板的 X 向或 Y 向宽度 ≥2.5m 时，除基础边缘的第一根钢筋外，X 向或 Y 向的钢筋长度可减缩 10%，即按长度的 0.9 倍交错绑扎设置，但对偏心基础所的某边自柱中心至基础边缘尺寸 <1.25m 时，沿该方向的钢筋长度不应缩减，如图 8.53 所示。

8.2.2　条形基础的制图规则及构造详图

8.2.2.1　条形基础的制图规则

条形基础平法施工图，有平面注写与截面注写两种表达方式。

条形基础整体上可以分两类：梁板式条形基础和板式条形基础。平法施工图中，将梁板式条形基础分为基础梁与基础底板分别表达，该基础适用于钢筋混凝土框架结构、框架剪力墙结构、框支结构和钢结构；板式条形基础仅表达条形基础底板，当墙下设有基础圈梁时，可再加注基础圈梁的截面尺寸和配筋，该类基础适用于钢筋混凝土剪力墙结构和砌

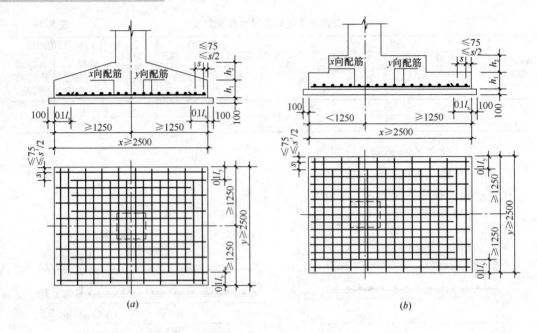

图 8.53 独立基础底板配筋长度减短 10% 的构造示意图
(a) 对称独立基础；(b) 非对称独立基础

体结构。

当条形基础（梁板式条形基础和板式条形基础）的中心与建筑定位轴线不重合时，应标注其偏心尺寸，对于编号相同的条形基础可仅选注一个进行标注。

1) 条形基础的编号

条形基础有基础梁、基础圈梁和条形基础底板等构件形式，因此，其编号为如表 8.17 所列。

条形基础构件类型编号　　　　　　　表 8.17

类　　型		代　号	序　号	跨数及有无悬挑
基础梁		JL	xx	（xx）端部无外伸 （xxA）一端部有外伸 （xxB）两端部有外伸
基础圈梁		JQL	xx	
条形基础底板	坡形	TJB_P	xx	
	阶形	TJB_J	xx	

2) 基础梁的平面注写方式

基础梁 JL 的平面注写方式，分集中标注和原位标注两部分内容。

基础梁集中标注内容为：基础梁编号、截面尺寸、配筋三项必注内容，基础梁底面标高与基础底面基准标高不同时的相对标高高差、必要的文字说明等两项选注内容。集中标注的内容与筏形基础的基础梁表达方式完全相同。

基础梁原位标注内容为：基础梁端或柱下区域的底部全部纵筋、基础梁的附加箍筋或吊筋、原位注写基础梁外伸部位的变截面高度尺寸和其他需要修正的内容。原位标注的内容与筏形基础的基础梁表达方式完全相同。

3) 条形基础底板的平面注写方式

条形基础底板 TJB_P、TJB_J 的平面注写方式分集中标注和原位标注两部分内容。

a）条形基础底板的集中标注

条形基础底板的集中标注内容为：条形基础底板编号、截面竖向尺寸、配筋三项必注内容，条形基础底板底面相对标高高差、必要的文字说明等两项选注内容。

条形基础底板的集中标注内容简述如下：

i. 注写条形基础底板编号

ii. 注写条形基础底板截面竖向尺寸

iii. 注写条形基础顶面及底面配筋

以 B 打头，注写条形基础底板底部的横向受力钢筋；以 T 打头，注写条形基础底板顶部的横向受力钢筋。用"/"分隔条形基础底板的横向受力钢筋和构造钢筋。

iv. 注写条形基础底面相对标高高差

v. 必要的文字注释

b）条形基础底板的原位标注

条形基础底板的原位标注内容为：原位标注条形基础底板的平面尺寸、原位标注需修正的内容。条形基础底板的原位标注内容简述如下：

i. 原位标注条形基础底板的平面尺寸

条形基础平面尺寸进行原位标注：b、b_i，$i=1,2,3\cdots$。其中，b 为基础底板总宽度，b_i 为基础底板台阶的宽度。当基础底板采用对称于基础梁的坡形截面或单阶形截面时，b_i 可不注。

ii. 修正内容

当条形基础底板上集中标注的某项内容不适用于条形基础底板的某跨或某外伸部位时，可将其修正内容原位标注在该跨或该外伸部位。施工时"原位标注取值优先"。

4）条形基础的截面注写方式

条形基础的截面注写方式可分为截面标注和列表注写（结合截面示意图）两种表达方式。

采用截面注写方式，应在基础平面布置图上对所有条形基础进行编号。对条形基础进行截面标注的内容和形式与传统"单构件正投影表示方法"相同。对于多个条形基础，可采用列表注写方式（结合截面示意图）的方式进行集中表达，表中内容为条形基础截面的几何数据和配筋等，列表的具体内容见表 8.18 和表 8.19。

基础梁几何尺寸和配筋表 表 8.18

基础梁截面号/截面号	截面几何尺寸		配筋	
	$b \times h$	加腋 $c_1 \times c_2$	底部贯通纵筋+非贯通纵筋，顶部贯通纵筋	第一种箍筋/第二种箍筋
…	…	…	…	…
…	…	…	…	…

条形基础底板几何尺寸和配筋表 表 8.19

基础底板截面号/截面号	截面几何尺寸			底部配筋	
	b	b_i	h_1/h_2	横向受力钢筋	纵向构造钢筋
…	…	…	…	…	…
…	…	…	…	…	…

8.2.2.2 条形基础的构造详图
1) 条形基础梁纵向钢筋与箍筋构造

条形基础的平面如图8.54、图8.55所示,其纵筋和箍筋的构造要求同筏形基础中基础主梁的构造要求相同。

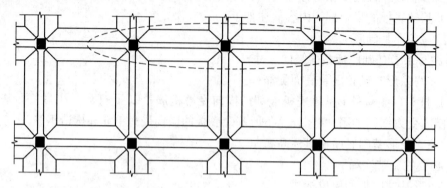

图8.54 条形基础平面布置示意图

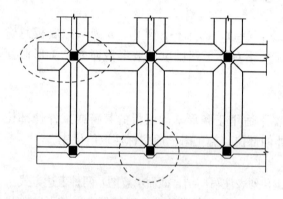

图8.55 条形基础平面布置示意图
(条形基础梁端部)

2) 条形基础梁端部与外伸部位钢筋构造

条形基础梁端部外伸构造有三种形式:端部等截面外伸构造,端部变截面外伸构造(基础梁底与基础板底一平,基础梁顶与基础板顶一平),端部无外伸构造。

a) 端部等截面外伸构造

上部钢筋:上部第一排钢筋伸至柱外伸端部,竖向弯折$12d$,第二排钢筋伸至柱外侧,从柱内侧边缘算起满足锚固长度即可;下部钢筋:贯通钢筋伸至外伸端部竖向弯折$12d$,非贯通筋伸至外伸端部直接截断,如图8.56(a)所示。

b) 端部变截面外伸构造

截面变化部位,钢筋沿着截面变化布置,截断和弯折要求同端部等截面外伸构造相同,如图8.56(b)、8.56(c)所示。

c) 端部无外伸构造

条形基础无外伸时,上下部钢筋全部伸至端部,上部钢筋弯折$12d$,下部钢筋弯折$15d$,如图8.56(d)所示。

3) 条形基础底板配筋构造

条形基础底板钢筋构造要求如图8.57和图8.58所示。关于条形基础底板配筋长度缩短10%的规定:当条形基础底板宽度≥2.5m时,除条形基础端部第一根钢筋和交接部位的钢筋外,其底板受力钢筋长度可减缩10%,即按长度的0.9倍交错绑扎设置。

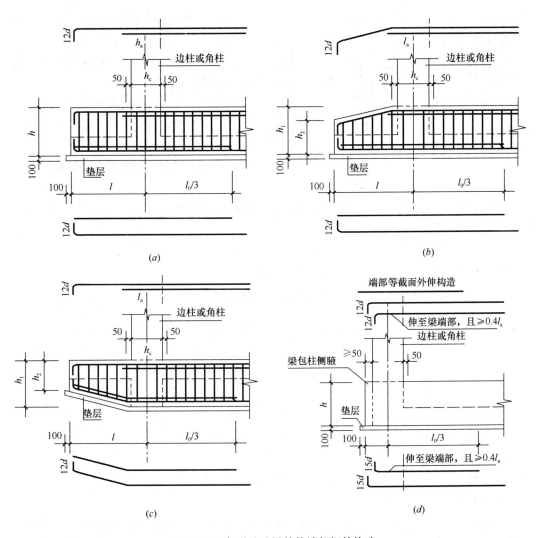

图 8.56 条形基础梁外伸端部钢筋构造

(a) 端部等截面外伸构造；(b) 端部变截面外伸构造1（基础梁底与基础板底一平）；
(c) 端部变截面外伸构造2（基础梁顶与基础板顶一平）；(d) 端部无外伸构造

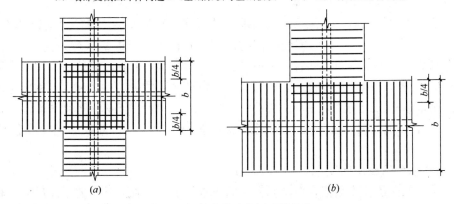

图 8.57 条形基础底板配筋构造

(a) 十字交接基础底板；(b) 丁字交接基础底板

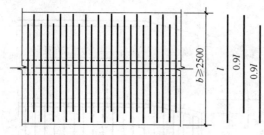

图 8.58 条形基础底板钢筋减短构造

8.2.3 桩基承台的制图规则及构造详图

8.2.3.1 桩基承台的制图规则

桩基承台平法施工图，有平面注写与截面注写两种表达方式。

当绘制桩基承台平面布置图时，应将承台下的桩位和承台所支承的上部钢筋混凝土结构、钢结构、砌体结构或混合结构的柱、墙平面一起绘制。当设置基础连梁时，可绘制在该平面图中，也可单独绘制。

当桩基承台的柱中心线与建筑定位轴线不重合时，应标注其偏心尺寸，对于编号相同的桩基承台可仅选择一个进行标注。

1) 桩基承台的编号

桩基承台分为独立承台和承台梁，编号见 8.20。

桩基承台构件类型编号表 表 8.20

类 型		代 号	序 号	说 明
独立承台	阶形	CT_J	××	单阶截面即为平板式独立承台
	坡形	CT_P	××	
承台梁		CTL	××	（××）端部无外伸 （××A）一端部有外伸 （××B）两端部有外伸

2) 桩基独立承台的平面注写方式

独立承台的平面注写方式分为集中标注和原位标注两部分。

a) 独立承台的集中标注

独立承台的集中标注是指在承台平面上集中引注，包括：独立承台编号、截面竖向尺寸、配筋三项必注内容；当承台板底面标高与承台底面基准标高不同时的相对标高高差和必要的文字注解两项选注内容。独立承台的集中标注内容与条形基础的集中标注内容大体相同，以下是独立承台的特殊内容。

注写独立承台配筋时，在配筋前表明承台的形式。矩形承台 X 向配筋以 "X" 打头，Y 向配筋以 "Y" 打头，当两向配筋相同时以 X&Y 打头；当桩基承台为等边三角形时，以 "△" 打头，注写三角布置的各边受力钢筋，注明根数，并在配筋值后注写 "×3"；当为等腰三桩承台时，以 "△" 打头，注写等腰三角形底边的受力钢筋和两对称斜边的受力钢筋（注明根数并在配筋值后注写 "×2"）；当为多边形时承台或异型独立承台，且采用 X 向和 Y 向正交配筋时，注写方式与矩形独立承台相同。承台配筋中的分布筋注写在 "/" 后。

b) 独立承台的原位标注

独立承台的原位标注是指在桩基承台平面布置图上标注独立承台的平面尺寸，相同编号的独立承台，可仅选择一个进行标注，其他仅注明编号即可。

3) 承台梁的平面注写方式

承台梁的平面注写方式分为集中标注和原位标注两部分内容。

承台梁的集中标注内容为承台梁编号、截面尺寸、配筋三项必注内容，承台梁底面相对标高高差、必要的文字注解两项选注内容。承台梁的集中标注与框架梁的集中标注内容的表达方式相同。

承台梁的原位标注内容为承台梁端部或在柱下区域的底部全部纵筋（包括底部非贯通纵筋和已集中标注注写的底部贯通纵筋）、承台梁的附加箍筋和吊筋（反扣）、承台梁外伸部位的变截面高度尺寸和其他需修正内容。

承台梁的集中标注与框架梁的原位标注内容的表达方式相同。

4）桩基承台的截面注写方式

桩基承台的截面注写方式可分为截面标注和列表注写两种表达方式，采用截面注写方式，应在桩基承台平面布置图上对所有桩基进行编号。

桩基承台的截面注写方式可参照独立基础和条形基础截面注写方式表达。

8.2.3.2 桩基承台的构造详图

桩基承台的构造要求主要有：

1）在平面桩基承台平面布置图 8.59 中，承台底部配筋有 x 向和 y 向钢筋，伸至承台边缘的构造要求如图 8.60（c）所示；弯折锚固 $10d$。

2）桩顶纵向钢筋伸入承台直锚时，如图 8.60（d）和图 8.60（c）所示，应满足锚固要求 $\max(l_{aE}, 35d)$；当承台厚度小于最小锚固要求时，应采用弯折锚固，弯折锚固总长度应不小于 $\max(l_{aE}, 35d)$。

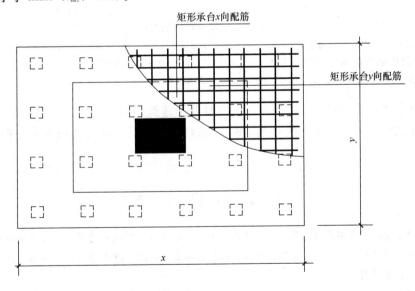

图 8.59 矩形承台配筋构造

8.2.4 基础连梁与地下框架梁的制图规则及构造详图

基础连梁是指连接独立基础、条形基础或桩基承台的梁。基础连梁的平法施工图设计是在基础平面布置图上采用平面注写方式表达。基础连梁直接引注内容为：基础连梁编号（代号 JLL＋序号＋跨数及有无外伸悬挑）、截面尺寸、箍筋和贯通纵筋三项必注内容；相对标高高差和文字注释两项选注内容。

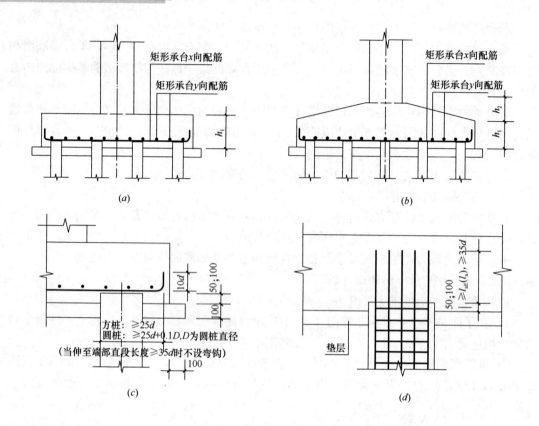

图 8.60 桩基承台钢筋构造

（a）阶形截面承台；（b）坡形截面承台；（c）承台端部钢筋构造；（d）桩顶纵筋在承台内的锚固构造

注：1. 当不能直锚时应弯锚使总锚固长度为 max（l_{aE}, 35d）；2. 当桩直径或桩截面边长＜800mm 时，桩顶嵌入承台 50mm；当桩径或桩截面边长≥800mm 时，桩顶嵌入承台 100mm。

地下框架梁是指设置在基础顶面以上而且低于建筑标高±0.000（室内地坪）并以框架柱为支座的梁。地下框架梁代号为 DKL，除此之外，其表达方式与内容与框架梁完全相同。

本 章 知 识 小 结

本章介绍了梁板式筏形基础（基础主梁与基础平板）平法施工图的表示方法、标准构造详图、梁板式筏形基础钢筋量计算实例分析；介绍了独立基础、条形基础和桩基承台等基础平法施工图的表示方法和常见的标准构造详图。

基本知识要求：

掌握筏形基础中基础主、次梁和基础底板的平法施工图表示方法，筏形基础的基础主梁、次梁和基础底板的钢筋连接构造，筏形基础梁、基础底板钢筋量的计算方法；熟悉独立基础、条形基础和桩基础的平法施工图表示方法；了解独立基础、条形基础和桩基承台等相关的构造详图要求。

基本技能要求：

熟练、准确识读各类基础（筏形基础、独立基础、条形基础和桩基承台等）平法施工图，看懂看透施工图的包含的构造要求，熟练计算梁板式筏形基础的钢筋量。

综合素质要求：

熟练、准确读懂筏形基础施工图，熟练计算出基础钢筋量，绘制钢筋列表、钢筋材料汇总表；通过筏形基础各构件的算量学习，自学独立基础、条形基础和桩基承台中的钢筋工程量，培养自学能力，增强知识的灵活运用能力等。

思 考 题

1. 柱下钢筋混凝土独立基础的边长大于2500mm时，底板受力钢筋的长度有何变化？
2. 实际工程中，基础次梁与基础主梁相交时，节点内箍筋如何布置？
3. 结构底层（地面以下）设置地下框架梁和未设置地下框架梁时，箍筋如何设置？
4. 独基配筋：B：Xϕ16@150，Yϕ16@200；Sn2ϕ14；O：4ϕ20/ϕ16@220/ϕ16@200；ϕ10@150/300 表示什么意思？
5. 柱插筋在条形基础梁或承台梁的锚固构造是什么？
6. 基础梁集中标注箍筋信息为：9ϕ12@100/9ϕ12@150/12@200（6），该信息如何理解？
7. 柱插筋在条形基础梁或承台梁的锚固构造和04G101-3中的基础插筋锚固要求有何不同？
8. 条形基础相交时底板钢筋如何构造？

疑难知识点链接与拓展

1. 独立基础钢筋量计算公式解析。
2. 基础主梁与框架梁的异同之处有哪些？
3. 地下框架梁和基础连梁顶部贯通纵筋在跨中搭接时，箍筋如何处理？
4. 基础梁、基础连梁、条形基础承台梁、基础圈梁的作用是什么，如何区分？
5. 平板式筏形基础外伸封边如何处理？
6. 基础主梁和基础次梁下部非通长钢筋伸入跨内的长度是多少？
7. 条形基础钢筋计算公式解析。

附 录

附录1 普通钢筋强度标准值、设计值和弹性模量

普通钢筋强度标准值（N/mm²）　　　　　　　　　　　　　　　　附表1

种　类		符　号	d（mm）	f_{yk}
热轧钢筋	HPB235（Q235）	ϕ	8～20	235
	HRB335（20MnSi）	Φ	6～50	335
	HRB400（20MnSiV、20MnSiNb、20MnTi）	Φ	6～50	400
	RRB400（K20MnSi）	Φ^R	8～40	400

普通钢筋强度设计值（N/mm²）　　　　　　　　　　　　　　　　附表2

种　类		符　号	f_y	f'_y
热轧钢筋	HPB235（Q235）	ϕ	210	210
	HRB335（20MnSi）	Φ	300	300
	HRB400（20MnSiV、20MnSiNb、20MnTi）	Φ	360	360
	RRB400（K20MnSi）	Φ^R	360	360

钢筋弹性模量（N/mm²）　　　　　　　　　　　　　　　　　　　附表3

种　类	E_s
HPB235（Q235）	2.1×10^5
HRB335级钢筋、HRB400级钢筋、RRB400级钢筋、热处理钢筋	2.0×10^5
消除应力钢丝、螺旋肋钢丝、刻痕钢丝	2.05×10^5
钢绞线	1.95×10^5

注：1. 当采用直径大于40mm的钢筋时，应有可靠的工程经验；
　　2. 在钢筋混凝土结构中，轴心受拉和小偏心受拉构件的钢筋抗拉强度设计值大于300N/mm²时，仍应按300N/mm²取用。

附录2 混凝土强度标准值、轴心抗压强度设计值 f_c、f_t 和弹性模量

混凝土强度设计值（N/mm²）　　　　　　　　　　　　　　　　　附表4

强度种类	混凝土强度等级													
	C15	C20	C25	C30	C35	C40	C45	C50	C55	C60	C65	C70	C75	C80
f_c	7.2	9.6	11.9	14.3	16.7	19.1	21.1	23.1	25.3	27.5	29.7	31.8	33.8	35.9
f_t	0.91	1.10	1.27	1.43	1.57	1.71	1.80	1.89	1.96	2.04	2.09	2.14	2.18	2.22

注：计算现浇钢筋混凝土轴心受压及偏心受压构件时，如截面的长边或直径小于300mm，则表中混凝土的强度设计值应乘以系数0.8。

混凝土弹性模量（$\times 10^4 \text{N/mm}^2$） 附表5

强度等级	C15	C20	C25	C30	C35	C40	C45	C50	C55	C60	C65	C70	C75	C80
E_c	2.20	2.55	2.80	3.00	3.15	3.25	3.35	3.45	3.55	3.60	3.65	3.70	3.75	3.8

附录3 钢筋（丝）和钢绞线的计算截面面积与公称质量

钢筋的计算截面面积及理论重量 附表6

公称直径 (mm)	不同根数钢筋的计算截面面积（mm²）									单根钢筋理论重量 (kg/m)
	1	2	3	4	5	6	7	8	9	
6	28.3	57	85	113	142	170	198	226	255	0.222
6.5	33.2	66	100	133	166	199	232	265	299	0.260
8	50.3	101	151	201	252	302	352	402	453	0.395
8.2	52.8	106	158	211	264	317	370	423	475	0.432
10	78.5	157	236	314	393	471	550	628	707	0.617
12	113.1	226	339	452	565	678	791	904	1017	0.888
14	153.9	308	461	615	769	923	1077	1231	1385	1.21
16	201.1	402	603	804	1005	1206	1407	1608	1809	1.58
18	254.5	509	763	1017	1272	1527	1781	2036	2290	2.00
20	314.2	628	942	1256	1570	1884	2199	2513	2827	2.47
22	380.1	760	1140	1520	1900	2281	2661	3041	3421	2.98
25	490.9	982	1473	1964	2454	2945	3436	3927	4418	3.85
28	615.8	1232	1847	2463	3079	3695	4310	4926	5542	4.83
32	804.2	1609	2413	3217	4021	4826	5630	6434	7238	6.31
36	1017.9	2036	3054	4072	5089	6107	7125	8143	9161	7.99
40	1256.6	2513	3770	5027	6283	7540	8796	10053	11310	9.87
50	1964	3928	5892	7856	9820	11784	13748	15712	17676	15.42

注：表中直径 $d=8.2\text{mm}$ 的计算截面面积及理论重量仅适用于有纵肋的热处理钢筋。

钢绞线公称直径、公称截面面积及理论重量 附表7

种 类	公称直径（mm）	公称截面面积（mm²）	理论重量（kg/m）
1×3	8.6	37.4	0.295
	10.8	59.3	0.465
	12.9	85.4	0.671
1×7 标准型	9.5	54.8	0.432
	11.1	74.2	0.580
	12.7	98.7	0.774
	15.2	139	1.101

钢丝公称直径、公称截面面积及理论重量　　　　　　附表 8

公称直径（mm）	公称截面面积（mm²）	理论重量（kg/m）
4.0	12.57	0.099
5.0	19.63	0.154
6.0	28.27	0.222
7.0	38.48	0.302
8.0	50.26	0.394
9.0	63.62	0.499

附录 4　钢筋混凝土板每米宽的钢筋截面面积

钢筋混凝土板每米宽的钢筋截面面积（mm²）　　　　　　附表 9

钢筋间距(mm)	钢筋直径（mm）											
	3	4	5	6	6/8	8	8/10	10	10/12	12	12/14	14
70	101	180	280	404	561	719	920	1121	1369	1616	1907	2199
75	94.2	168	262	377	524	671	899	1047	1277	1508	1780	2052
80	88.4	157	245	354	491	629	805	981	1198	1414	1669	1924
85	83.2	148	231	333	462	592	758	924	1127	1331	1571	1181
90	78.2	140	218	314	437	559	716	872	1064	1257	1438	1710
95	74.5	132	207	298	414	529	678	826	1008	1190	1405	1620
100	70.6	126	196	283	393	503	644	785	958	1131	1335	1539
110	64.2	114	178	257	357	457	585	714	871	1028	1214	1399
120	58.9	105	163	236	327	419	537	654	798	942	1113	1283
125	56.5	101	157	226	314	402	515	628	766	905	1068	1231
130	54.4	96.6	151	218	302	387	495	604	737	870	1027	1184
140	50.5	89.8	140	202	281	359	460	561	684	808	954	1099
150	47.1	83.8	131	189	262	335	429	523	639	754	890	1026
160	44.1	78.5	123	177	246	314	403	491	599	707	834	962
170	41.5	73.9	115	166	231	296	379	462	564	665	785	905
180	39.2	69.8	109	157	218	279	358	436	532	628	742	855
190	37.2	66.1	103	149	207	265	339	413	504	595	703	810
200	35.3	62.8	98.2	141	196	251	322	393	479	565	668	770
220	32.1	57.1	89.2	129	176	229	293	357	436	514	607	700
240	29.4	52.4	81.8	118	164	210	268	327	399	471	556	641
250	28.3	50.3	78.5	113	157	201	258	314	383	452	534	616

附录5 某住宅楼（框架剪力墙结构）施工图

太原市某住宅楼结构施工图目录

图　号	图　　名
结施01	结构设计总说明（一）
结施02	结构设计总说明（二）
结施03	基础梁平法标注配筋图
结施04	基础底板平法标注配筋图
结施05	地下室框架柱定位、配筋及墙柱定位平面图
结施06	一层～二层框架柱定位、配筋及墙柱定位平面图
结施07	三层～五层框架柱定位、配筋及墙柱定位平面图
结施08	地下室、一层、二层墙柱配筋图
结施09	三层～楼梯间电梯间顶墙柱配筋图
结施10	楼梯间电梯间墙柱定位平面图
结施11	地下室顶梁配筋图
结施12	一层、二层顶梁配筋图
结施13	三层、四层顶梁配筋图
结施14	五层顶梁配筋图
结施15	地下室顶板结构平面图
结施16	一层～四层顶板结构平面图
结施17	五层顶板结构平面图
结施18	楼梯结构剖面图（一）
结施19	楼梯结构平面图（二）

参 考 文 献

[1] 中华人民共和国国家标准. 混凝土结构设计规范 GB 50010—2002. 北京：中国建筑工业出版社，2002.
[2] 中华人民共和国国家标准. 建筑抗震设计规范 GB 50011—2010. 北京：中国建筑工业出版社，2010.
[3] 中华人民共和国国家标准. 建筑地基基础设计规范 GB 50007—2002. 北京：中国建筑工业出版社，2002.
[4] 中华人民共和国行业标准. 高层建筑混凝土结构技术规程 JGJ 3—2002. 北京：中国建筑工业出版社，2002.
[5] 陈青来. 凝土结构施工图平面整体表示方法制图规则和构造详图(现浇混凝土框架、剪力墙、框架-剪力墙、框支剪力墙结构)03G101-1. 中国建筑标准设计研究院，2003.
[6] 陈青来. 凝土结构施工图平面整体表示方法制图规则和构造详图(现浇混凝土板式楼梯)03G101-2. 中国建筑标准设计研究院，2003.
[7] 陈青来. 凝土结构施工图平面整体表示方法制图规则和构造详图(筏形基础)04G101-3. 中国建筑标准设计研究院，2004.
[8] 陈青来. 凝土结构施工图平面整体表示方法制图规则和构造详图(现浇混凝土楼面与屋面板)04G101-4. 中国建筑标准设计研究院，2004.
[9] 陈青来. 凝土结构施工图平面整体表示方法制图规则和构造详图(独立基础、条形基础、桩基承台)06G101-6. 中国建筑标准设计研究院，北京：中国计划出版社，2006.
[10] 陈青来. 凝土结构施工图平面整体表示方法制图规则和构造详图(箱形基础和地下室结构)08G101-5. 中国建筑标准设计研究院，北京：中国计划出版社，2008.
[11] G101系列图集施工常见问题答疑图解，中国建筑标准设计研究院，2009.
[12] 混凝土结构施工图钢筋排布规则与构造详图（06G901-1、09G901-2、09G901-3、09G901-4、09G901-5），北京：中国建筑标准设计研究院，2009.
[13] 陈青来. 钢筋混凝土结构平法设计与施工规则. 北京：中国建筑工业出版社，2007.
[14] 钢筋平法实例算量和软件应用—墙、梁、板、柱. 北京：广联达软件技术有限公司. 北京：中国建材工业出版社，2006.
[15] 陈达飞. 平法识图与钢筋计算. 北京：中国建筑工业出版社，2010.
[16] 茅洪斌. 钢筋翻样方法及实例. 北京：中国建筑工业出版社，2009.
[17] 中华人民共和国国家标准. 建筑工程工程量清单计价规范 GB 50500—2008. 北京：中国计划出版社，2008.
[18] 中华人民共和国国家标准. 混凝土结构工程施工质量验收规范 GB 50204—2002. 北京：中国建筑工业出版社，2002.